丛书总主编：孙鸿烈　于贵瑞　欧阳竹　何洪林

中国生态系统定位观测与研究数据集

草地与荒漠生态系统卷

内蒙古奈曼站

（2005—2008）

赵学勇　张铜会

赵哈林　主编

中国农业出版社

图书在版编目（CIP）数据

中国生态系统定位观测与研究数据集. 草地与荒漠生态系统卷. 内蒙古奈曼站：2005～2008 / 孙鸿烈等主编；赵学勇，张铜会，赵哈林分册主编. —北京：中国农业出版社，2010.7

ISBN 978-7-109-14782-9

Ⅰ. ①中… Ⅱ. ①孙…②赵…③张…④赵… Ⅲ. ①生态系统-统计数据-中国②草地-生态系统-统计数据-奈曼旗- 2005～2008③荒漠-生态系统-统计数据-奈曼旗- 2005～2008 Ⅳ. ①Q147②S812③R942.264.73

中国版本图书馆 CIP 数据核字（2010）第 133811 号

中国农业出版社出版
（北京市朝阳区农展馆北路 2 号）
（邮政编码 100125）
责任编辑 刘爱芳 李昕昱

人民教育出版社印刷厂印刷 新华书店北京发行所发行
2010 年 7 月第 1 版 2010 年 7 月北京第 1 次印刷

开本：889mm×1194mm 1/16 印张：12.5
字数：363 千字
定价：45.00 元
（凡本版图书出现印刷、装订错误，请向出版社发行部调换）

中国生态系统定位观测与研究数据集

丛书编委会

主　编　孙鸿烈　于贵瑞　欧阳竹　何洪林

编　委（按照拼音顺序排列，排名不分先后）

曹　敏　董　鸣　傅声雷　郭学兵　韩士杰

韩晓增　韩兴国　胡春胜　雷加强　李　彦

李新荣　李意德　刘国彬　刘文兆　马义兵

欧阳竹　秦伯强　桑卫国　宋长春　孙　波

孙　松　唐华俊　汪思龙　王　兵　王　堃

王传宽　王根绪　王和洲　王克林　王希华

王友绍　项文化　谢　平　谢小立　谢宗强

徐阿生　徐明岗　颜晓元　于　丹　张　偲

张佳宝　张秋良　张硕新　张宪洲　张旭东

张一平　赵　明　赵成义　赵文智　赵新全

赵学勇　周国逸　朱　波　朱金兆

中国生态系统定位观测与研究数据集
草地与荒漠生态系统卷·内蒙古奈曼站

编委会

主　　编：赵学勇　张铜会　赵哈林

编　　委：（以姓氏笔画排列）

云建英　左小安　冯　静　刘新平

苏　娜　李玉强　李玉霖　崔建垣

[序　言]

　　随着全球生态和环境问题的凸显，生态学研究的不断深入，研究手段正在由单点定位研究向互联网研究发展，以求在不同时间和空间尺度上揭示陆地和水域生态系统的演变规律、全球变化对生态系统的影响和反馈，并在此基础上制定科学的生态系统管理策略与措施。自20世纪80年代以来，世界上开始建立国家和全球尺度的生态系统研究和观测网络，以加强区域和全球生态系统变化的观测和综合研究。2006年，在科技部国家科技基础条件平台建设项目的推动下，以生态系统观测研究网络理念为指导思想，成立了由51个观测研究站和一个综合研究中心组成的中国国家生态系统观测研究网络（National Ecosystem Research Network of China，简称 CNERN）。

　　生态系统观测研究网络是一个数据密集型的野外科技平台，各野外台站在长期的科学研究中，积累了丰富的科学数据，这些数据是生态学研究的第一手原始科学数据和国家的宝贵财富。这些台站按照统一的观测指标、仪器和方法，对我国农田、森林、草地与荒漠、湖泊湿地海湾等典型生态系统开展了长期监测，建立了标准和规范化的观测样地，获得了大量的生态系统水分、土壤、大气和生物观测数据。系统收集、整理、存储、共享和开发应用这些数据资源是我国进行资源和环境的保护利用、生态环境治理以及农、林、牧、渔业生产必不可少的基础工作。中国国家生态系统观测研究网络的建成对促进我国生态网络长期监测数据的共享工作将发挥极其重要的作用。为切实实现数据的共享，国家生态系统观测研究网络组织各野外台站开展了数据集的编辑出版工作，借以对我国长期积累的生态学数据进行一次系统的、科学的整理，使其更好地发挥这些数据资源的作用，进一步推动数据的共享。

为完成《中国生态系统定位观测与研究数据集》丛书的编纂，CNERN
综合研究中心首先组织有关专家编制了《农田、森林、草地与荒漠、湖泊湿
地海湾生态系统历史数据整理指南》，各野外台站按照指南的要求，系统地
开展了数据整理与出版工作。该丛书包括农田生态系统、草地与荒漠生态系
统、森林生态系统以及湖泊湿地海湾生态系统共4卷、51册，各册收集整理
了各野外台站的元数据信息、观测样地信息与水分、土壤、大气和生物监测
信息以及相关研究成果的数据。相信这一套丛书的出版将为我国生态系统的
研究和相关生产活动提供重要的数据支撑。

孙鸿烈

2010 年 5 月

中国生态系统研究网络（CERN）从 1988 年开始到现在已经进行了 20 余年的建设和发展，经过几代人的努力，已经成为能够承担国家生态系统监测、科研和示范任务的一个重要网络。CERN 的数据包括生物、土壤、水分和气象四个部分。为充分发挥 CERN 数据在时间序列定位研究中的宝贵价值，很有必要对 CERN 各台站的历史数据加以整理和分析，并将有价值的数据出版，这既是对 CERN 长期定位观测成果的一种全面展示，也是为今后 CERN 及相关科学研究提供基础数据保障。

中国科学院在完成沙漠化大型科学考察的基础上，将科尔沁沙地作为研究生态环境及其整治的重点区域，于 1985 年在其中部正式建立了我国第一个沙漠化定位研究站——中国科学院奈曼沙漠化研究站。1988 年该站被纳入中国生态系统研究网络，从此在科研设备、经费及人员诸方面得到了重点支持。奈曼沙漠化研究站建成后引起了国内外同行的关注。荷兰、德国、瑞典、美国和日本等国的有关大学及研究所的一些专家和教授先后来站开展合作研究与学术交流，促进了我国的沙漠化研究。奈曼站 2004 年成为国家自然科学基金委员会奈曼青少年科学教育基地，2005 年加入中国国家生态系统观测研究网络。

本数据集数据范围包括了奈曼站自 2005—2008 年的生物、土壤、水分和气象四个部分的监测数据及研究数据，其中生物、土壤和水分监测涵盖了荒漠和农田两类生态系统。数据整理目的是将以往不同格式的数据归并到 CERN 目前实行的指标体系中、将监测成果以可见的形式向外发布、为跨台站和跨时间尺度的生态学研究提供数据支持。数据整理坚持来源清楚、结构一致、数据综合、问题明确、结论可靠的基本原则。本数据集整理出版的内容主要包括以下5个部分：引言，数据资源目录，观测场和采样地，监测数据和研究数据。

本数据集是在"生态系统网络的联网观测研究及数据共享系统建设"项目经费的支持和 CERN 综合研究中心的领导下，由奈曼站全体监测人员编写。

编　者

2010 年 6 月

[目 录]

□□□□□□□□□□□□□□□□□□□□□□□□□□□□□□

第一章

引　言

1.1　台站简介

1.1.1　台站简介

　　内蒙古奈曼农田生态系统国家野外科学观测研究站（奈曼站）位于内蒙古自治区通辽市奈曼旗境内，地处科尔沁沙地腹地，地理位置120°42′E，42°55′N，平均海拔358m，距离北京550km，临近北京—通辽铁路线。

　　奈曼站正式建立于1985年，1988年加入"中国生态系统研究网络"，1999年加入全球陆地观测系统（GTOS），2002年加入国家林业局荒漠化监测网络，2005年作为首批台站加入中国国家生态系统观测研究网络。事实上，早在1966年，作为奈曼站早期成员的科学家们就在科尔沁沙地开展了以北京—通辽铁路风沙灾害防治为主要内容的土地沙漠化研究、测定与治理以及铁路防沙体系建设的工作。在此基础上，奈曼站逐步发展成为了中国北方农牧交错带唯一一个40多年专门从事土地沙漠化和农牧业资源开发利用研究、监测、示范、教育和科学普及的国家级台站。奈曼站现有研究人员11人，辅助人员2人，监测人员4人，客座研究人员26人。

　　奈曼站的主要研究区域是科尔沁沙地。这里曾经是内蒙古的三大草原之一，地处蒙古高原向东北平原的倾斜区、中国东部半湿润与半干旱气候过渡区和农牧交错带的东端。多个过渡带的相互作用和日益强化的人类活动不仅使这里成为中国典型的生态脆弱区域之一，而且是中国北方较能反映区域和全球气候变化的地区之一。它代表了包括呼伦贝尔沙地、松嫩沙地、浑善达克沙地与毛乌素沙地在内的整个北方农牧交错带的风沙活动区。

1.1.2　研究方向

　　奈曼站的研究方向为"农牧交错带沙地农田生态系统演变与土地沙漠化及其治理研究"，主要包括：①沙地农田生态系统演变过程研究与监测；②沙漠化土地的恢复机理与可持续利用；③区域水资源动态与农田水肥运移规律；④沙地高效农业技术与模式的研究与示范。

　　奈曼站的建站目标就是通过对科尔沁沙地农田生态系统结构、功能和演变过程的长期定位监测、试验和研究，阐明半干旱农牧交错区农田生态系统的演变规律和土地退化过程，探索土地退化的综合防治和可持续利用对策、技术和模式，为农业科学、沙漠科学和生态学等相关学科的发展提供野外试验和研究平台，为半干旱农牧交错带的农牧业经济持续发展和生态环境建设决策服务。根据既定的研究方向与目标，奈曼站主要承担着以下五项任务：①水分、土壤、气候和生物等生态环境要素的长期定位监测；②沙地农田生态系统演变规律和机制的长期定位研究；③退化土地综合治理与高效利用技术与模式的试验示范；④农牧交错带生态与环境科学的教育和普及；⑤高水平的科学研究人员和技术人员培养。

1.1.3　研究成果

　　经过40多年的艰苦努力和不懈探索，奈曼站在农牧交错带风沙环境及其演变规律与脆弱带农田和草场生态系统演变过程、功能及其机理研究等方面取得了一定的成就，特别是在沙漠化治理方面获得了联合国环境规划署（UNEP）和联合国粮农组织（FAO）颁发的"拯救干旱土地成功业绩奖"。"奈曼沙漠化土地综合整治模式"及其相关理论和技术也被 UNEP、联合国开发计划署（UNDP）和联合国其他相关机构作为其长期的基本培训教材和宣传内容之一（详见 www. unep. org/desertification/sucessstories/ 13. htm）。

近年来，奈曼站承担的各类课题涉及农业科学、沙漠学、地理学、植物生理学、微生物学与恢复生态学等。通过这些项目的研究，充分利用和开发长期监测数据，奈曼站在科尔沁沙地土地沙漠化形成机理、农田与草场生态系统过程及其调控对策、生态系统恢复过程的土壤学机理与生物学稳定机制等方面取得了丰硕的成果。加入国家站以来，奈曼站分别在 2005 年、2006 年和 2007 年获得了甘肃省科学技术进步二等、一等奖各一项，国家科学技术进步二等奖一项。近 5 年正式出版专著 3 部，论文 380 余篇，其中有 43 篇 SCI 论文。近 5 年来，奈曼站已经独立或合作培养研究生 46 名。

目前，奈曼站承担课题与项目 22 项，其中国际合作项目 4 项，973 专题 4 项，国家自然科学基金 4 项，国家科技支撑项目 2 项，中科院方向性项目 1 项，"西部之光" 1 项，西部博士项目 2 项，地方及其他项目 4 项。2005 年以来，由奈曼站承担的'国家自然科学基金委员会奈曼青少年科学教育基地'建设项目的顺利实施，对宣传和普及奈曼站的研究成果、中国科学院寒区旱区环境与工程研究所的影响、探索台站科学普及新途径、拓展 CERN 和国家台站的平台功能起到了积极的推动作用，得到了国家基金委和所在研究区相关部门的高度评价。

近 5 年，推广沙地治理和农牧业生产先进技术数十项，直接经济效益显著。同时使研究区几个旗（县）的沙漠化年均逆转率达到了 1.3%。目前，科尔沁沙地成为中国北方唯一沙漠化全面发生逆转的地区。

1.1.4 合作交流

在国内，奈曼站与北京大学城市与环境科学中心有长期合作。通过课题或项目与中科院北京地理所、长春地理所、沈阳应用生态所、北京遥感所及南开大学、北京师范大学、东北师范大学、兰州大学、内蒙古大学、内蒙古教育学院、内蒙古农业大学、内蒙古园艺所、鲁东大学、华东农业大学、中央民族大学、通辽市林研所等单位建立了良好的合作关系。每年有约 60～100 位来自上述大学和研究机构的专家、学者和学生来站参加研究工作。

在国际上，奈曼站与 GTOS、联合国第三世界科学组织网络、日本国立农业环境科学技术研究所和韩国国际环境保护局有固定合作协议和合作研究。奈曼站还先后与瑞典农业大学、隆德大学、日本东京大学、筑波大学和千叶大学等单位开展了多项合作研究。每年有数十名国外专家来站开展科学考察与合作研究。奈曼站已经多次成功地为联合国举办了荒漠化治理培训班。

奈曼站利用青少年教育基地的科普功能，全年对国内外来访者开放。

1.1.5 主要设施

奈曼站现有仪器 320 多台（套），其中大型仪器 19 台，中型仪器 42 台，小型仪器 175 台。重要仪器有：大型蒸渗仪、移动式微气象系统、风沙沉降与水热通量系统、树干径流仪、原子吸收光谱仪、光合—呼吸测定系统和 TOC 系统等。

奈曼站现有永久性农田试验地 10hm²，天然草场试验地 9hm²，放牧试验地 8hm²，流沙固定试验地 33hm² 和一个面积 1 800hm² 的示范村。新建面积 180m² 的根系观测室，与原来的水肥试验场共同构成了草场、农田生态系统根系观测和水肥试验系统。

农田综合观测场配有标准气象站，沙地草场综合观测场配有微气象系统。实验室包括气象室、植物生理室、土壤分析室和草场生态室。附设有标本室、药品储藏室等。教育基地的展览室和电教室与实验室共同构成沙地科学教育的室内展示与教育部分。

现有总建筑面积 3 000 多 m²，客座公寓和综合楼共有 36 套标准房间，能满足 70～90 人住宿；研究生公寓可满足 15～20 人住宿。学术厅可供 80～100 人使用。房间水电设施齐全，配有卫星电视、太阳能淋浴，并可无线上网。防火、防雷设施齐全，符合安全要求。

1.2 数据整理出版说明

1.2.1 数据资料来源

本数据产品中的资料是按照 CERN 统一监测指标、统一监测仪器和方法，从奈曼站 11 个观测场 25 个采样地获得的生物、土壤、水分、气象长期监测数据。

1.2.2 数据项目

本数据产品中数据产生于奈曼站生物、土壤、水分、气象四种类型观测场。时间覆盖范围主要是 2005—2008 年。

生物数据项目包括：①荒漠生物数据：植物名录，群落种类组成，群落特征，植被空间格局变化，物候观测，群落优势植物和凋落物的元素含量与能值，站区调查点家畜种类与数量，荒漠站区植被类型、面积与分布，群落土壤微生物生物量碳季节动态，群落凋落物季节动态，优势植物种子产量，土壤有效种子库；②农田生物数据：农田作物种类与产值，农田复种指数与典型地块作物轮作体系，农田主要作物肥料投入情况，农田灌溉制度，玉米生育动态，小麦生育动态，作物叶面积与生物量动态，耕作层作物根生物量，作物根系分布，作物收获期植株性状与产量，作物矿质元素含量与能值。

土壤数据项目包括：土壤交换量，土壤养分，土壤矿质全量，土壤微量元素和重金属元素，土壤速效微量元素，土壤机械组成，土壤容重。

水分数据项目包括：土壤含水量，地表水、地下水水质状况，地下水位记录，农田蒸散量，土壤水分常数，水面蒸发量，雨水水质状况。

气象数据项目包括：温度，湿度，气压，降水，风速，地表温度，辐射。

1.2.3 数据综合方法

1.2.3.1 生物数据

荒漠生物数据各表对应的表名及综合方法如表 1-1 所示，农田生物数据各表对应的表名及综合方法如表 1-2 所示。

表 1-1 荒漠生物数据

项 目	处理方法
植物名录	中文名和拉丁名
荒漠植物群落种类组成	分物种统计
荒漠植物群落特征	按样方给出
荒漠植被空间格局变化	按样方给出
荒漠植物物候观测	出原始数据
荒漠植物群落优势植物和凋落物的元素含量与能值	分物种和采样部位平均
荒漠站区调查点家畜种类与数量	出原始数据
荒漠站区植被类型、面积与分布	出原始数据
荒漠植物群落土壤微生物生物量碳季节动态	按样方给出
荒漠植物群落凋落物季节动态	按月平均
优势植物种子产量	按样方给出
土壤有效种子库	按样方平均

表 1-2　农田生物数据

项　目	处理方法
农田作物种类与产值	出原始数据
农田复种指数与典型地块作物轮作体系	出原始数据
农田主要作物肥料投入情况	出原始数据
农田灌溉制度	出原始数据
玉米生育动态	出原始数据
小麦生育动态	出原始数据
作物叶面积与生物量动态	作物生育期按样地平均
耕作层作物根生物量	按作物生育时期平均
作物根系分布	按作物生育时期平均
作物收获期植株性状与产量	按次（年）平均
农田矿质元素含量与能值	按采样部位平均

1.2.3.2　土壤数据

土壤数据各表对应的表名及综合方法如表 1-3 所示。

表 1-3　土壤数据

项　目	处理方法
土壤交换量	样地分层平均
土壤养分	样地分层平均
土壤矿质全量	2005 年剖面，样地平均
土壤微量元素和重金属元素	2005 年剖面，样地平均
土壤速效微量元素	2005 年表层，样地平均
土壤机械组成	2005 年剖面，样地平均
土壤容重	2005 年剖面，样地平均
长期采样地空间变异调查	样地次平均

1.2.3.3　水分数据

水分数据各表对应的表名及综合方法如表 1-4 所示。

表 1-4　水分数据

项　目	处理方法
土壤含水量	（1）逐月分层平均 （2）0～20cm 储水量样地平均和 0～160cm 储水量样地平均
烘干法土壤含水量	不同年份逐月平均
地表水、地下水水质状况	样地尺度，月平均
地下水位记录	样地尺度，原始数据
农田蒸散量	样地尺度，原始数据
土壤水分常数	样地尺度，原始数据
水面蒸发量	月总蒸发量
雨水水质	样地尺度，月平均
水质分析方法	原始数据

1.2.3.4 气象数据

气象数据各表对应的表名及综合方法如表1-5所示。

表1-5 气象数据

项　　目	处理方法
自动观测气象要素记录表	月平均（单要素多年/单年多要素） • T/TD/RH/P/P0/HB/R/Tg0/W10V/W2V/W60M • Tg5/Tg10/Tg15/Tg20/Tg40/Tg60/Tg100
太阳辐射自动观测记录表	月平均

1.2.4　数据质量控制

原始数据资料经过生态站（由站长、副站长、监测主管和监测人员构成的质控体系）、各分中心、综合中心的三级质量控制，对仪器观测出现的异常值予以剔除。

1.2.5　资助者和编著者

本出版物是在"中国生态系统网络联网观测研究及数据共享系统建设"项目经费的支持下完成的。在综合中心的领导下，由奈曼站全体监测人员编写。

第二章

□□□□□□□□□□□□□□□□□□□□□□□□□□□□

数 据 资 源 目 录

2.1 生物数据资源目录

2.1.1 荒漠生物数据资源目录

数据集名称： 荒漠站区植被类型面积与分布

数据集摘要： 记录植被类型、面积与分布

数据集时间范围： 2005 年

数据集名称： 荒漠植物群落灌木层种类组成

数据集摘要： 记录荒漠植物群落灌木层物种株（丛）数、高度、盖度、生物量等

数据集时间范围： 2005 年

数据集名称： 荒漠植物群落草本层种类组成

数据集摘要： 记录荒漠植物群落草本层物种株（丛）数、高度、盖度、生活型、地上生物量等

数据集时间范围： 2005 年

数据集名称： 荒漠植物群落灌木层群落特征

数据集摘要： 记录荒漠植物群落灌木层群落优势种、密度、不同组分干重等

数据集时间范围： 2005 年

数据集名称： 荒漠植物群落草本层群落特征

数据集摘要： 记录荒漠植物群落草本层群落优势种、密度、不同组分干重等

数据集时间范围： 2005 年

数据集名称： 荒漠植物群落空间分布格局变化

数据集摘要： 记录荒漠植物群落各个物种的分布位点、株（丛）数和高度等

数据集时间范围： 2005—2008 年

数据集名称： 荒漠植物群落凋落物回收量季节动态

数据集摘要： 记录荒漠植物群落枯枝、枯叶、落花、落果、杂物的干重

数据集时间范围： 2005—2008 年

数据集名称： 荒漠植物群落种子产量

数据集摘要： 记录荒漠植物群落不同物种种子产量

数据集时间范围：2005 年

数据集名称：荒漠植物群落土壤有效种子库
数据集摘要：记录荒漠植物群落不同物种有效种子数量
数据集时间范围：2005 年

数据集名称：荒漠短命植物生活周期
数据集摘要：记录荒漠短命植物密度、盖度、地上生物量、出苗期、枯死期等
数据集时间范围：2005—2008 年

数据集名称：荒漠植物群落灌木物候观测
数据集摘要：记录荒漠植物群落灌木生育动态
数据集时间范围：2005—2008 年

数据集名称：荒漠植物群落草本植物物候观测
数据集摘要：记录荒漠植物群落草本植物生育动态
数据集时间范围：2005—2008 年

数据集名称：荒漠植物群落优势植物和凋落物的元素含量与能值
数据集摘要：记录荒漠植物群落优势植物和凋落物全碳、全氮、全磷、全钾、全硫、全钙、全镁、干重热值和灰分
数据集时间范围：2005—2008 年

数据集名称：荒漠站区调查点家畜种类与数量
数据集摘要：记录家畜种类、数量、载畜率、喂养方式、平均重量、年耗草量等
数据集时间范围：2005—2008 年

数据集名称：荒漠植物群落土壤微生物生物量碳季节动态
数据集摘要：记录荒漠植物群落土壤微生物生物量碳季节动态
数据集时间范围：2005—2008 年

2.1.2 农田生物数据资源目录

数据集名称：农田作物种类与产值
数据集摘要：记录农田作物种类、品种、播种情况、单产、直接成本及产值
数据集时间范围：2005—2008 年

数据集名称：农田复种指数与典型地块作物轮作体系
数据集摘要：记录农田复种及轮作信息
数据集时间范围：2005—2008 年

数据集名称：农田主要作物肥料投入情况
数据集摘要：记录农田作物肥料投入明细

数据集时间范围：2005—2008 年

数据集名称：农田灌溉制度
数据集摘要：记录农田灌溉明细
数据集时间范围：2005—2008 年

数据集名称：小麦物候观测
数据集摘要：记录小麦生育动态
数据集时间范围：2005—2008 年

数据集名称：玉米物候观测
数据集摘要：记录玉米生育动态
数据集时间范围：2005—2008 年

数据集名称：作物叶面积与生物量动态
数据集摘要：记录作物密度、群体高度、叶面积指数及地上部干鲜重等
数据集时间范围：2005—2008 年

数据集名称：耕作层作物根生物量
数据集摘要：记录耕作层（30cm）作物根生物量
数据集时间范围：2005—2008 年

数据集名称：作物根系分布
数据集摘要：记录 0～100cm 作物根系分布
数据集时间范围：2005—2008 年

数据集名称：小麦收获期植株性状与产量
数据集摘要：记录小麦收获期植株性状、产量
数据集时间范围：2005—2008 年

数据集名称：玉米收获期植株性状与产量
数据集摘要：记录玉米收获期植株性状、产量
数据集时间范围：2005—2008 年

数据集名称：大豆收获期植株性状与产量
数据集摘要：记录大豆收获期植株性状、产量
数据集时间范围：2005—2008 年

2.2 土壤数据资源目录

2.2.1 荒漠土壤数据资源目录

数据集名称：荒漠土壤交换量

数据集摘要：记录交换性钾、钠离子和阳离子交换量

数据集时间范围：2005 年

数据集名称：荒漠土壤养分

数据集摘要：记录土壤有机质、全量养分、速效养分和 pH 等

数据集时间范围：2005—2008 年

数据集名称：荒漠土壤矿质全量

数据集摘要：记录荒漠土壤矿质全量

数据集时间范围：2005 年

数据集名称：荒漠土壤微量元素及重金属

数据集摘要：记录荒漠土壤微量元素及重金属含量

数据集时间范围：2005 年

数据集名称：荒漠土壤速效微量元素

数据集摘要：记录荒漠土壤速效微量元素含量

数据集时间范围：2005 年

数据集名称：荒漠土壤机械组成

数据集摘要：记录荒漠土壤砂粒、粉粒和黏粒的百分含量

数据集时间范围：2005 年

数据集名称：荒漠土壤容重

数据集摘要：记录荒漠土壤表层和剖面土壤容重

数据集时间范围：2005 年

2.2.2　农田土壤数据资源目录

数据集名称：农田土壤交换量

数据集摘要：记录交换性钾、钠离子和阳离子交换量

数据集时间范围：2005 年

数据集名称：农田土壤养分

数据集摘要：记录土壤有机质、全量养分、速效养分和 pH 等

数据集时间范围：2005—2008 年

数据集名称：农田土壤矿质全量

数据集摘要：记录农田土壤矿质全量

数据集时间范围：2005 年

数据集名称：农田土壤微量元素和重金属

数据集摘要：记录农田土壤微量元素和重金属含量

数据集时间范围： 2005 年

数据集名称： 农田土壤速效微量元素

数据集摘要： 记录农田土壤速效微量元素

数据集时间范围： 2005 年

数据集名称： 农田土壤机械组成

数据集摘要： 记录农田土壤砂粒、粉粒和粘粒的百分含量

数据集时间范围： 2005 年

数据集名称： 农田土壤容重

数据集摘要： 记录农田土壤表层和剖面土壤容重

数据集时间范围： 2005 年

2.3 水分数据资源目录

数据集名称： 农田生态系统土壤水分含量表

数据集摘要： 记录土壤水分含量

数据集时间范围： 2005—2008 年

数据集名称： 烘干法土壤水分含量表

数据集摘要： 烘干法记录农田土壤水分含量

数据集时间范围： 2005—2008 年

数据集名称： 地表水、地下水水质状况表

数据集摘要： 记录地表水、地下水水质状况

数据集时间范围： 2005—2008 年

数据集名称： 地下水位记录表

数据集摘要： 记录地下水位变化

数据集时间范围： 2005—2008 年

数据集名称： 农田蒸散量表（水量平衡法）

数据集摘要： 水量平衡法记录农田蒸散量

数据集时间范围： 2005—2008 年

数据集名称： 土壤水分常数表

数据集摘要： 记录土壤水分常数

数据集时间范围： 2005—2008 年

数据集名称： 水面蒸发量表

数据集摘要： 记录水面蒸发量

数据集时间范围：2005—2008 年

数据集名称：雨水水质表
数据集摘要：记录雨水水质变化
数据集时间范围：2005—2008 年

数据集名称：农田灌溉量记录表
数据集摘要：记录农田灌溉量
数据集时间范围：2005—2008 年

数据集名称：农田土壤水水质状况表
数据集摘要：记录农田土壤水水质状况
数据集时间范围：2005—2008 年

数据集名称：农田蒸散日报表（大型蒸渗仪）
数据集摘要：大型蒸渗仪法记录农田日蒸散
数据集时间范围：2005—2008 年

数据集名称：水质分析方法信息表
数据集摘要：记录水质分析方法
数据集时间范围：2005—2008 年

2.4　气象数据资源目录

数据集名称：自动站每日逐时气温
数据集摘要：记录自动站每日逐时气温
数据集时间范围：2005—2008 年

数据集名称：自动站逐日气温
数据集摘要：记录自动站逐日气温
数据集时间范围：2005—2008 年

数据集名称：自动站逐月气温
数据集摘要：记录自动站逐月气温
数据集时间范围：2005—2008 年

数据集名称：自动站每日逐时相对湿度
数据集摘要：记录自动站每日逐时相对湿度
数据集时间范围：2005—2008 年

数据集名称：自动站逐日相对湿度
数据集摘要：记录自动站逐日相对湿度

数据集时间范围： 2005—2008 年

数据集名称： 自动站逐月相对湿度
数据集摘要： 记录自动站逐月相对湿度
数据集时间范围： 2005—2008 年

数据集名称： 自动站每日逐时露点温度
数据集摘要： 记录自动站每日逐时露点温度
数据集时间范围： 2005—2008 年

数据集名称： 自动站逐日露点温度
数据集摘要： 记录自动站逐日露点温度
数据集时间范围： 2005—2008 年

数据集名称： 自动站逐月露点温度
数据集摘要： 记录自动站逐月露点温度
数据集时间范围： 2005—2008 年

数据集名称： 自动站每日逐时水气压
数据集摘要： 记录自动站每日逐时水气压
数据集时间范围： 2005—2008 年

数据集名称： 自动站逐日水气压
数据集摘要： 记录自动站逐日水气压
数据集时间范围： 2005—2008 年

数据集名称： 自动站逐月水气压
数据集摘要： 记录自动站逐月水气压
数据集时间范围： 2005—2008 年

数据集名称： 自动站每日逐时大气压
数据集摘要： 记录自动站每日逐时大气压
数据集时间范围： 2005—2008 年

数据集名称： 自动站逐日大气压
数据集摘要： 记录自动站逐日大气压
数据集时间范围： 2005—2008 年

数据集名称： 自动站逐月大气压
数据集摘要： 记录自动站逐月大气压
数据集时间范围： 2005—2008 年

数据集名称：自动站每日逐时海平面气压
数据集摘要：记录自动站每日逐时海平面气压
数据集时间范围：2005—2008 年

数据集名称：自动站逐日海平面气压
数据集摘要：记录自动站逐日海平面气压
数据集时间范围：2005—2008 年

数据集名称：自动站逐月海平面气压
数据集摘要：记录自动站逐月海平面气压
数据集时间范围：2005—2008 年

数据集名称：自动站每日逐时 2min 平均风速
数据集摘要：记录自动站每日逐时 2min 平均风速
数据集时间范围：2005—2008 年

数据集名称：自动站逐日 2min 平均风速
数据集摘要：记录自动站逐日 2min 平均风速
数据集时间范围：2005—2008 年

数据集名称：自动站逐月 2min 平均风速
数据集摘要：记录自动站逐月 2min 平均风速
数据集时间范围：2005—2008 年

数据集名称：自动站每日逐时 2min 平均风风向
数据集摘要：记录自动站每日逐时 2min 平均风风向
数据集时间范围：2005—2008 年

数据集名称：自动站每日逐时 10min 极大风速
数据集摘要：记录自动站每日逐时 10min 极大风速
数据集时间范围：2005—2008 年

数据集名称：自动站逐日 10min 极大风速
数据集摘要：记录自动站逐日 10min 极大风速
数据集时间范围：2005—2008 年

数据集名称：自动站逐月 10min 极大风速
数据集摘要：记录自动站逐月 10min 极大风速
数据集时间范围：2005—2008 年

数据集名称：自动站每日逐时 10min 极大风风向
数据集摘要：记录自动站每日逐时 10min 极大风风向

数据集时间范围：2005—2008 年

数据集名称： 自动站每日逐时 10min 平均风速
数据集摘要： 记录自动站每日逐时 10min 平均风速
数据集时间范围： 2005—2008 年

数据集名称： 自动站逐日 10min 平均风速
数据集摘要： 记录自动站逐日 10min 平均风速
数据集时间范围： 2005—2008 年

数据集名称： 自动站逐月 10min 平均风速
数据集摘要： 记录自动站逐月 10min 平均风速
数据集时间范围： 2005—2008 年

数据集名称： 自动站每日逐时 10min 平均风风向
数据集摘要： 记录自动站每日逐时 10min 平均风风向
数据集时间范围： 2005—2008 年

数据集名称： 自动站每日逐时 1h 极大风速
数据集摘要： 记录自动站每日逐时 1h 极大风速
数据集时间范围： 2005—2008 年

数据集名称： 自动站逐日 1h 极大风速
数据集摘要： 记录自动站逐日 1h 极大风速
数据集时间范围： 2005—2008 年

数据集名称： 自动站逐月 1h 极大风速
数据集摘要： 记录自动站逐月 1h 极大风速
数据集时间范围： 2005—2008 年

数据集名称： 自动站每日逐时 1h 平均风风向
数据集摘要： 记录自动站每日逐时 1h 平均风风向
数据集时间范围： 2005—2008 年

数据集名称： 自动站每日逐时降水
数据集摘要： 记录自动站每日逐时降水
数据集时间范围： 2005—2008 年

数据集名称： 自动站逐日降水
数据集摘要： 记录自动站逐日降水
数据集时间范围： 2005—2008 年

数据集名称： 自动站逐月降水

数据集摘要： 记录自动站逐月降水

数据集时间范围： 2005—2008 年

数据集名称： 自动站每日逐时地表温度

数据集摘要： 记录自动站每日逐时地表温度

数据集时间范围： 2005—2008 年

数据集名称： 自动站逐日地表温度

数据集摘要： 记录自动站逐日地表温度

数据集时间范围： 2005—2008 年

数据集名称： 自动站逐月地表温度

数据集摘要： 记录自动站逐月地表温度

数据集时间范围： 2005—2008 年

数据集名称： 自动站每日逐时 5cm 地温

数据集摘要： 记录自动站每日逐时 5cm 地温

数据集时间范围： 2005—2008 年

数据集名称： 自动站逐日 5cm 地温

数据集摘要： 记录自动站逐日 5cm 地温

数据集时间范围： 2005—2008 年

数据集名称： 自动站逐月 5cm 地温

数据集摘要： 记录自动站逐月 5cm 地温

数据集时间范围： 2005—2008 年

数据集名称： 自动站每日逐时 10cm 地温

数据集摘要： 记录自动站每日逐时 10cm 地温

数据集时间范围： 2005—2008 年

数据集名称： 自动站逐日 10cm 地温

数据集摘要： 记录自动站逐日 10cm 地温

数据集时间范围： 2005—2008 年

数据集名称： 自动站逐月 10cm 地温

数据集摘要： 记录自动站逐月 10cm 地温

数据集时间范围： 2005—2008 年

数据集名称： 自动站每日逐时 15cm 地温

数据集摘要： 记录自动站每日逐时 15cm 地温

数据集时间范围：2005—2008 年

数据集名称：自动站逐日 15cm 地温
数据集摘要：记录自动站逐日 15cm 地温
数据集时间范围：2005—2008 年

数据集名称：自动站逐月 15cm 地温
数据集摘要：记录自动站逐月 15cm 地温
数据集时间范围：2005—2008 年

数据集名称：自动站每日逐时 20cm 地温
数据集摘要：记录自动站每日逐时 20cm 地温
数据集时间范围：2005—2008 年

数据集名称：自动站逐日 20cm 地温
数据集摘要：记录自动站逐日 20cm 地温
数据集时间范围：2005—2008 年

数据集名称：自动站逐月 20cm 地温
数据集摘要：记录自动站逐月 20cm 地温
数据集时间范围：2005—2008 年

数据集名称：自动站每日逐时 40cm 地温
数据集摘要：记录自动站每日逐时 40cm 地温
数据集时间范围：2005—2008 年

数据集名称：自动站逐日 40cm 地温
数据集摘要：记录自动站逐日 40cm 地温
数据集时间范围：2005—2008 年

数据集名称：自动站逐月 40cm 地温
数据集摘要：记录自动站逐月 40cm 地温
数据集时间范围：2005—2008 年

数据集名称：自动站每日逐时 60cm 地温
数据集摘要：记录自动站每日逐时 60cm 地温
数据集时间范围：2005—2008 年

数据集名称：自动站逐日 60cm 地温
数据集摘要：记录自动站逐日 60cm 地温
数据集时间范围：2005—2008 年

数据集名称：自动站逐月 60cm 地温
数据集摘要：记录自动站逐月 60cm 地温
数据集时间范围：2005—2008 年

数据集名称：自动站每日逐时 100cm 地温
数据集摘要：记录自动站每日逐时 100cm 地温
数据集时间范围：2005—2008 年

数据集名称：自动站逐日 100cm 地温
数据集摘要：记录自动站逐日 100cm 地温
数据集时间范围：2005—2008 年

数据集名称：自动站逐月 100cm 地温
数据集摘要：记录自动站逐月 100cm 地温
数据集时间范围：2005—2008 年

第三章

观测场和采样地

3.1 概述

奈曼站共设有 11 个观测场, 25 个采样地 (表 3-1), 图 3-1 为生物土壤长期采样地的空间位置分布。

表 3-1 奈曼站观测场、采样地一览表

观测场名称	观测场代码	采样地名称	采样地代码
奈曼综合气象要素观测场	NMDQX01	奈曼站气象站	NMDQX01C00_01
	NMDQX01	奈曼综合气象要素观测场中子管采样地	NMDQX01CTS_01
	NMDQX01	奈曼综合气象要素观测场 E601 蒸发皿	NMDQX01CZF_01
	NMDQX01	奈曼综合气象要素观测场雨水采样器	NMDQX01CYS_01
	NMDQX01	奈曼综合气象要素观测场地下水位观测点	NMDQX01CDX_01
奈曼农田综合观测场	NMDZH01	奈曼农田综合观测场生物土壤采样地	NMDZH01ABC_01
	NMDZH01	奈曼农田综合观测场中子管采样地	NMDZH01CTS_01
	NMDZH01	奈曼农田综合观测场烘干法采样地	NMDZH01CHG_01
	NMDZH01	奈曼农田综合观测场地下水水质观测点	NMDZH01CDX_02
	NMDZH01	奈曼农田综合观测场大型蒸渗仪	NMDZH01CZS_01
奈曼沙地综合观测场	NMDZH02	奈曼沙地综合观测场生物土壤长期采样地	NMDZH02ABC_01
	NMDZH02	奈曼沙地综合观测场中子管采样地	NMDZH02CTS_01
	NMDZH02	奈曼沙地综合观测场烘干法采样地	NMDZH02CHG_01
	NMDZH02	奈曼沙地综合观测场地下水水质观测点	NMDZH02CDX_01
	NMDZH02	奈曼沙地综合观测场地下水水位观测点	NMDZH02CDX_02
奈曼农田辅助观测场	NMDFZ01	奈曼农田辅助观测场生物土壤长期采样地	NMDFZ01AB0_01
奈曼固定沙丘辅助观测场	NMDFZ02	奈曼固定沙丘辅助观测场生物土壤长期采样地	NMDFZ02ABC_01
	NMDFZ02	奈曼固定沙丘辅助观测场中子管采样地	NMDFZ02CTS_01
	NMDFZ02	奈曼固定沙丘辅助观测场烘干法采样地	NMDFZ02CHG_01
奈曼流动沙丘沙地辅助观测场	NMDFZ03	奈曼流动沙丘辅助观测场生物土壤采样地	NMDFZ03AB0_01
奈曼旱作农田调查点	NMDZQ01	奈曼旱作农田生物土壤采样地	NMDZQ01AB0_01
奈曼教来河水质监测点	NMDFZ10	奈曼教来河水质监测点	NMDFZ10CLB_01
奈曼老哈河水质监测点	NMDFZ13	奈曼老哈河水质监测点	NMDFZ13CLB_01
奈曼静止地表水水质监测点	NMDFZ11	奈曼静止地表水水质监测点	NMDFZ11CJB_01
奈曼灌溉地下水水质监测点	NMDFZ12	奈曼灌溉地下水水质监测点	NMDFZ12CGD_01

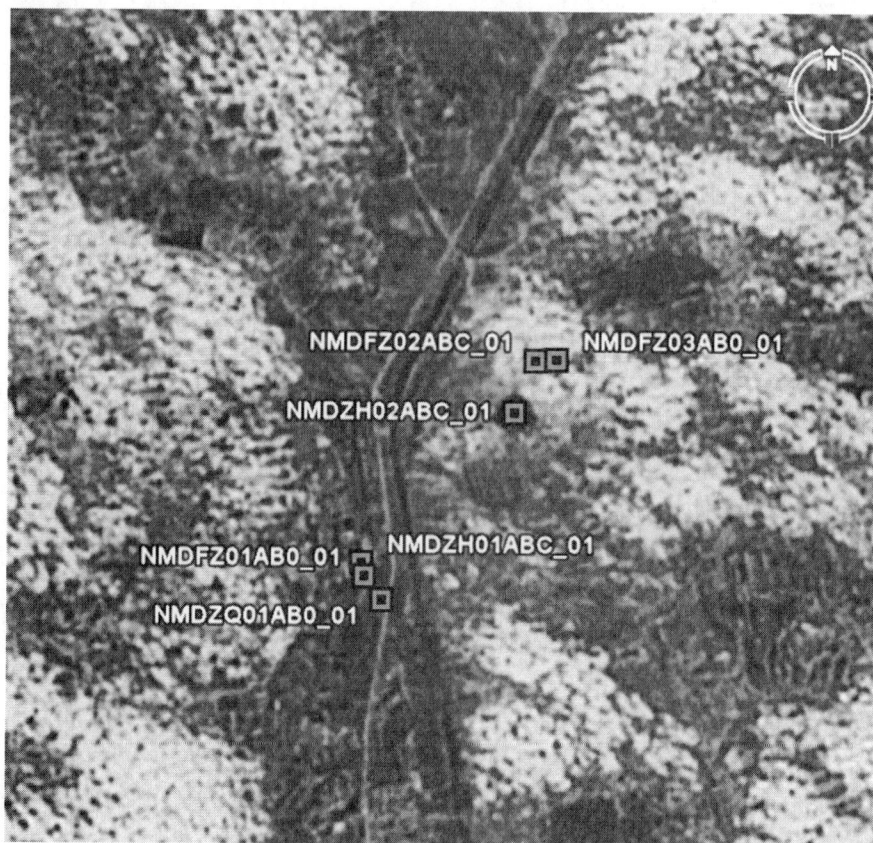

图 3-1　奈曼站生物土壤长期采样地空间位置图

3.2　观测场介绍

3.2.1　奈曼沙地综合观测场（NMDZH02）

　　奈曼站位于内蒙古奈曼旗大沁塔拉镇大柳树村。奈曼沙地综合观测场经度范围为 $120°42'41''E$ 至 $120°42'55''E$，纬度范围为 $42°56'14''N$ 至 $42°56'23''N$。观测场建立时间为 2005 年 1 月，设计使用年数为 100 年。观测场形状为多边形，面积约 20 000m²。观测场基本代表了科尔沁沙地沙质草地植被群落分布、土壤类型和土壤水分状况。观测场所在 6hm² 的沙质草地自 1997 年开始进行围封恢复试验，观测场外主要是放牧场和草地开垦的旱作农田，选址主要考虑样地的土壤类型、沙漠化程度及荒漠生态系统的监测要求。

　　全国第二次土壤普查表明该观测场土类为风沙土，亚类为草甸风沙土，中国土壤系统分类名称为干润砂质新成土，美国土壤系统分类名称为砂质新成土，土壤母质为冲积洪积物。观测场年均温 6.4℃，年均大风天数 33.1d，多年平均降水 362mm，年均沙尘暴天数 12.7d，年蒸发量 1 729mm。地貌特征为各种沙丘、缓起伏沙地、丘间低地交错分布，坡度 20°～60°，西北坡向，中心点海拔高度 363m，地下水位深度 8.5m，年平均湿度 50%～55%，年干燥度 3.9。

　　观测场建立前 1991—1997 年放牧试验场，1997 年以后为沙质草地恢复试验场。观测场采样地包括：奈曼沙地综合观测场生物土壤长期采样地（NMDZH02ABC_01），奈曼沙地综合观测场中子管采样地（NMDZH02CTS_01），奈曼沙地综合观测场烘干法采样地（NMDZH02CHG_01），奈曼沙地综合观测场地下水水质观测点（NMDZH02CDX_01），奈曼沙地综合观测场地下水水位观测点（NMDZH02CDX_02）。观测场中所有样地综合配置分布见图 3-2。

沙地综合观测场(NMDZH02)

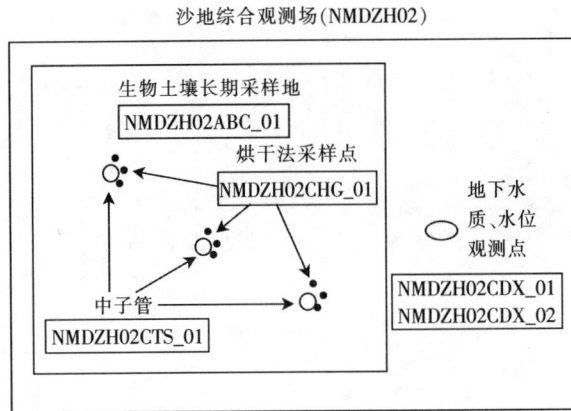

图 3-2　沙地综合观测场样地综合配置分布图

（1）奈曼沙地综合观测场生物土壤长期采样地（NMDZH02ABC_01）

地理位置：内蒙古自治区奈曼旗大沁塔拉镇大柳树村，中心点经度 120°42′45″E，中心点纬度 42°56′18″N，中心点海拔高 353m。样地建立时间 2005 年，设计使用年数 100 年。样地形状为正方形，面积 10 000m²。生态分区属于内蒙古高原南缘农牧交错带脆弱生态区，植被类型为草本，群落名称为狗尾草＋杂草群落，植被盖度 65%。

土类为风沙土，土壤剖面无明显发生层次，按 0～10cm、10～20cm、20～40cm、40～60cm、60～100cm 分层，其基本特征为：①土壤质地：各层次均为砂土；②土壤颜色：0～10cm 和 10～20cm 为灰黄，以下层次为淡黄；③土壤水分：0～10cm 和 10～20cm 润，以下层次干；④发育程度：各层次无结构；⑤润/干时结持性：各层次均为松散；⑥湿时黏着性：各层次均无黏着；⑦湿时可塑性：各层次均无塑性；⑧岩屑：各层次均无岩屑；⑨根系：0～10cm 和 10～20cm 中多，20～40cm 少，40～60cm 和 60～100cm 极少；根系集中分布深度为 25cm 左右，最大分布深度为 70cm；⑩排水状况：各层次均过量；⑪石灰反应：0～10cm 无，10～20cm 极弱，20～40cm 弱，40～60cm 和 60～100cm 中；⑫侵入物：各层次均无砖块、陶瓷、工业与生活废渣等。

生物观测项目包括：灌木层植物群落种类组成、草本层植物群落种类组成、灌木层植物群落特征、草本层植物群落特征、植物群落种子产量、土壤有效种子库、荒漠短命植物生活周期、荒漠植物群落灌木物候观测、荒漠植物群落草本物候观测、荒漠植物群落凋落物回收量季节动态、荒漠植物群落优势植物和凋落物的元素含量与能值、荒漠植物群落植被空间分布格局变化、荒漠植物群落土壤微生物生物量碳季节动态；土壤观测项目包括：土壤阳离子交换量、土壤养分、土壤矿质全量、土壤微量元素与重金属、土壤速效微量元素、土壤机械组成、土壤容重。

生物样的采集和表层土壤混合样的采集如图 3-3 所示。生物采样在观测场内随机抽取 6 个 10m×10m 的分区，然后在对应的分区里，再随机调查抽取 3 个 1m×1m 的小区进行调查，即重复 3 次。隔年生物采样与土壤采样两种方式交换。植被空间变化测定，在观测场右下方内选取 3 条间隔 10m 长 30m 的样条（永久固定），在样条按 1m 间隔调查植物种、高度和密度。采用系统布点的网格法采集土壤剖面样。

样方编号方法：字母＋数字，如 A9；样方面积为 10m×10m。NW：西北方向；SW：西南方向；NE 东北方向；SE 东南方向。

（2）奈曼沙地综合观测场中子管采样地（NMDZH02CTS_01）

样地基本信息同沙地综合观测场生物土壤长期采样地。观测项目为土壤含水量。中子管分布如图 3-4 所示。观测频率：5 天一次，下雨后加测一次。

（3）奈曼沙地综合观测场烘干法采样地（NMDZH02CHG_01）

NW	A	B	C	D	E	F	H	I	J	K	NW
10											10
20								生物	土壤		20
30											30
40						生物	土壤				40
50											50
60					生物	土壤					60
70			生物								70
80				土壤							80
90	生物	土壤						土壤			90
100											100
SW	A	B	C	D	E	F	H	I	J	K	SW

生物采样　　　　土壤采样

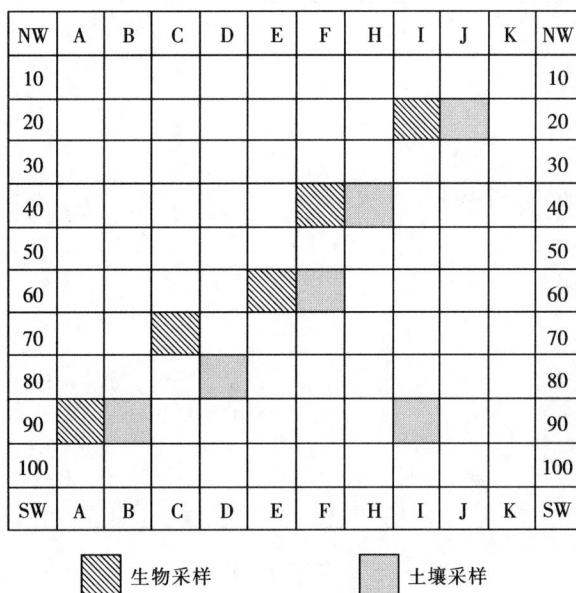

图 3-3　生物土壤采样分区设计图

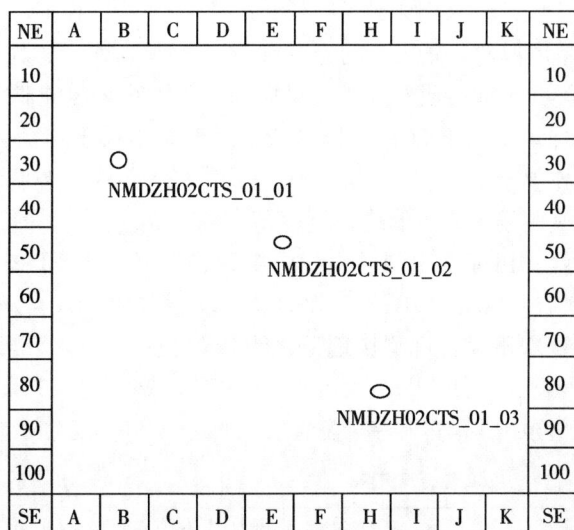

NE	A	B	C	D	E	F	H	I	J	K	NE
10											10
20											20
30		○									30
40		NMDZH02CTS_01_01									40
50					○						50
60				NMDZH02CTS_01_02							60
70											70
80					○						80
90				NMDZH02CTS_01_03							90
100											100
SE	A	B	C	D	E	F	H	I	J	K	SE

图 3-4　中子管布设示意图

样地基本信息同沙地综合观测场生物土壤长期采样地。观测项目为土壤含水量。取样点设在中子管周围，便于校正中子管数据，其分布示意图如图 3-5 所示。观测频率：20～30 天测定一次，与同期的中子管采样时间相同。

（4）奈曼沙地综合观测场地下水水质观测点（NMDZH02CDX_01）

样地基本信息同沙地综合观测场生物土壤长期采样地。观测项目为地下水水质。分布图见图 3-2。

（5）奈曼沙地综合观测场地下水水位观测点（NMDZH02CDX_02）

样地基本信息同沙地综合观测场生物土壤长期采样地。观测项目为地下水水位。分布图见图 3-2。

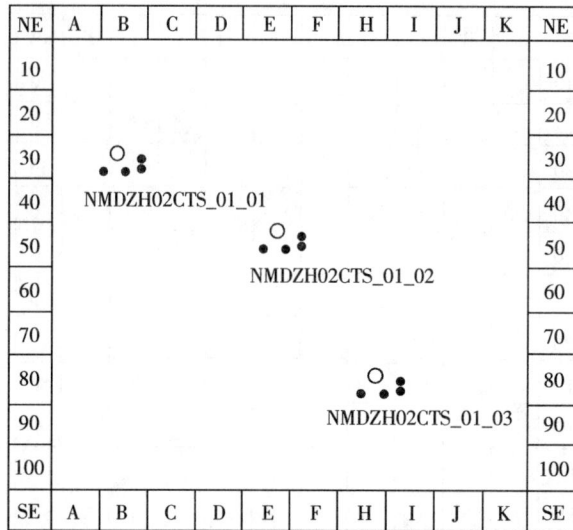

图 3-5　烘干法采样点布设示意图

3.2.2　奈曼农田综合观测场（NMDZH01）

　　观测场农田类型为水浇地，经度范围 120°41′55″E 至 120°42′02″E，纬度范围 42°55′45″N 至 42°55′48″N，观测场代表科尔沁沙地灌溉农田的养分水平、土壤类型、灌溉耕作制度。观测场形状为多边形，面积 9 000m²。土类为干润砂质新成土，母质为冲积洪积物。灌溉水源以地下水为主，地下水埋深 4.80～5.10m。灌溉保证率大于 90%，排水能力一般。地形平坦，轻度风蚀。观测场建立前的土地利用方式为一年一季作物，玉米、春小麦、大豆轮作，少免耕，施肥制度为底肥＋追肥，根据作物生长和土壤墒情灌溉。观测场建立后的耕作制度基本同建立前。

　　观测场采样地包括：奈曼农田综合观测场生物土壤采样地（NMDZH01ABC＿01），奈曼农田综合观测场中子管采样地（NMDZH01CTS＿01），奈曼农田综合观测场烘干法采样地（NMDZH01CHG＿01），奈曼农田综合观测场地下水水位观测点（NMDZH01CDX＿01），奈曼农田综合观测场地下水水质观测点（NMDZH01CDX＿02），奈曼农田综合观测场大型蒸渗仪（NMDZH01CZS＿01）。观测场中所有样地综合配置分布如图 3-6 所示。

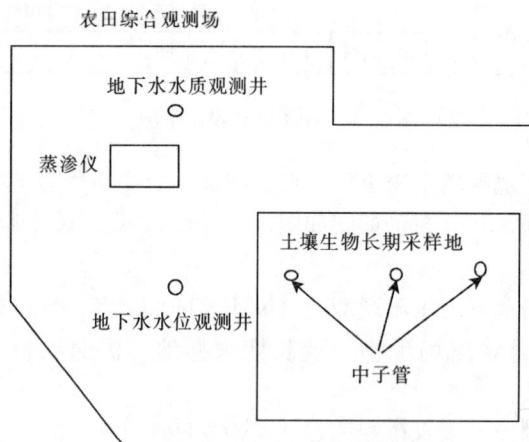

图 3-6　农田综合观测场中样地综合配置分布图

　　（1）奈曼农田综合观测场生物土壤采样地（NMDZH01ABC＿01）

采样地中心点经度 120°42′0″E，中心点纬度 42°55′47″N，采样地建立于 1997 年，设计使用年数 100 年，中心点海拔高度 353m，形状为正方形，面积 1 600m²。农田生态系统综合观测场地势平坦，土壤性质空间变异小，采用系统布点的网格法采集土壤剖面样，表层土壤混合样的采集和植物样的采集见图 3-7，次年两种方式交换。

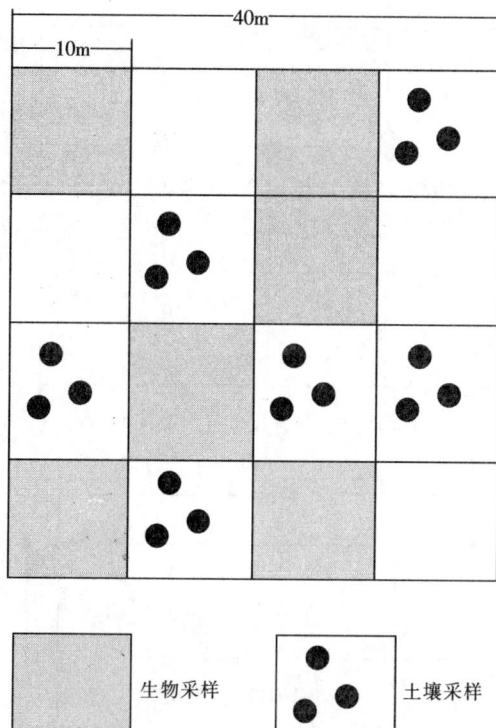

图 3-7　奈曼农田综合观测场生物土壤采样设计

生物监测项目：调查作物的生育期、植株性状、生物量、植物样品元素含量及热值等。在植物生长的整个生育期内调查，直到收获。土壤监测项目：表层土壤速效养分（碱解氮、速效钾、速效磷）（每年 1 次）；表层土壤养分（有机质、全氮、pH、缓效钾，每 2～3 年 1 次）；表层土壤速效微量元素（有效钼、有效锰、有效铁、有效硫、阳离子交换量）（每 5 年 1 次）；表层土壤交换性阳离子（交换性钙、镁、钾、钠）（每 5 年 1 次）；表层土壤容重、土壤养分全量、微量元素全量、重金属、矿质全量（每 5 年 1 次）；机械组成、剖面土壤容重（每 10 年 1 次）。

(2) 奈曼农田综合观测场中子管采样地（NMDZH01CTS_01）

采样地建立于 1997 年，设计使用年数 100 年，样地面积、形状、中心点经纬度及海拔高度同生物土壤采样地，观测项目为土壤含水量。中子管在土壤生物长期采样地内按东西向设置（图 3-8）。观测频率为 10 天一次，降水后加测一次。

(3) 奈曼农田综合观测场烘干法采样地（NMDZH01CHG_01）

观测项目为土壤含水量，采样点设在中子管周围（图 3-9），样地地理位置、背景信息、使用年数等同土壤生物长期采样地。观测频率为每 2 个月测定一次，与同期的中子管采样时间相同。

(4) 奈曼农田综合观测场地下水水位观测点（NMDZH01CDX_01）

观测项目为地下水位，观测点经纬度为 120°41′57″E，42°55′46″N。观测点建立时间、使用年数等同土壤生物长期采样地。观测频率为 10 天一次。观测点位置见图 3-6。

(5) 奈曼农田综合观测场地下水水质观测点（NMDZH01CDX_02）

观测项目为地下水水质，观测点经纬度为 120°41′58″E，42°55′48″N。观测点建立时间、使用年

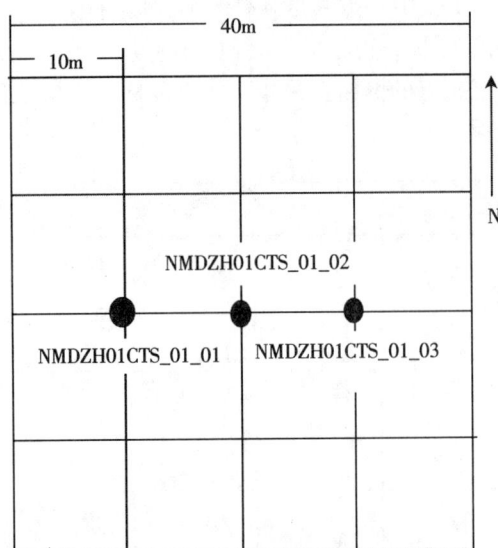

图 3-8　中子管布置图及其编码

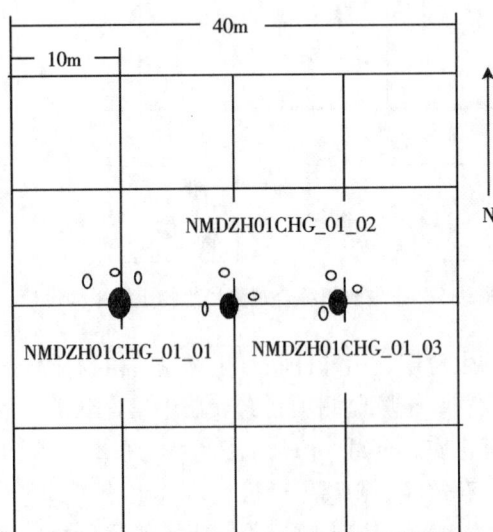

图 3-9　奈曼农田综合观测场烘干法采样点分布

数等同土壤生物长期采样地。观测点位置见图 3-6。

（6）奈曼农田综合观测场大型蒸渗仪（NMDZH01CZS_01）

观测项目为蒸散量，观测点经纬度为 $120°41'58''$E，$42°55'47''$N。样地为长方形，面积为 $2m×$ $1.5m$。样地建立时间、使用年数等同土壤生物长期采样地。观测频率为每天晚 8 点观测一次。观测点位置见图 3-6。

3.2.3　奈曼综合气象要素观测场（NMDQX01）

大气监测项目：风速、风向、干球温度、湿球温度、地表温度、浅层地温、总辐射、净辐射、反射辐射、日照时数、降水量、雪深、冻土。水分项目：蒸发量、土壤含水量、地下水位、雨水水质。观测场内气象、水分观测设施分布如图 3-10 所示。

观测场采样地包括：奈曼综合气象要素观测场中子管采样地（NMDQX01CTS_01），奈曼综合气象要素观测场 E601 蒸发皿（NMDQX01CZF_01），奈曼综合气象要素观测场雨水采样器

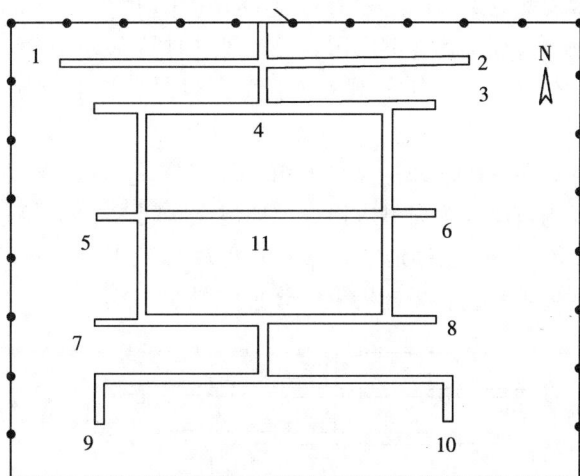

图 3-10　奈曼综合气象要素观测场气象、水分观测设施分布

1. 风杆和风传感器　2. 自动站　3. 自动站机箱　4. 百叶箱（人工观测温湿度表）

5. 量雨器　6. E601 蒸发器（中子管、水位井）　7. 冻土器

8. 小型蒸发器　9. 地表温度　10. 土壤温度　11. 雨水采样器

注：日照器安放在农田综合观测场内。

（NMDQX01CYS_01），奈曼综合气象要素观测场地下水位观测点（NMDQX01CDX_01）。

（1）奈曼综合气象要素观测场中子管采样地（NMDQX01CTS_01）

样地设置在一块相对平缓的沙地上，周围分布有起伏不平的沙丘链。样地周围为典型的荒漠生态系统景观。样地建立时间为 2005 年，设计观测年数为 100 年。样地中心点经纬度为 $120°41'57''E$，$42°55'47''N$。样地形状为正方形，面积 5m×5m。观测项目为土壤含水量。观测频率为 10 天一次，下雨后加测一次，冬季停止观测。采样地位置见图 3-11 所示。

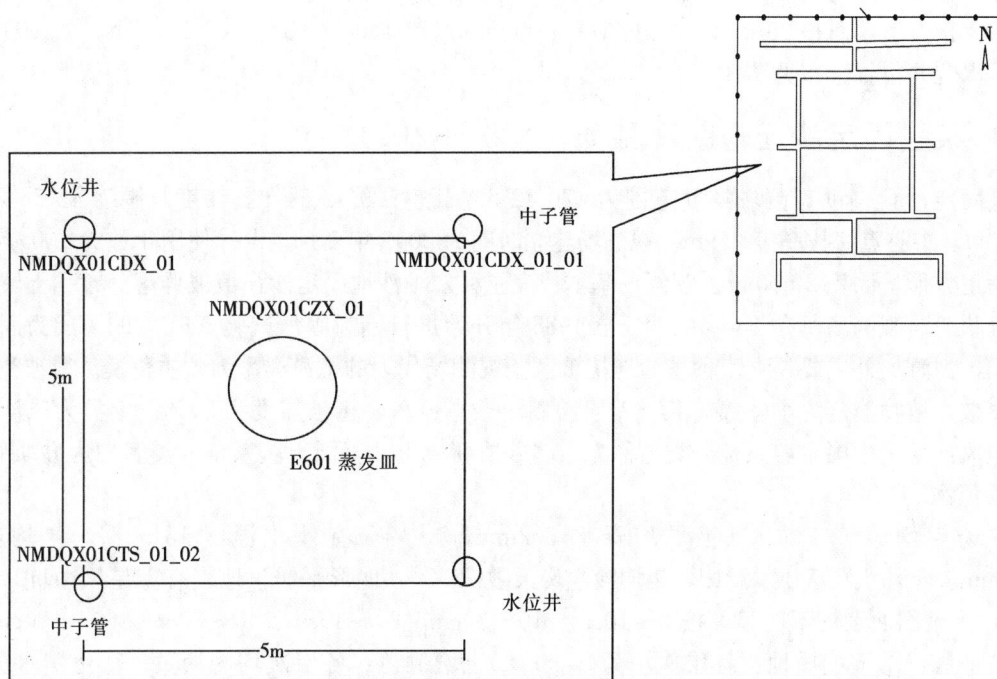

图 3-11　奈曼综合气象要素观测场水分观测设施布置图

（2）奈曼综合气象要素观测场 E601 蒸发皿（NMDQX01CZF_01）

样地设置在气象观测场内，周围为典型农田。样地建立时间为 2005 年，设计观测年数为 100 年。蒸发皿经纬度为 120°41′57″E，42°55′47″N。观测项目为蒸发量。自动观测，每小时观测一次。蒸发皿位置分布见图 3-11。

（3）奈曼综合气象要素观测场雨水采样器（NMDQX01CYS_01）

样地设置在气象观测场内，周围为典型农田。样地建立时间为 2005 年，设计观测年数为 100 年。样地形状为正方形，面积 25m×25m。样地中心点经纬度为 120°41′58″E，42°55′46″N。观测项目为雨水水质。连续收集，每季度采集一次。采样器位置分布见图 3-12。

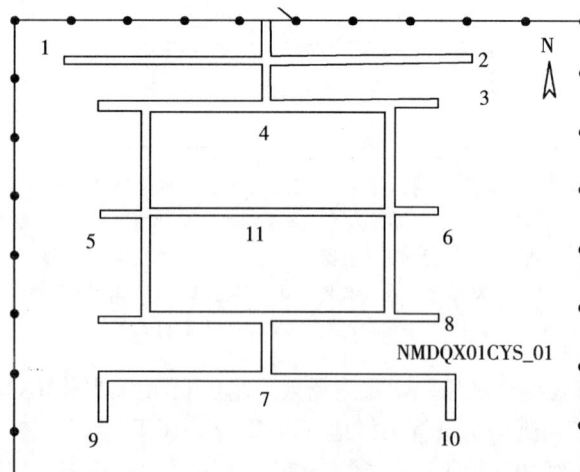

图 3-12　奈曼综合气象要素观测场雨水采样器分布图

（4）奈曼综合气象要素观测场地下水位观测点（NMDQX01CDX_01）

样地设置在气象观测场内，周围为典型农田。样地建立时间为 2005 年，设计观测年数为 100 年。样地形状为正方形，面积 25m×25m。样地中心点经纬度为 120°41′58″E，42°55′46″N。观测项目为地下水位。水位井位置分布见图 3-11。

3.2.4　奈曼固定沙丘辅助观测场（NMDFZ02）

奈曼固定沙丘辅助观测场经度范围为 120°42′50″E 至 120°42′54″E，纬度范围为 42°56′27″N 至 42°56′30″N。中心点海拔高度 359m。观测场建立时间为 2005 年 1 月，设计使用年数为 100 年。观测场形状为正方形，面积 2 500m²。观测场基本代表了科尔沁沙地固定沙丘植被群落分布、土壤类型和土壤水分状况。观测场所在 4hm² 的沙丘自 1985 年开始进行围封固沙试验，现有 90% 成为固定、半固定沙丘，观测场外主要是人工种植沙地植被区。观测场代表的荒漠类型为砂质荒漠。植被类型为固定沙丘植被，植物群落为小叶锦鸡儿－差巴嘎蒿＋杂草群落，植被盖度为 50%。土类为风沙土，亚类为固定风沙土，中国土壤系统分类名称为干润砂质新成土，美国土壤系统分类名称为砂质新成土，母质为风积物。

观测场年均温 6.4℃，多年平均降水 362mm，＞10℃ 有效积温 3 151.2℃，年均蒸发量 1 972.8mm，年均大风天数 33.1d，年均沙尘暴天数 12.7d。地形平缓，地表有零星风蚀坑，相对高差＜2m。土壤剖面发育不明显，按 0～10cm、10～20cm、20～40cm、40～60cm、60～100cm 分层，其基本特征为：①土壤质地：各层次均为砂土；②土壤颜色：各层次均为淡黄；③土壤水分：0～60cm 润，以下干；④发育程度：各层次均无结构；⑤润/干时结持性：各层次均为松散；⑥湿时黏着性：各层次均无黏着；⑦湿时可塑性：各层次均无塑性；⑧岩屑：各层次均无岩屑；⑨根系：根系集中分布深度为 40cm 左右，最大分布深度超过 100cm；⑩排水状况：各层次均过量；⑪石灰反应：各层次均无石灰反应；⑫侵入物：各层次均无砖块、陶瓷，工业与生活废渣等。

观测场采样地包括：奈曼固定沙丘辅助观测场生物土壤长期采样地（NMDFZ02ABC＿01），奈曼固定沙丘辅助观测场中子管采样地（NMDFZ02CTS＿01），奈曼固定沙丘辅助观测场烘干法采样地（NMDFZ02CHG＿01）。观测场采样分布图见图 3-13。

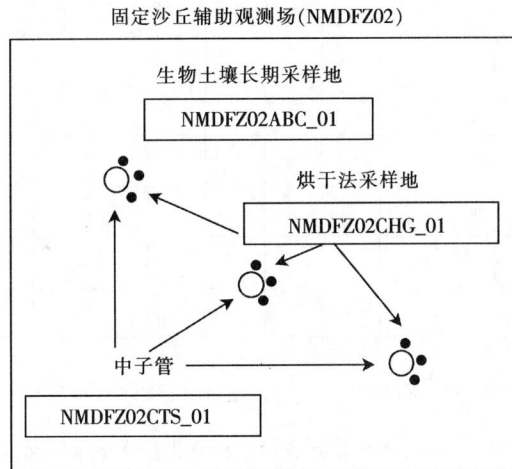

固定沙丘辅助观测场(NMDFZ02)

图 3-13 奈曼固定沙丘辅助观测场采样地分布图

（1）奈曼固定沙丘辅助观测场生物土壤长期采样地（NMDFZ02ABC＿01）

采样地中心点经纬度为 120°42′52″E，42°56′29″N。土壤监测项目：土壤表层速效养分，表层速效微量元素，土壤表层养分全量、交换量和容重，土壤分层养分全量、分层机械组成、分层微量元素全量、分层土壤矿质全量、分层容重、分层重金属，剖面调查等。生物监测项目：生境要素、群落特征、植被类型、生物量（地上、地下及凋落物生物量）、种子产量、土壤种子库、土壤微生物碳、分布格局和物候期等。

生物样的采集和表层土壤混合样的采集如图 3-14 所示。生物采样在观测场内随机抽取 6 个 5m×5m 的分区，然后在对应的分区里，再随机调查抽取 3 个 1m×1m 的小区进行调查，即重复 3 次。灌木在每个分区中进行采集，重复 3 次。隔年生物采样与土壤采样两种方式交换。植被空间变化测定，在观测场内选取 3 条间隔 10m 长 50m 的样条（永久固定），在样条按 1m 间隔调查植物种、高度和密度。土壤采样点的布设用随机法（以 5m×5m 的小区为一采样单元），表土采样 6 个重复（1 个混合样由相邻 10 钻土组成），剖面样 3 个重复；土壤剖面采样按照固定深度（0～10cm、10～20cm、20～40cm、40～60cm、60～100cm）用土钻法由上而下分层取样（1 个混合样由相邻 5 钻土组成）。

（2）奈曼固定沙丘辅助观测场中子管采样地（NMDFZ02CTS＿01）

观测项目为土壤含水量。观测频率为 10 天一次，下雨后加测一次，冬季停止观测。采样地位置见图 3-13 所示。

（3）奈曼固定沙丘辅助观测场烘干法采样地（NMDFZ02CHG＿01）

观测项目为土壤含水量，采样点设在中子管周围（图 3-13）。观测频率为每 2 个月测定一次，与同期的中子管采样时间相同。

3.2.5 奈曼流动沙丘辅助观测场（NMDFZ03）

奈曼流动沙丘沙地辅助观测场设有一个生物土壤采样地（NMDFZ03AB0＿01）。观测场代表的荒

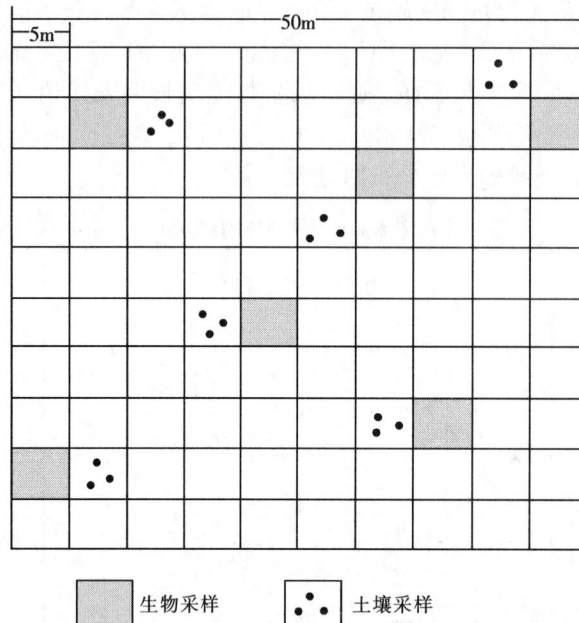

图 3-14　奈曼固定沙丘辅助观测场生物土壤采样设计图

漠类型为砂质荒漠。观测场中心点经纬度为 120°42′58″E，42°56′29″N，中心点海拔高度 362m。观测场建立时间为 2005 年 1 月，设计使用年数为 100 年。观测场形状为正方形，面积 2500 m²。观测场基本代表了科尔沁沙地流动沙丘植被群落分布、土壤类型和土壤水分状况。观测场外主要是不同类型的沙丘及人工杨树片林。植被类型为流动沙丘植被，植物群落为沙米，植被盖度 8%～12%。地貌特征为风积沙丘，地形起伏较大，地表完全被流沙覆盖，相对高差＞2m。

土壤类型和母质，生物土壤观测项目及采样设计同固定沙丘辅助观测场生物土壤长期采样地。土壤剖面发育不明显，按 0～10cm、10～20cm、20～40cm、40～60cm、60～100cm 分层，其基本特征为：①土壤质地：各层次均为砂土；②土壤颜色：各层次均为淡黄；③土壤水分：0～10cm 干，以下润；④发育程度：各层次均无结构；⑤润/干时结持性：各层次均为松散；⑥湿时黏着性：各层次均无黏着；⑦湿时可塑性：各层次均无塑性；⑧岩屑：各层次均无岩屑；⑨根系：根系集中分布深度为35cm 左右，最大分布深度为 65cm；⑩排水状况：各层次均过量；⑪石灰反应：各层次均无石灰反应；⑫侵入物：各层次均无砖块、陶瓷，工业与生活废渣等。

3.2.6　奈曼农田辅助观测场（NMDFZ01）

奈曼农田辅助观测场设有一个生物土壤长期采样地（NMDFZ01AB0_01），农田类型为水浇地。观测场中心点经纬度为 120°42′0″E，42°55′44″N，中心点海拔高度 358m。该样地包含于一片面积较大的甸子当中，这种甸子地势平坦，易于灌溉，当地的灌溉农业主要集中在这样的土地上，样地西侧有低缓的固定沙丘。主要被用于玉米连作，偶尔轮作小麦；井水畦灌，灌溉期为播前，拔节期，此后根据降水情况增减灌溉次数；播种时沟施尿素和磷酸二铵，拔节前撒施尿素；土壤氮磷水平低。该样地使用权属于奈曼站，易于管理和监测。样地建立于 2005 年，可永久使用。样地形状为长方形，面积 2 400m²。

土壤类型和母质，水分条件，生物土壤观测项目及采样设计同奈曼农田综合观测场生物土壤采样地。观测场建立后，遵照当地种植习惯，多年连作玉米；播前耕耙开沟，播种镇压；拔节前畜犁培土，施肥；收后留茬。

3.2.7　奈曼旱作农田调查点（NMDZQ01）

调查点设有一个旱作农田生物土壤采样地（NMDZQ01AB0 _ 01），农田类型为旱地。样地中心点经纬度为 120°42′8″E，42°55′39″N。观测场土地使用权属于奈曼站，便于管理和监测。一直弃耕，相当于当地的干草甸，这种干草甸在雨水较好的年份，农民开垦后播种大秋或小秋作物如糜、谷、豆类、荞麦等。如果播种时节干旱，难以下种，则弃耕。样地建立于 2005 年，永久使用，可代表当地的无灌溉农田。样地形状为长方形，面积 2 400m²。

土壤类型和母质，生物土壤观测项目及采样设计同奈曼农田综合观测场生物土壤采样地。样地建立后，无固定轮作体系，干旱年份（尤其播种季节干旱）为弃耕，春季降水较多时播糜谷或豆类，春旱但夏季雨水较多时播荞麦。一般为单作，雨养。

3.2.8　其他类型观测场

（1）奈曼教来河水质监测点（NMDFZ10）

奈曼教来河水质监测采样点（NMDFZ10CLB _ 01）建立于 2005 年，设计使用年数 100 年。样地为距离奈曼站站区 20km 左右的教来河，观测点经纬度为 120 °46′19″E，42°55′52″N。观测项目为流动水水质。

（2）奈曼静止地表水水质监测点（NMDFZ11）

奈曼静止地表水水质监测采样点（NMDFZ11CJB _ 01）建立于 2005 年，设计使用年数 100 年。样地为距离奈曼站站区 30km 左右的舍力虎水库，观测点经纬度为 42°45′37″N，120°34′32″E。观测项目为静止地表水水质。

（3）奈曼灌溉地下水水质监测点（NMDFZ12）

奈曼灌溉地下水水质监测采样点（NMDFZ12CGD _ 01）建立于 2005 年，设计使用年数 100 年。样地为奈曼站站区的灌溉水井，观测点经纬度为 120 °41′54″E，42°55′48″N。观测项目为灌溉地下水水质。

（4）奈曼老哈河水质监测点（NMDFZ13）

奈曼老哈河水质监测采样点（NMDFZ13CLB _ 01）建立于 2005 年，设计使用年数 100 年。样地为距离奈曼站站区 100km 左右的老哈河，观测点经纬度为 127°47′44″E，43°27′22″N。观测项目为流动水水质。

第四章

长 期 监 测 数 据

4.1 生物监测数据

4.1.1 奈曼荒漠生物监测数据

4.1.1.1 植物名录

表 4-1 植物名录

植物种名	拉 丁 学 名
白草	*Pennisetum centrasiaticum* Tzvel.
扁蓿豆	*Melissilus ruthenicus*（L.）Peschkova（*Trigonella ruthenica* L.）
糙隐子草	*Cleistogenes squarrosa*（Trin.）Keng
差巴嘎蒿	*Artemisia halodendron* Turcz. et Bess.
长穗虫实	*Corispermum elongatum* Bunge
达乌里胡枝子	*Lespedeza davurica*（Laxm.）Schindl
大籽蒿	*Artemisia sieversiana* Ehrhart ex Willd
地肤	*Kochia scoparia*（Linn.）Schrad.
地锦	*Euphorbia humifusa* Willd
地梢瓜	*Cynanchum theisiodes*（Freyn）K. Schum.
二裂委陵菜	*Potentilla bifurca* Linn
狗尾草	*Setaria viridis*（Linn.）Beauv
冠芒草	*Enneapogon borealis*（Griseb.）Honda
光梗蒺藜草	*Cenchrus calyculatus* Cav.
虎尾草	*Chloris virgata* Sw.
画眉草	*Eragrostis pilosa*（Linn.）Beauv.
黄蒿	*Artemisia scoparia* Waldst. Et Kit.
灰绿藜	*Chenopodium glaucum* Linn.
鸡眼草	*Kummerowia striata*（Thumb.）Schindl.
蒺藜	*Tribulus terrester* Linn.
稷	*Panicum miliaceum* Linn.
尖头叶藜	*Chenopodium acuminatum* Willd.
苦苣菜	*Sonchus oleraceus* Linn.
赖草	*Leymus secalinus*（Georgi）Tzvel.
芦苇	*Phragmites australis*（Cav.）Trin. ex Steud.
牻牛儿苗（太阳花）	*Erodium stephanianum* Willd.
欧亚旋覆花	*Inula britanica* Linn.
乳浆大戟	*Euphorbia esula* Linn.
三芒草	*Aristida adscensionis* Linn.
沙打旺	*Astragalus adsurgens* Pall.
沙地旋覆花	*Inula salsoloides*（Turcz.）Ostenf.

（续）

植物种名	拉 丁 学 名
沙蓬	*Agriophyllum squarrosum*（Linn.）Moq.
砂蓝刺头	*Echinops gmelini* Turcz.
山苦荬	*Ixeris chinensis*（Thunb.）Nakai
升马唐	*Digitaria ciliaris*（Retz.）Koel.
雾冰藜（五星蒿）	*Bassia dasyphylla*（Fisch. et Mey.）O. Kuntze
狭叶米口袋	*Gueldenstaedtia stenophylla* Bunge
小叶锦鸡儿	*Caragana microphylla* Lam.
止血马唐	*Digitaria ischaemum*（Schreib.）Schreib. Ex Mubl.
猪毛菜	*Salsola collina* Pall.
大果虫实	*Corispermum maorocarpum* Bunge
委陵菜	*Potentillae Chinensis* Ser.

4.1.1.2 群落种类组成

（1）沙地综合观测场

表4－2 沙地综合观测场群落种类组成

样方面积：1m×1m

年份	物种	株（丛）数 （株或丛/样方）	叶层平均 高度（cm）	盖度 （%）	绿色地上部 总干重（g/样方）	生活型
2005	白草	15.00	22.23	4.70	8.85	多年生草本
2005	扁蓿豆	0.50	2.75	0.80	3.11	多年生草本
2005	糙隐子草	19.50	19.07	4.70	9.19	多年生草本
2005	大籽蒿	2.60	1.10	0.30	0.05	一、二年生草本
2005	地梢瓜	0.80	6.65	0.50	0.24	多年生草本
2005	狗尾草	7.20	11.08	1.30	0.85	一年生草本
2005	胡枝子	6.80	12.74	5.10	11.01	地上芽植物
2005	虎尾草	0.80	1.25	0.80	0.27	一年生草本
2005	黄蒿	64.90	42.28	34.50	123.38	一、二年生草本
2005	鸡眼草	0.70	2.02	0.20	0.20	一年生草本
2005	芦草	10.30	55.23	9.80	21.94	多年生草本
2005	绿藜	0.10	0.50	0.10	0.01	一年生草本
2005	马唐	0.10	1.25	0.10	0.05	一年生草本
2005	米口袋	0.20	1.30	0.10	0.12	多年生草本
2005	三芒草	13.00	14.18	1.30	1.33	一年生草本
2005	太阳花	1.10	5.49	0.70	0.51	一、二年生草本
2005	委陵菜	0.40	0.38	0.10	0.05	多年生草本
2005	猪毛菜	1.20	6.85	0.90	0.42	一年生草本

（2）固定沙丘辅助观测场

表4－3 固定沙丘辅助观测场草本群落种类组成

样方面积：1m×1m

年份	物种	株（丛）数 （株或丛/样方）	叶层平均 高度（cm）	盖度 （%）	绿色地上部 总干重（g/样方）	生活型
2005	白草	0.20	1.53	0.10	0.08	多年生草本
2005	扁蓿豆	1.70	14.81	13.20	34.50	多年生草本
2005	差巴嘎蒿	4.80	21.62	20.10	76.23	地上芽植物

（续）

年份	物种	株（丛）数 （株或丛/样方）	叶层平均 高度（cm）	盖度 （%）	绿色地上部 总干重（g/样方）	生活型
2005	虫实	2.70	9.30	1.41	1.90	一年生草本
2005	地锦	207.20	2.86	7.20	6.26	一年生草本
2005	地梢瓜	1.30	3.38	0.80	0.73	多年生草本
2005	狗尾草	23.22	16.35	2.89	1.75	一年生草本
2005	光梗蒺藜草	0.40	2.17	0.20	0.12	一年生草本
2005	胡枝子	0.20	1.10	0.30	0.29	地上芽植物
2005	画眉草	2.80	2.43	1.10	1.64	一年生草本
2005	灰绿藜	0.10	1.10	0.10	0.05	一年生草本
2005	苦荬菜	1.50	3.80	1.30	1.34	一、二年生草本
2005	绿藜	15.30	2.74	1.80	0.36	一年生草本
2005	马唐	27.70	12.28	3.20	2.67	一年生草本
2005	三芒草	1.10	3.60	0.20	0.06	一年生草本
2005	砂蓝刺头	0.60	0.50	0.20	0.15	一年生草本
2005	五星蒿	3.67	7.61	1.56	1.90	一年生草本
2005	小叶锦鸡儿	0.20	1.00	0.30	0.41	高位芽植物
2005	猪毛菜	0.60	1.45	0.40	0.32	一年生草本

表4-4　固定沙丘辅助观测场灌木群落种类组成

样方面积：5m×5m　　　地下部取样面积：1m×1m×1m

年份	植物 种名	生活型	物候期	盖度 （%）	株（丛） 数（株或 丛/样方）	平均单丛 茎数（茎/丛）	平均 高度 （m）	平均 基径 （cm）	枝干 干重 （g/样方）	叶干重 （g/样方）	地上部 总干重 （g/样方）	地下部 总干重 （g/样方）
2005	差巴 嘎蒿	地上芽 植物	成熟期	14.70	4.70	10.00	0.49	0.92	390.68	216.66	845.67	478.09
2005	小叶 锦鸡儿	高位芽 植物	落种期	8.14	1.45	10.58	0.73	0.94	623.64	216.46	868.03	209.45

（3）流动沙丘辅助观测场

表4-5　流动沙丘辅助观测场群落种类组成

样方面积：1m×1m

年份	物种	株（丛）数 （株或丛/样方）	叶层平均 高度（cm）	盖度 （%）	绿色地上部 总干重（g/样方）	生活型
2005	差巴嘎蒿	1.30	4.80	0.80	3.15	地上芽植物
2005	虫实	3.90	3.57	1.10	2.95	一年生草本
2005	地梢瓜	0.20	1.05	0.20	0.07	多年生草本
2005	狗尾草	27.80	5.73	1.50	4.24	一年生草本
2005	光梗蒺藜草	2.20	12.28	1.10	3.62	一年生草本
2005	苦苣菜	1.90	1.42	0.70	0.31	一年生草本
2005	止血马唐	0.50	1.63	0.40	0.10	一年生草本
2005	欧亚旋覆花	1.80	3.98	0.80	6.01	一年生草本
2005	沙蓬	29.70	25.58	6.00	19.09	一年生草本
2005	五星蒿	0.10	1.30	0.10	0.05	一年生草本

4.1.1.3 群落特征

（1）沙地综合观测场

表4-6 沙地综合观测场群落特征

样方面积：1m×1m　　地下部取样面积：1m×1m×0.4m

年份	样方号	植物种数	优势种	密度（株或丛/m²）	优势种平均高度（cm）	总盖度（%）	绿色地上部干重（g/m²）	立枯干重（g/m²）	凋落物干重（g/m²）	地上部总干重（g/m²）	地下部总干重（g/m²）
2005	1	6	黄蒿	164	46.7	70	206.41	60.82	133.49	400.72	438.70
2005	2	7	黄蒿	64	38.3	55	204.44	63.65	150.58	418.67	556.43
2005	3	6	黄蒿	114	40.0	70	180.5	83.99	127.93	392.42	380.72
2005	4	11	黄蒿	154	30.7	65	189.46	81.14	96.68	367.28	572.80
2005	5	10	黄蒿	108	36.5	50	170.1	65.2	63.24	298.54	390.72
2005	6	11	黄蒿	156	46.0	55	150.67	50.82	102.41	303.9	350.40
2005	7	9	黄蒿	137	53.3	65	143.48	68.8	77.76	290.04	320.50
2005	8	9	黄蒿	225	44.7	60	171.42	76.1	75.53	323.05	362.15
2005	9	10	黄蒿	175	32.6	50	171.96	80.2	89.98	342.14	378.50
2005	10	9	黄蒿	151	54.1	65	168.49	75.3	91.2	334.99	326.80

（2）固定沙丘辅助观测场

表4-7 固定沙丘辅助观测场群落特征

样方面积：1m×1m　　地下部取样面积：1m×1m×0.4m

年份	样方号	植物种数	优势种	密度（株或丛/m²）	优势种平均高度（cm）	总盖度（%）	绿色地上部干重（g/m²）	立枯干重（g/m²）	凋落物干重（g/m²）	地上部总干重（g/m²）	地下部总干重（g/m²）
2005	1	9	马唐	581	21.3	40	27.41	70.44	11.28	109.13	108.23
2005	2	8	扁蓿豆	541	32.0	55	69.21	27.61	8.13	104.95	179.54
2005	3	7	扁蓿豆	131	10.8	25	2.56	150.3	28.59	181.45	247.50
2005	4	6	扁蓿豆	220	26.0	40	63.47	43.91	9.98	117.36	138.23
2005	5	9	扁蓿豆	289	21.0	40	126.76	6.72	3.97	137.45	195.60
2005	6	11	扁蓿豆	221	25.2	50	91.86	88.14	19.42	199.42	278.26
2005	7	9	画眉草	259	7.0	24	38.96	23.5	10.32	72.78	148.50
2005	8	10	扁蓿豆	282	25.7	32	86.37	33.1	14.5	133.97	185.80
2005	9	7	马唐	211	9.0	23	17.89	9.1	4.6	31.59	98.56
2005	10	9	地锦	137	1.5	20	12.84	10.1	3.5	26.44	78.65

表4-8 固定沙丘辅助观测场灌木群落特征

样方面积：5m×5m　　地下部取样面积：1m×1m×1m

年份	样方号	物种数	优势种	密度（株/hm²）	优势种平均高度（m）	总盖度（%）	枝干干重（g/m²）	叶干重（g/m²）	枯枝干重（g/m²）	凋落物干重（g/m²）	地上部总干重（g/m²）	地下部总干重（g/m²）
2005	1	2	小叶锦鸡儿	2 400	1.3	20.0	82.21	30.89	48.94	12.80	121.09	39.39
2005	2	1	差巴嘎蒿	1 600	0.5	20.0	19.95	10.34	25.60	3.97	44.29	24.32
2005	3	2	小叶锦鸡儿	2 000	1.5	20.0	40.76	17.64	28.15	2.15	70.40	31.55
2005	4	2	差巴嘎蒿	2 800	0.4	15.0	54.97	18.88	32.23	4.67	81.84	20.61
2005	5	2	差巴嘎蒿	3 200	0.4	25.0	66.92	25.36	18.84	5.88	104.28	27.35

（续）

年份	样方号	物种数	优势种	密度 （株/hm²）	优势种 平均高度 （m）	总盖度 （%）	枝干 干重 （g/m²）	叶干重 （g/m²）	枯枝 干重 （g/m²）	凋落物 干重 （g/m²）	地上部 总干重 （g/m²）	地下部 总干重 （g/m²）
2005	6	2	小叶锦鸡儿	3 600	1.4	25.0	70.71	28.18	57.36	19.42	110.89	31.22
2005	7	2	差巴嘎蒿	2 400	0.7	20.0	45.88	23.60	17.90	7.80	79.12	38.30
2005	8	1	差巴嘎蒿	2 000	0.5	15.0	25.82	11.15	12.50	3.30	44.97	26.94
2005	9	2	差巴嘎蒿	3 200	0.5	25.0	31.32	14.96	10.60	2.60	53.15	22.27
2005	10	1	差巴嘎蒿	800	0.6	10.0	11.42	4.16	8.85	6.50	20.41	8.94

（3）流动沙丘辅助观测场

表4-9　流动沙丘辅助观测场群落特征

样方面积：1m×1m　　　地下部取样面积：1m×1m×0.4m

年份	样方号	植物 种数	优势种	密度 （株或 丛/m²）	优势种 平均高度 （cm）	总盖度 （%）	绿色地上 部干重 （g/m²）	立枯干重 （g/m²）	凋落物 干重 （g/m²）	地上部 总干重 （g/m²）	地下部 总干重 （g/m²）
2005	1	5	沙蓬	134	56.5	10	79.71	0.81	2.79	83.31	54.60
2005	2	6	沙蓬	283	17.5	8	58.93	3.91	2.07	64.91	45.50
2005	3	5	沙蓬	89	48.0	8	68.35	2.04	1.13	71.52	48.04
2005	4	3	沙蓬	35	31.3	8	71.87	1.3	0.39	73.56	37.32
2005	5	5	沙蓬	84	24.9	10	65.3	5.59	1.3	72.19	45.30
2005	6	5	沙蓬	12	53.0	5	5.3	0.34	0.2	5.84	90.80
2005	7	2	沙蓬	32	6.3	5	3.64	0.6	0.7	4.94	5.40
2005	8	2	沙蓬	20	5.5	5	5.45	0.64	0.56	6.65	10.92
2005	9	5	沙蓬	13	8.0	5	8.18	0.3	0.2	8.68	16.54
2005	10	3	沙蓬	26	4.8	3	8.1	0.4	0.14	8.64	12.67

4.1.1.4　植被空间格局变化

（1）沙地综合观测场

表4-10　沙地综合观测场植被空间格局变化

年份	样方号	位点	植物种名	株（丛）数 （株或丛/样方）	高度（cm）
2008	1	(0, 0)	白草	42.0	31.0
2008	1	(0, 0)	糙隐子草	2.0	11.0
2008	1	(0, 0)	长穗虫实	112.0	12.0
2008	1	(0, 0)	达乌里胡枝子	2.0	12.0
2008	1	(0, 0)	地梢瓜	3.0	18.0
2008	1	(0, 0)	狗尾草	1.0	28.0
2008	1	(0, 0)	黄蒿	28.0	72.0
2008	1	(0, 0)	芦苇	13.0	68.0
2008	1	(0, 0)	牻牛儿苗	2.0	38.0
2008	1	(0, 0)	雾冰藜	3.0	15.0
2008	2	(0, 2)	白草	48.0	38.0
2008	2	(0, 2)	糙隐子草	15.0	16.0
2008	2	(0, 2)	长穗虫实	161.0	6.0
2008	2	(0, 2)	黄蒿	33.0	70.0

（续）

年份	样方号	位点	植物种名	株（丛）数 （株或丛/样方）	高度（cm）
2008	2	(0，2)	芦苇	10.0	61.0
2008	3	(0，4)	白草	93.0	34.0
2008	3	(0，4)	糙隐子草	3.0	18.0
2008	3	(0，4)	长穗虫实	94.0	12.0
2008	3	(0，4)	达乌里胡枝子	2.0	30.0
2008	3	(0，4)	黄蒿	37.0	62.0
2008	3	(0，4)	尖头叶藜	1.0	29.0
2008	3	(0，4)	芦苇	13.0	55.0
2008	4	(0，6)	白草	11.0	26.5
2008	4	(0，6)	糙隐子草	25.0	23.0
2008	4	(0，6)	长穗虫实	71.0	9.0
2008	4	(0，6)	黄蒿	21.0	53.0
2008	4	(0，6)	芦苇	29.0	43.0
2008	5	(0，8)	白草	13.0	46.0
2008	5	(0，8)	糙隐子草	7.0	34.0
2008	5	(0，8)	长穗虫实	184.0	11.0
2008	5	(0，8)	黄蒿	21.0	61.0
2008	5	(0，8)	芦苇	17.0	61.0
2008	6	(0，10)	长穗虫实	90.0	12.0
2008	6	(0，10)	大果虫实	4.0	33.0
2008	6	(0，10)	狗尾草	1.0	11.0
2008	6	(0，10)	黄蒿	15.0	64.0
2008	6	(0，10)	芦苇	9.0	68.0
2008	7	(0，12)	糙隐子草	1.0	17.0
2008	7	(0，12)	长穗虫实	74.0	11.0
2008	7	(0，12)	地梢瓜	1.0	27.0
2008	7	(0，12)	狗尾草	1.0	8.0
2008	7	(0，12)	黄蒿	96.0	56.0
2008	7	(0，12)	芦苇	13.0	64.0
2008	7	(0，12)	尖头叶藜	2.0	18.0
2008	8	(0，14)	糙隐子草	1.0	11.0
2008	8	(0，14)	长穗虫实	76.0	12.0
2008	8	(0，14)	地梢瓜	6.0	21.0
2008	8	(0，14)	黄蒿	31.0	59.0
2008	8	(0，14)	芦苇	11.0	62.0
2008	9	(0，16)	长穗虫实	182.0	8.0
2008	9	(0，16)	地梢瓜	6.0	19.0
2008	9	(0，16)	达乌里胡枝子	1.0	12.0
2008	9	(0，16)	狗尾草	2.0	14.0
2008	9	(0，16)	黄蒿	51.0	75.0
2008	9	(0，16)	芦苇	6.0	69.0
2008	9	(0，16)	尖头叶藜	9.0	22.0
2008	10	(0，18)	糙隐子草	1.0	10.0
2008	10	(0，18)	长穗虫实	176.0	25.0
2008	10	(0，18)	达乌里胡枝子	3.0	25.0
2008	10	(0，18)	地梢瓜	4.0	12.0

（续）

年份	样方号	位点	植物种名	株（丛）数（株或丛/样方）	高度（cm）
2008	10	(0，18)	二裂委陵菜	1.0	12.0
2008	10	(0，18)	狗尾草	6.0	20.0
2008	10	(0，18)	黄蒿	42.0	74.0
2008	10	(0，18)	芦苇	9.0	25.0
2008	10	(0，18)	雾冰藜	1.0	13.0
2008	11	(0，20)	长穗虫实	351.0	16.0
2008	11	(0，20)	糙隐子草	1.0	14.0
2008	11	(0，20)	达乌里胡枝子	2.0	20.0
2008	11	(0，20)	地梢瓜	4.0	18.0
2008	11	(0，20)	狗尾草	1.0	24.0
2008	11	(0，20)	黄蒿	62.0	66.0
2008	11	(0，20)	芦苇	21.0	77.0
2008	12	(0，22)	长穗虫实	251.0	14.0
2008	12	(0，22)	白草	4.0	21.0
2008	12	(0，22)	达乌里胡枝子	7.0	17.0
2008	12	(0，22)	二裂委陵菜	2.0	9.0
2008	12	(0，22)	黄蒿	43.0	60.0
2008	12	(0，22)	芦苇	10.0	57.0
2008	13	(0，24)	长穗虫实	119.0	17.0
2008	13	(0，24)	白草	32.0	34.0
2008	13	(0，24)	达乌里胡枝子	9.0	32.0
2008	13	(0，24)	二裂委陵菜	12.0	11.0
2008	13	(0，24)	地梢瓜	2.0	22.0
2008	13	(0，24)	黄蒿	40.0	58.0
2008	13	(0，24)	芦苇	6.0	55.0
2008	13	(0，24)	狗尾草	1.0	6.0
2008	14	(0，26)	白草	24.0	36.0
2008	14	(0，26)	长穗虫实	168.0	20.0
2008	14	(0，26)	达乌里胡枝子	5.0	20.0
2008	14	(0，26)	狗尾草	1.0	11.0
2008	14	(0，26)	黄蒿	38.0	58.0
2008	14	(0，26)	尖头叶藜	1.0	22.0
2008	14	(0，26)	芦苇	13.0	55.0
2008	15	(0，28)	长穗虫实	82.0	11.0
2008	15	(0，28)	达乌里胡枝子	4.0	13.0
2008	15	(0，28)	白草	123.0	35.0
2008	15	(0，28)	黄蒿	36.0	58.0
2008	15	(0，28)	芦苇	12.0	56.0
2008	16	(0，30)	白草	74.0	35.0
2008	16	(0，30)	长穗虫实	141.0	15.0
2008	16	(0，30)	达乌里胡枝子	7.0	23.0
2008	16	(0，30)	黄蒿	15.0	53.0
2008	16	(0，30)	芦苇	8.0	52.0
2008	17	(10，00)	糙隐子草	2.0	16.0
2008	17	(10，00)	长穗虫实	40.0	10.0
2008	17	(10，00)	达乌里胡枝子	2.0	18.0

（续）

年份	样方号	位点	植物种名	株（丛）数（株或丛/样方）	高度（cm）
2008	17	(10, 00)	地梢瓜	1.0	10.0
2008	17	(10, 00)	狗尾草	7.0	10.0
2008	17	(10, 00)	黄蒿	84.0	59.0
2008	17	(10, 00)	尖头叶藜	3.0	16.0
2008	17	(10, 00)	芦苇	2.0	22.0
2008	18	(10, 02)	糙隐子草	6.0	22.0
2008	18	(10, 02)	长穗虫实	204.0	9.0
2008	18	(10, 02)	地梢瓜	3.0	21.0
2008	18	(10, 02)	狗尾草	3.0	8.0
2008	18	(10, 02)	黄蒿	48.0	62.0
2008	18	(10, 02)	尖头叶藜	1.0	18.0
2008	18	(10, 02)	芦苇	9.0	72.0
2008	19	(10, 04)	白草	3.0	30.0
2008	19	(10, 04)	糙隐子草	3.0	31.0
2008	19	(10, 04)	长穗虫实	68.0	11.0
2008	19	(10, 04)	达乌里胡枝子	9.0	22.0
2008	19	(10, 04)	地梢瓜	1.0	26.0
2008	19	(10, 04)	狗尾草	1.0	9.0
2008	19	(10, 04)	黄蒿	44.0	63.0
2008	19	(10, 04)	尖头叶藜	1.0	12.0
2008	19	(10, 04)	芦苇	2.0	45.0
2008	20	(10, 06)	白草	19.0	28.0
2008	20	(10, 06)	糙隐子草	5.0	22.0
2008	20	(10, 06)	长穗虫实	49.0	22.0
2008	20	(10, 06)	达乌里胡枝子	3.0	31.0
2008	20	(10, 06)	画眉草	1.0	8.0
2008	20	(10, 06)	黄蒿	45.0	72.0
2008	20	(10, 06)	芦苇	8.0	70.0
2008	21	(10, 08)	白草	35.0	37.0
2008	21	(10, 08)	糙隐子草	22.0	21.0
2008	21	(10, 08)	长穗虫实	137.0	6.0
2008	21	(10, 08)	达乌里胡枝子	2.0	20.0
2008	21	(10, 08)	黄蒿	18.0	86.0
2008	21	(10, 08)	芦苇	4.0	62.0
2008	22	(10, 10)	白草	18.0	45.0
2008	22	(10, 10)	糙隐子草	7.0	23.0
2008	22	(10, 10)	长穗虫实	201.0	20.0
2008	22	(10, 10)	达乌里胡枝子	1.0	28.0
2008	22	(10, 10)	地梢瓜	1.0	20.0
2008	22	(10, 10)	狗尾草	4.0	16.0
2008	22	(10, 10)	黄蒿	24.0	75.0
2008	22	(10, 10)	芦苇	19.0	63.0
2008	23	(10, 12)	白草	56.0	30.0
2008	23	(10, 12)	糙隐子草	3.0	21.0
2008	23	(10, 12)	长穗虫实	78.0	15.0
2008	23	(10, 12)	黄蒿	20.0	73.0

（续）

年份	样方号	位点	植物种名	株（丛）数 （株或丛/样方）	高度（cm）
2008	23	(10, 12)	芦苇	14.0	75.0
2008	24	(10, 14)	白草	32.0	44.0
2008	24	(10, 14)	糙隐子草	2.0	21.0
2008	24	(10, 14)	长穗虫实	25.0	10.0
2008	24	(10, 14)	达乌里胡枝子	5.0	32.0
2008	24	(10, 14)	地梢瓜	1.0	20.0
2008	24	(10, 14)	黄蒿	16.0	69.0
2008	24	(10, 14)	芦苇	21.0	63.0
2008	25	(10, 16)	长穗虫实	185.0	12.0
2008	25	(10, 16)	达乌里胡枝子	1.0	24.0
2008	25	(10, 16)	地梢瓜	1.0	19.0
2008	25	(10, 16)	画眉草	1.0	4.0
2008	25	(10, 16)	黄蒿	63.0	65.0
2008	25	(10, 16)	芦苇	17.0	55.0
2008	26	(10, 18)	糙隐子草	3.0	12.0
2008	26	(10, 18)	长穗虫实	106.0	9.0
2008	26	(10, 18)	达乌里胡枝子	2.0	11.0
2008	26	(10, 18)	地梢瓜	3.0	13.0
2008	26	(10, 18)	黄蒿	38.0	55.0
2008	26	(10, 18)	尖头叶藜	2.0	14.0
2008	26	(10, 18)	芦苇	2.0	69.0
2008	27	(10, 20)	长穗虫实	28.0	11.0
2008	27	(10, 20)	达乌里胡枝子	2.0	10.0
2008	27	(10, 20)	地梢瓜	1.0	14.0
2008	27	(10, 20)	黄蒿	74.0	55.0
2008	27	(10, 20)	尖头叶藜	1.0	9.0
2008	27	(10, 20)	芦苇	27.0	70.0
2008	27	(10, 20)	雾冰藜	1.0	6.0
2008	28	(10, 22)	糙隐子草	9.0	22.0
2008	28	(10, 22)	长穗虫实	111.0	5.0
2008	28	(10, 22)	达乌里胡枝子	5.0	18.0
2008	28	(10, 22)	地梢瓜	1.0	16.0
2008	28	(10, 22)	黄蒿	36.0	64.0
2008	28	(10, 22)	尖头叶藜	1.0	32.0
2008	28	(10, 22)	芦苇	16.0	60.0
2008	28	(10, 22)	雾冰藜	1.0	12.0
2008	28	(10, 22)	猪毛菜	1.0	10.0
2008	29	(10, 24)	糙隐子草	2.0	14.0
2008	29	(10, 24)	长穗虫实	85.0	19.0
2008	29	(10, 24)	达乌里胡枝子	2.0	10.0
2008	29	(10, 24)	地梢瓜	1.0	20.0
2008	29	(10, 24)	狗尾草	2.0	35.0
2008	29	(10, 24)	黄蒿	37.0	68.0
2008	29	(10, 24)	芦苇	13.0	80.0
2008	30	(10, 24)	糙隐子草	7.0	20.0
2008	30	(10, 26)	长穗虫实	108.0	18.0

（续）

年份	样方号	位点	植物种名	株（丛）数（株或丛/样方）	高度（cm）
2008	30	(10，26)	达乌里胡枝子	8.0	9.0
2008	30	(10，26)	地梢瓜	1.0	11.0
2008	30	(10，26)	二裂委陵菜	1.0	8.0
2008	30	(10，26)	狗尾草	2.0	23.0
2008	30	(10，26)	黄蒿	20.0	70.0
2008	30	(10，26)	尖头叶藜	1.0	19.0
2008	31	(10，28)	糙隐子草	1.0	22.0
2008	31	(10，28)	长穗虫实	123.0	21.0
2008	31	(10，28)	达乌里胡枝子	4.0	21.0
2008	31	(10，28)	黄蒿	24.0	54.0
2008	32	(10，30)	糙隐子草	2.0	12.0
2008	32	(10，30)	长穗虫实	44.0	13.0
2008	32	(10，30)	达乌里胡枝子	9.0	16.0
2008	32	(10，30)	黄蒿	68.0	80.0
2008	32	(10，30)	芦苇	2.0	60.0
2008	33	(20，00)	糙隐子草	1.0	19.0
2008	33	(20，00)	长穗虫实	6.0	9.0
2008	33	(20，00)	达乌里胡枝子	5.0	33.0
2008	33	(20，00)	地梢瓜	2.0	16.0
2008	33	(20，00)	黄蒿	23.0	73.0
2008	33	(20，00)	尖头叶藜	60.0	29.0
2008	33	(20，00)	乳浆大戟	6.0	20.0
2008	34	(20，02)	糙隐子草	1.0	23.0
2008	34	(20，02)	长穗虫实	27.0	8.0
2008	34	(20，02)	达乌里胡枝子	2.0	16.0
2008	34	(20，02)	黄蒿	61.0	80.0
2008	34	(20，02)	赖草	8.0	35.0
2008	34	(20，02)	牻牛儿苗	5.0	23.0
2008	34	(20，02)	乳浆大戟	14.0	17.0
2008	35	(20，04)	糙隐子草	2.0	12.0
2008	35	(20，04)	长穗虫实	25.0	11.0
2008	35	(20，04)	达乌里胡枝子	3.0	25.0
2008	35	(20，04)	黄蒿	23.0	43.0
2008	35	(20，04)	尖头叶藜	3.0	17.0
2008	35	(20，04)	牻牛儿苗	37.0	23.0
2008	36	(20，06)	糙隐子草	2.0	28.0
2008	36	(20，06)	长穗虫实	34.0	26.0
2008	36	(20，06)	芦苇	2.0	55.0
2008	36	(20，06)	牻牛儿苗	44.0	32.0
2008	37	(20，08)	白草	2.0	30.0
2008	37	(20，08)	糙隐子草	2.0	22.0
2008	37	(20，08)	长穗虫实	47.0	11.0
2008	37	(20，08)	黄蒿	27.0	72.0
2008	37	(20，08)	芦苇	2.0	48.0
2008	37	(20，08)	牻牛儿苗	10.0	25.0
2008	37	(20，08)	乳浆大戟	2.0	33.0

（续）

年份	样方号	位点	植物种名	株（丛）数 （株或丛/样方）	高度（cm）
2008	37	（20，08）	雾冰藜	2.0	21.0
2008	38	（20，10）	糙隐子草	1.0	20.0
2008	38	（20，10）	长穗虫实	42.0	34.0
2008	38	（20，10）	达乌里胡枝子	5.0	24.0
2008	38	（20，10）	狗尾草	2.0	22.0
2008	38	（20，10）	黄蒿	17.0	50.0
2008	38	（20，10）	芦苇	5.0	62.0
2008	38	（20，10）	牻牛儿苗	36.0	22.0
2008	39	（20，12）	糙隐子草	7.0	21.0
2008	39	（20，12）	长穗虫实	39.0	21.0
2008	39	（20，12）	达乌里胡枝子	1.0	28.0
2008	39	（20，12）	地梢瓜	2.0	17.0
2008	39	（20，12）	黄蒿	85.0	43.0
2008	39	（20，12）	尖头叶藜	3.0	9.0
2008	39	（20，12）	芦苇	2.0	48.0
2008	39	（20，12）	牻牛儿苗	38.0	30.0
2008	40	（20，14）	糙隐子草	3.0	13.0
2008	40	（20，14）	长穗虫实	136.0	14.0
2008	40	（20，14）	达乌里胡枝子	2.0	24.0
2008	40	（20，14）	地梢瓜	4.0	19.0
2008	40	（20，14）	狗尾草	2.0	28.0
2008	40	（20，14）	黄蒿	66.0	54.0
2008	40	（20，14）	芦苇	1.0	56.0
2008	40	（20，14）	牻牛儿苗	32.0	20.0
2008	41	（20，16）	白草	17.0	34.0
2008	41	（20，16）	长穗虫实	72.0	9.0
2008	41	（20，16）	达乌里胡枝子	3.0	15.0
2008	41	（20，16）	黄蒿	6.0	36.0
2008	41	（20，16）	尖头叶藜	1.0	18.0
2008	41	（20，16）	牻牛儿苗	11.0	23.0
2008	42	（20，18）	白草	1.0	18.0
2008	42	（20，18）	糙隐子草	1.0	14.0
2008	42	（20，18）	长穗虫实	126.0	20.0
2008	42	（20，18）	达乌里胡枝子	2.0	12.0
2008	42	（20，18）	地梢瓜	1.0	12.0
2008	42	（20，18）	狗尾草	2.0	23.0
2008	42	（20，18）	黄蒿	24.0	56.0
2008	42	（20，18）	尖头叶藜	3.0	23.0
2008	42	（20，18）	芦苇	5.0	50.0
2008	42	（20，18）	牻牛儿苗	2.0	24.0
2008	43	（20，20）	白草	1.0	22.0
2008	43	（20，20）	长穗虫实	54.0	13.0
2008	43	（20，20）	达乌里胡枝子	1.0	9.0
2008	43	（20，20）	黄蒿	61.0	54.0
2008	43	（20，20）	芦苇	10.0	47.0
2008	43	（20，20）	牻牛儿苗	14.0	26.0

（续）

年份	样方号	位点	植物种名	株（丛）数 （株或丛/样方）	高度（cm）
2008	43	（20，20）	雾冰藜	1.0	12.0
2008	44	（20，22）	白草	1.0	20.0
2008	44	（20，22）	糙隐子草	2.0	11.0
2008	44	（20，22）	长穗虫实	158.0	16.0
2008	44	（20，22）	地梢瓜	5.0	21.0
2008	44	（20，22）	黄蒿	30.0	55.0
2008	44	（20，22）	尖头叶藜	5.0	28.0
2008	44	（20，22）	芦苇	16.0	72.0
2008	44	（20，22）	牻牛儿苗	12.0	23.0
2008	44	（20，22）	狭叶米口袋	7.0	12.0
2008	45	（20，24）	白草	8.0	39.0
2008	45	（20，24）	长穗虫实	78.0	20.0
2008	45	（20，24）	达乌里胡枝子	12.0	24.0
2008	45	（20，24）	画眉草	1.0	11.0
2008	45	（20，24）	黄蒿	25.0	77.0
2008	45	（20，24）	芦苇	7.0	60.0
2008	45	（20，24）	牻牛儿苗	2.0	23.0
2008	45	（20，24）	田旋花	5.0	30.0
2008	46	（20，26）	白草	53.0	30.0
2008	46	（20，26）	长穗虫实	45.0	11.0
2008	46	（20，26）	达乌里胡枝子	4.0	25.0
2008	46	（20，26）	黄蒿	9.0	55.0
2008	46	（20，26）	芦苇	5.0	70.0
2008	46	（20，26）	牻牛儿苗	1.0	25.0
2008	46	（20，26）	雾冰藜	1.0	4.0
2008	47	（20，28）	白草	5.0	24.0
2008	47	（20，28）	长穗虫实	197.0	10.0
2008	47	（20，28）	达乌里胡枝子	1.0	15.0
2008	47	（20，28）	地梢瓜	2.0	14.0
2008	47	（20，28）	狗尾草	1.0	4.0
2008	47	（20，28）	黄蒿	27.0	70.0
2008	47	（20，28）	尖头叶藜	1.0	4.0
2008	47	（20，28）	芦苇	11.0	69.0
2008	47	（20，28）	牻牛儿苗	1.0	17.0
2008	48	（20，30）	长穗虫实	148.0	15.0
2008	48	（20，30）	达乌里胡枝子	1.0	12.0
2008	48	（20，30）	地梢瓜	4.0	17.0
2008	48	（20，30）	狗尾草	1.0	16.0
2008	48	（20，30）	黄蒿	76.0	70.0
2008	48	（20，30）	芦苇	12.0	50.0
2008	48	（20，30）	牻牛儿苗	8.0	16.0
2007	1	（0，0）	白草	7.0	43.0
2007	1	（0，0）	糙隐子草	3.0	17.0
2007	1	（0，0）	长穗虫实	27.0	48.0
2007	1	（0，0）	地肤	1.0	9.0
2007	1	（0，0）	达乌里胡枝子	3.0	23.0

（续）

年份	样方号	位点	植物种名	株（丛）数 （株或丛/样方）	高度（cm）
2007	1	(0, 0)	地锦	2.0	9.0
2007	1	(0, 0)	地梢瓜	2.0	22.0
2007	1	(0, 0)	冠芒草	1.0	9.0
2007	1	(0, 0)	狗尾草	3.0	22.0
2007	1	(0, 0)	虎尾草	3.0	24.0
2007	1	(0, 0)	黄蒿	2.0	56.0
2007	1	(0, 0)	尖头叶藜	2.0	105.0
2007	1	(0, 0)	芦苇	2.0	70.0
2007	1	(0, 0)	牻牛儿苗	27.0	9.0
2007	1	(0, 0)	狭叶米口袋	1.0	16.0
2007	1	(0, 0)	三芒草	1.0	14.0
2007	1	(0, 0)	雾冰藜	2.0	27.0
2007	2	(0, 2)	白草	22.0	66.0
2007	2	(0, 2)	糙隐子草	13.0	23.0
2007	2	(0, 2)	长穗虫实	18.0	45.0
2007	2	(0, 2)	达乌里胡枝子	1.0	19.0
2007	2	(0, 2)	地梢瓜	1.0	10.0
2007	2	(0, 2)	狗尾草	1.0	10.0
2007	2	(0, 2)	虎尾草	1.0	14.0
2007	2	(0, 2)	黄蒿	14.0	8.0
2007	2	(0, 2)	芦苇	16.0	63.0
2007	2	(0, 2)	牻牛儿苗	2.0	10.0
2007	2	(0, 2)	狭叶米口袋	1.0	9.0
2007	3	(0, 4)	白草	60.0	33.0
2007	3	(0, 4)	糙隐子草	3.0	19.0
2007	3	(0, 4)	长穗虫实	63.0	44.0
2007	3	(0, 4)	达乌里胡枝子	3.0	18.0
2007	3	(0, 4)	地锦	2.0	8.0
2007	3	(0, 4)	狗尾草	1.0	8.0
2007	3	(0, 4)	黄蒿	10.0	33.0
2007	3	(0, 4)	芦苇	8.0	60.0
2007	3	(0, 4)	三芒草	1.0	26.0
2007	4	(0, 6)	糙隐子草	19.0	25.0
2007	4	(0, 6)	长穗虫实	12.0	50.0
2007	4	(0, 6)	地肤	1.0	4.0
2007	4	(0, 6)	达乌里胡枝子	1.0	5.0
2007	4	(0, 6)	地锦	2.0	3.0
2007	4	(0, 6)	黄蒿	13.0	1.0
2007	4	(0, 6)	芦苇	9.0	74.0
2007	4	(0, 6)	牻牛儿苗	1.0	5.0
2007	4	(0, 6)	狭叶米口袋	1.0	6.0
2007	5	(0, 8)	白草	2.0	17.0
2007	5	(0, 8)	糙隐子草	22.0	20.0
2007	5	(0, 8)	长穗虫实	5.0	38.0
2007	5	(0, 8)	达乌里胡枝子	1.0	23.0
2007	5	(0, 8)	地梢瓜	2.0	21.0

（续）

年份	样方号	位点	植物种名	株（丛）数（株或丛/样方）	高度（cm）
2007	5	(0，8)	黄蒿	4.0	50.0
2007	5	(0，8)	芦苇	2.0	55.0
2007	6	(0，10)	白草	8.0	63.0
2007	6	(0，10)	糙隐子草	9.0	18.0
2007	6	(0，10)	长穗虫实	33.0	41.0
2007	6	(0，10)	地锦	1.0	6.0
2007	6	(0，10)	黄蒿	33.0	60.0
2007	6	(0，10)	芦苇	17.0	87.0
2007	7	(0，12)	糙隐子草	2.0	13.0
2007	7	(0，12)	长穗虫实	7.0	48.0
2007	7	(0，12)	达乌里胡枝子	1.0	9.0
2007	7	(0，12)	狗尾草	1.0	10.0
2007	7	(0，12)	黄蒿	86.0	66.0
2007	7	(0，12)	芦苇	13.0	81.0
2007	7	(0，12)	狭叶米口袋	1.0	9.0
2007	8	(0，14)	糙隐子草	1.0	20.0
2007	8	(0，14)	长穗虫实	18.0	46.0
2007	8	(0，14)	地肤	18.0	8.0
2007	8	(0，14)	达乌里胡枝子	2.0	12.0
2007	8	(0，14)	地梢瓜	3.0	10.0
2007	8	(0，14)	黄蒿	25.0	60.0
2007	8	(0，14)	芦苇	18.0	81.0
2007	9	(0，16)	白草	9.0	55.0
2007	9	(0，16)	长穗虫实	35.0	31.0
2007	9	(0，16)	地梢瓜	7.0	12.0
2007	9	(0，16)	二裂委陵菜	18.0	9.0
2007	9	(0，16)	虎尾草	6.0	22.0
2007	9	(0，16)	黄蒿	36.0	60.0
2007	9	(0，16)	芦苇	4.0	45.0
2007	9	(0，16)	光梗蒺藜草	1.0	13.0
2007	10	(0，18)	糙隐子草	1.0	17.0
2007	10	(0，18)	长穗虫实	57.0	36.0
2007	10	(0，18)	地肤	42.0	5.0
2007	10	(0，18)	达乌里胡枝子	4.0	31.0
2007	10	(0，18)	地锦	3.0	3.0
2007	10	(0，18)	地梢瓜	6.0	9.0
2007	10	(0，18)	二裂委陵菜	3.0	11.0
2007	10	(0，18)	狗尾草	10.0	21.0
2007	10	(0，18)	虎尾草	8.0	14.0
2007	10	(0，18)	黄蒿	18.0	46.0
2007	10	(0，18)	芦苇	12.0	76.0
2007	10	(0，18)	牻牛儿苗	1.0	7.0
2007	11	(0，20)	长穗虫实	22.0	48.0
2007	11	(0，20)	地肤	17.0	12.0
2007	11	(0，20)	达乌里胡枝子	13.0	14.0
2007	11	(0，20)	地锦	3.0	9.0

（续）

年份	样方号	位点	植物种名	株（丛）数 （株或丛/样方）	高度（cm）
2007	11	(0, 20)	地梢瓜	3.0	8.0
2007	11	(0, 20)	二裂委陵菜	3.0	10.0
2007	11	(0, 20)	狗尾草	8.0	17.0
2007	11	(0, 20)	虎尾草	3.0	20.0
2007	11	(0, 20)	黄蒿	28.0	60.0
2007	11	(0, 20)	芦苇	35.0	74.0
2007	12	(0, 22)	长穗虫实	9.0	39.0
2007	12	(0, 22)	地肤	4.0	19.0
2007	12	(0, 22)	达乌里胡枝子	5.0	20.0
2007	12	(0, 22)	地锦	5.0	6.0
2007	12	(0, 22)	地梢瓜	4.0	17.0
2007	12	(0, 22)	黄蒿	32.0	60.0
2007	12	(0, 22)	牻牛儿苗	17.0	90.0
2007	13	(0, 24)	长穗虫实	56.0	45.0
2007	13	(0, 24)	地肤	2.0	7.0
2007	13	(0, 24)	达乌里胡枝子	2.0	8.0
2007	13	(0, 24)	地锦	7.0	10.0
2007	13	(0, 24)	地梢瓜	2.0	11.0
2007	13	(0, 24)	黄蒿	11.0	51.0
2007	13	(0, 24)	芦苇	35.0	88.0
2007	13	(0, 24)	牻牛儿苗	1.0	5.0
2007	14	(0, 26)	糙隐子草	1.0	20.0
2007	14	(0, 26)	长穗虫实	60.0	36.0
2007	14	(0, 26)	达乌里胡枝子	5.0	17.0
2007	14	(0, 26)	地锦	4.0	15.0
2007	14	(0, 26)	二裂委陵菜	1.0	9.0
2007	14	(0, 26)	黄蒿	6.0	56.0
2007	14	(0, 26)	芦苇	25.0	94.0
2007	15	(0, 28)	长穗虫实	34.0	49.0
2007	15	(0, 28)	达乌里胡枝子	16.0	20.0
2007	15	(0, 28)	地锦	1.0	4.0
2007	15	(0, 28)	二裂委陵菜	4.0	13.0
2007	15	(0, 28)	黄蒿	44.0	61.0
2007	15	(0, 28)	芦苇	19.0	76.0
2007	16	(0, 30)	糙隐子草	1.0	20.0
2007	16	(0, 30)	长穗虫实	18.0	55.0
2007	16	(0, 30)	达乌里胡枝子	8.0	23.0
2007	16	(0, 30)	地梢瓜	3.0	15.0
2007	16	(0, 30)	虎尾草	2.0	12.0
2007	16	(0, 30)	黄蒿	25.0	60.0
2007	16	(0, 30)	芦苇	7.0	103.0
2007	16	(0, 30)	光梗蒺藜草	53.0	25.0
2007	17	(10, 0)	糙隐子草	5.0	25.0
2007	17	(10, 0)	长穗虫实	28.0	41.0
2007	17	(10, 0)	地肤	1.0	5.0
2007	17	(10, 0)	达乌里胡枝子	3.0	15.0

（续）

年份	样方号	位点	植物种名	株（丛）数（株或丛/样方）	高度（cm）
2007	17	(10, 0)	地锦	2.0	4.0
2007	17	(10, 0)	狗尾草	5.0	7.0
2007	17	(10, 0)	黄蒿	44.0	51.0
2007	17	(10, 0)	牻牛儿苗	19.0	6.0
2007	17	(10, 0)	三芒草	8.0	18.0
2007	17	(10, 0)	田旋花	2.0	8.0
2007	17	(10, 0)	雾冰藜	1.0	18.0
2007	18	(10, 2)	糙隐子草	5.0	20.0
2007	18	(10, 2)	长穗虫实	13.0	39.0
2007	18	(10, 2)	达乌里胡枝子	4.0	19.0
2007	18	(10, 2)	黄蒿	61.0	46.0
2007	18	(10, 2)	芦苇	11.0	69.0
2007	18	(10, 2)	牻牛儿苗	7.0	4.0
2007	19	(10, 4)	糙隐子草	4.0	30.0
2007	19	(10, 4)	长穗虫实	33.0	37.0
2007	19	(10, 4)	达乌里胡枝子	2.0	15.0
2007	19	(10, 4)	地锦	1.0	3.0
2007	19	(10, 4)	地梢瓜	1.0	10.0
2007	19	(10, 4)	狗尾草	19.0	12.0
2007	19	(10, 4)	黄蒿	54.0	55.0
2007	19	(10, 4)	尖头叶藜	1.0	27.0
2007	19	(10, 4)	芦苇	12.0	86.0
2007	19	(10, 4)	三芒草	6.0	32.0
2007	20	(10, 6)	糙隐子草	1.0	22.0
2007	20	(10, 6)	长穗虫实	27.0	40.0
2007	20	(10, 6)	地肤	3.0	9.0
2007	20	(10, 6)	达乌里胡枝子	2.0	12.0
2007	20	(10, 6)	地锦	4.0	5.0
2007	20	(10, 6)	狗尾草	5.0	23.0
2007	20	(10, 6)	黄蒿	32.0	64.0
2007	20	(10, 6)	尖头叶藜	1.0	18.0
2007	20	(10, 6)	芦苇	12.0	72.0
2007	20	(10, 6)	三芒草	14.0	48.0
2007	20	(10, 6)	菟丝子	3.0	11.0
2007	21	(10, 8)	白草	14.0	42.0
2007	21	(10, 8)	糙隐子草	16.0	20.0
2007	21	(10, 8)	长穗虫实	8.0	30.0
2007	21	(10, 8)	达乌里胡枝子	1.0	39.0
2007	21	(10, 8)	黄蒿	36.0	28.0
2007	21	(10, 8)	芦苇	4.0	60.0
2007	22	(10, 10)	糙隐子草	23.0	24.0
2007	22	(10, 10)	长穗虫实	33.0	38.0
2007	22	(10, 10)	地肤	2.0	4.0
2007	22	(10, 10)	达乌里胡枝子	1.0	3.0
2007	22	(10, 10)	地锦	1.0	5.0
2007	22	(10, 10)	黄蒿	9.0	40.0

（续）

年份	样方号	位点	植物种名	株（丛）数（株或丛/样方）	高度（cm）
2007	22	(10, 10)	芦苇	3.0	51.0
2007	23	(10, 12)	白草	54.0	50.0
2007	23	(10, 12)	糙隐子草	7.0	33.0
2007	23	(10, 12)	长穗虫实	24.0	45.0
2007	23	(10, 12)	地肤	2.0	6.0
2007	23	(10, 12)	达乌里胡枝子	2.0	18.0
2007	23	(10, 12)	地锦	4.0	5.0
2007	23	(10, 12)	黄蒿	6.0	39.0
2007	23	(10, 12)	芦苇	8.0	76.0
2007	24	(10, 14)	白草	73.0	70.0
2007	24	(10, 14)	糙隐子草	1.0	35.0
2007	24	(10, 14)	长穗虫实	15.0	24.0
2007	24	(10, 14)	地肤	1.0	7.0
2007	24	(10, 14)	达乌里胡枝子	2.0	17.0
2007	24	(10, 14)	地锦	9.0	9.0
2007	24	(10, 14)	地梢瓜	4.0	12.0
2007	24	(10, 14)	黄蒿	4.0	36.0
2007	24	(10, 14)	芦苇	8.0	67.0
2007	25	(10, 16)	白草	6.0	70.0
2007	25	(10, 16)	糙隐子草	2.0	17.0
2007	25	(10, 16)	长穗虫实	30.0	30.0
2007	25	(10, 16)	地肤	4.0	26.0
2007	25	(10, 16)	达乌里胡枝子	6.0	6.0
2007	25	(10, 16)	地锦	3.0	13.0
2007	25	(10, 16)	黄蒿	18.0	53.0
2007	25	(10, 16)	芦苇	12.0	74.0
2007	26	(10, 18)	长穗虫实	12.0	34.0
2007	26	(10, 18)	地肤	1.0	5.0
2007	26	(10, 18)	达乌里胡枝子	4.0	17.0
2007	26	(10, 18)	地锦	5.0	6.0
2007	26	(10, 18)	地梢瓜	3.0	10.0
2007	26	(10, 18)	狗尾草	3.0	8.0
2007	26	(10, 18)	黄蒿	34.0	85.0
2007	26	(10, 18)	芦苇	15.0	89.0
2007	27	(10, 20)	糙隐子草	1.0	21.0
2007	27	(10, 20)	长穗虫实	10.0	36.0
2007	27	(10, 20)	地锦	9.0	4.0
2007	27	(10, 20)	狗尾草	4.0	6.0
2007	27	(10, 20)	黄蒿	50.0	68.0
2007	27	(10, 20)	芦苇	18.0	91.0
2007	28	(10, 22)	长穗虫实	26.0	35.0
2007	28	(10, 22)	达乌里胡枝子	3.0	14.0
2007	28	(10, 22)	地锦	10.0	6.0
2007	28	(10, 22)	狗尾草	9.0	50.0
2007	28	(10, 22)	黄蒿	37.0	61.0
2007	28	(10, 22)	尖头叶藜	2.0	44.0

（续）

年份	样方号	位点	植物种名	株（丛）数（株或丛/样方）	高度（cm）
2007	28	（10，22）	芦苇	14.0	77.0
2007	28	（10，22）	牻牛儿苗	2.0	18.0
2007	29	（10，24）	白草	—	45.0
2007	29	（10，24）	糙隐子草	5.0	22.0
2007	29	（10，24）	长穗虫实	12.0	46.0
2007	29	（10，24）	地肤	1.0	1.0
2007	29	（10，24）	达乌里胡枝子	3.0	26.0
2007	29	（10，24）	狗尾草	2.0	10.0
2007	29	（10，24）	黄蒿	12.0	70.0
2007	29	（10，24）	芦苇	13.0	90.0
2007	29	（10，24）	牻牛儿苗	1.0	8.0
2007	29	（10，24）	田旋花	1.0	30.0
2007	30	（10，26）	糙隐子草	4.0	19.0
2007	30	（10，26）	长穗虫实	11.0	40.0
2007	30	（10，26）	达乌里胡枝子	5.0	14.0
2007	30	（10，26）	大果虫实	1.0	30.0
2007	30	（10，26）	地锦	3.0	9.0
2007	30	（10，26）	狗尾草	31.0	60.0
2007	30	（10，26）	虎尾草	3.0	61.0
2007	30	（10，26）	黄蒿	14.0	68.0
2007	30	（10，26）	三芒草	3.0	58.0
2007	31	（10，28）	白草	—	40.0
2007	31	（10，28）	长穗虫实	11.0	24.0
2007	31	（10，28）	达乌里胡枝子	5.0	15.0
2007	31	（10，28）	二裂委陵菜	3.0	20.0
2007	31	（10，28）	狗尾草	8.0	15.0
2007	31	（10，28）	黄蒿	33.0	64.0
2007	31	（10，28）	光梗蒺藜草	2.0	14.0
2007	32	（10，30）	糙隐子草	1.0	37.0
2007	32	（10，30）	长穗虫实	62.0	36.0
2007	32	（10，30）	达乌里胡枝子	26.0	12.0
2007	32	（10，30）	地梢瓜	12.0	12.0
2007	32	（10，30）	二裂委陵菜	6.0	14.0
2007	32	（10，30）	狗尾草	2.0	19.0
2007	32	（10，30）	虎尾草	1.0	10.0
2007	32	（10，30）	黄蒿	27.0	67.0
2007	33	（20，0）	长穗虫实	21.0	41.0
2007	33	（20，0）	达乌里胡枝子	5.0	24.0
2007	33	（20，0）	地锦	1.0	12.0
2007	33	（20，0）	狗尾草	5.0	12.0
2007	33	（20，0）	虎尾草	1.0	20.0
2007	33	（20，0）	画眉草	1.0	7.0
2007	33	（20，0）	黄蒿	29.0	75.0
2007	33	（20，0）	牻牛儿苗	1.0	6.0
2007	33	（20，0）	乳浆大戟	25.0	21.0
2007	33	（20，0）	稷	4.0	26.0

（续）

年份	样方号	位点	植物种名	株（丛）数（株或丛/样方）	高度（cm）
2007	33	(20, 0)	猪毛菜	2.0	26.0
2007	34	(20, 2)	糙隐子草	1.0	28.0
2007	34	(20, 2)	长穗虫实	115.0	39.0
2007	34	(20, 2)	狗尾草	7.0	15.0
2007	34	(20, 2)	虎尾草	3.0	25.0
2007	34	(20, 2)	画眉草	3.0	7.0
2007	34	(20, 2)	牻牛儿苗	1.0	10.0
2007	34	(20, 2)	乳浆大戟	17.0	27.0
2007	34	(20, 2)	三芒草	6.0	40.0
2007	34	(20, 2)	冠芒草	1.0	11.0
2007	34	(20, 2)	稷	17.0	34.0
2007	34	(20, 2)	猪毛菜	1.0	25.0
2007	35	(20, 4)	糙隐子草	8.0	26.0
2007	35	(20, 4)	长穗虫实	23.0	51.0
2007	35	(20, 4)	达乌里胡枝子	2.0	13.0
2007	35	(20, 4)	地锦	2.0	6.0
2007	35	(20, 4)	狗尾草	4.0	12.0
2007	35	(20, 4)	黄蒿	16.0	52.0
2007	35	(20, 4)	牻牛儿苗	53.0	10.0
2007	35	(20, 4)	三芒草	9.0	41.0
2007	35	(20, 4)	雾冰藜	1.0	12.0
2007	36	(20, 6)	糙隐子草	5.0	23.0
2007	36	(20, 6)	长穗虫实	30.0	47.0
2007	36	(20, 6)	达乌里胡枝子	5.0	18.0
2007	36	(20, 6)	稷	12.0	16.0
2007	36	(20, 6)	狗尾草	1.0	9.0
2007	36	(20, 6)	黄蒿	3.0	32.0
2007	36	(20, 6)	牻牛儿苗	147.0	11.0
2007	36	(20, 6)	三芒草	4.0	40.0
2007	37	(20, 8)	糙隐子草	3.0	24.0
2007	37	(20, 8)	长穗虫实	29.0	48.0
2007	37	(20, 8)	达乌里胡枝子	1.0	12.0
2007	37	(20, 8)	稷	7.0	24.0
2007	37	(20, 8)	黄蒿	11.0	74.0
2007	37	(20, 8)	牻牛儿苗	190.0	7.0
2007	37	(20, 8)	三芒草	1.0	53.0
2007	38	(20, 10)	糙隐子草	3.0	16.0
2007	38	(20, 10)	长穗虫实	22.0	43.0
2007	38	(20, 10)	达乌里胡枝子	2.0	12.0
2007	38	(20, 10)	狗尾草	2.0	9.0
2007	38	(20, 10)	黄蒿	21.0	72.0
2007	38	(20, 10)	芦苇	8.0	84.0
2007	38	(20, 10)	牻牛儿苗	68.0	5.0
2007	38	(20, 10)	三芒草	1.0	30.0
2007	38	(20, 10)	菟丝子	1.0	17.0
2007	39	(20, 12)	糙隐子草	2.0	28.0

（续）

年份	样方号	位点	植物种名	株（丛）数 （株或丛/样方）	高度（cm）
2007	39	(20，12)	长穗虫实	28.0	56.0
2007	39	(20，12)	达乌里胡枝子	2.0	15.0
2007	39	(20，12)	狗尾草	11.0	13.0
2007	39	(20，12)	黄蒿	9.0	72.0
2007	39	(20，12)	芦苇	5.0	72.0
2007	39	(20，12)	牻牛儿苗	103.0	11.0
2007	39	(20，12)	三芒草	4.0	28.0
2007	40	(20，14)	糙隐子草	1.0	22.0
2007	40	(20，14)	长穗虫实	28.0	60.0
2007	40	(20，14)	达乌里胡枝子	2.0	15.0
2007	40	(20，14)	地梢瓜	3.0	17.0
2007	40	(20，14)	狗尾草	24.0	62.0
2007	40	(20，14)	黄蒿	11.0	56.0
2007	40	(20，14)	尖头叶藜	2.0	30.0
2007	40	(20，14)	牻牛儿苗	42.0	12.0
2007	40	(20，14)	三芒草	3.0	38.0
2007	40	(20，14)	雾冰藜	1.0	16.0
2007	40	(20，14)	猪毛菜	1.0	22.0
2007	41	(20，16)	白草	16.0	60.0
2007	41	(20，16)	糙隐子草	7.0	26.0
2007	41	(20，16)	长穗虫实	19.0	35.0
2007	41	(20，16)	达乌里胡枝子	2.0	13.0
2007	41	(20，16)	地梢瓜	1.0	17.0
2007	41	(20，16)	狗尾草	5.0	12.0
2007	41	(20，16)	黄蒿	14.0	70.0
2007	41	(20，16)	牻牛儿苗	37.0	6.0
2007	41	(20，16)	菟丝子	1.0	15.0
2007	42	(20，18)	长穗虫实	19.0	46.0
2007	42	(20，18)	达乌里胡枝子	2.0	9.0
2007	42	(20，18)	地锦	4.0	14.0
2007	42	(20，18)	地梢瓜	2.0	10.0
2007	42	(20，18)	狗尾草	8.0	17.0
2007	42	(20，18)	虎尾草	22.0	16.0
2007	42	(20，18)	画眉草	15.0	11.0
2007	42	(20，18)	黄蒿	17.0	60.0
2007	42	(20，18)	牻牛儿苗	28.0	8.0
2007	42	(20，18)	狭叶米口袋	1.0	6.5
2007	42	(20，18)	三芒草	3.0	34.0
2007	43	(20，20)	长穗虫实	24.0	48.0
2007	43	(20，20)	地肤	22.0	14.0
2007	43	(20，20)	达乌里胡枝子	1.0	7.0
2007	43	(20，20)	地锦	7.0	6.0
2007	43	(20，20)	狗尾草	13.0	28.0
2007	43	(20，20)	虎尾草	39.0	40.0
2007	43	(20，20)	画眉草	6.0	17.0
2007	43	(20，20)	黄蒿	11.0	56.0

（续）

年份	样方号	位点	植物种名	株（丛）数（株或丛/样方）	高度（cm）
2007	43	(20，20)	芦苇	2.0	83.0
2007	43	(20，20)	牻牛儿苗	47.0	9.0
2007	43	(20，20)	三芒草	3.0	35.0
2007	44	(20，22)	糙隐子草	2.0	21.0
2007	44	(20，22)	地肤	23.0	10.0
2007	44	(20，22)	地锦	24.0	7.0
2007	44	(20，22)	狗尾草	55.0	11.0
2007	44	(20，22)	虎尾草	28.0	10.0
2007	44	(20，22)	画眉草	3.0	12.0
2007	44	(20，22)	黄蒿	23.0	70.0
2007	44	(20，22)	芦苇	7.0	77.0
2007	44	(20，22)	牻牛儿苗	23.0	5.0
2007	44	(20，22)	三芒草	12.0	23.0
2007	45	(20，24)	糙隐子草	1.0	23.0
2007	45	(20，24)	长穗虫实	104.0	45.0
2007	45	(20，24)	地肤	49.0	16.0
2007	45	(20，24)	达乌里胡枝子	1.0	14.0
2007	45	(20，24)	地锦	11.0	13.0
2007	45	(20，24)	地梢瓜	15.0	18.0
2007	45	(20，24)	狗尾草	3.0	10.0
2007	45	(20，24)	虎尾草	1.0	8.0
2007	45	(20，24)	黄蒿	9.0	51.0
2007	45	(20，24)	芦苇	22.0	81.0
2007	45	(20，24)	牻牛儿苗	36.0	18.0
2007	45	(20，24)	狭叶米口袋	2.0	8.0
2007	45	(20，24)	田旋花	9.0	46.0
2007	46	(20，26)	白草	11.0	52.0
2007	46	(20，26)	长穗虫实	138.0	50.0
2007	46	(20，26)	地肤	2.0	8.0
2007	46	(20，26)	达乌里胡枝子	3.0	15.0
2007	46	(20，26)	地锦	2.0	6.0
2007	46	(20，26)	地梢瓜	1.0	23.0
2007	46	(20，26)	狗尾草	4.0	10.0
2007	46	(20，26)	黄蒿	6.0	53.0
2007	46	(20，26)	芦苇	7.0	77.0
2007	46	(20，26)	牻牛儿苗	8.0	11.0
2007	46	(20，26)	狭叶米口袋	1.0	10.0
2007	46	(20，26)	田旋花	2.0	22.0
2007	47	(20，28)	白草	59.0	68.0
2007	47	(20，28)	长穗虫实	52.0	40.0
2007	47	(20，28)	地肤	5.0	4.0
2007	47	(20，28)	达乌里胡枝子	1.0	26.0
2007	47	(20，28)	地梢瓜	3.0	16.0
2007	47	(20，28)	黄蒿	10.0	60.0
2007	47	(20，28)	芦苇	13.0	86.0
2007	48	(20，30)	糙隐子草	1.0	36.0

（续）

年份	样方号	位点	植物种名	株（丛）数（株或丛/样方）	高度（cm）
2007	48	(20，30)	长穗虫实	117.0	52.0
2007	48	(20，30)	达乌里胡枝子	1.0	16.0
2007	48	(20，30)	地梢瓜	9.0	38.0
2007	48	(20，30)	虎尾草	16.0	17.0
2007	48	(20，30)	黄蒿	13.0	59.0
2007	48	(20，30)	芦苇	22.0	72.0
2006	1	(0，0)	白草	46.0	38.0
2006	1	(0，0)	糙隐子草	20.0	31.0
2006	1	(0，0)	达乌里胡枝子	5.0	16.5
2006	1	(0，0)	地梢瓜	1.0	48.0
2006	1	(0，0)	狗尾草	1.0	42.0
2006	1	(0，0)	芦苇	12.0	60.0
2006	2	(0，2)	白草	1.0	38.0
2006	2	(0，2)	糙隐子草	14.0	34.5
2006	2	(0，2)	达乌里胡枝子	1.0	12.0
2006	2	(0，2)	大果虫实	8.0	13.0
2006	2	(0，2)	芦苇	6.0	77.0
2006	2	(0，2)	三芒草	1.0	75.0
2006	2	(0，2)	猪毛菜	1.0	50.0
2006	2	(0，2)	冠芒草	1.0	30.0
2006	3	(0，4)	白草	2.0	42.0
2006	3	(0，4)	糙隐子草	15.0	36.0
2006	3	(0，4)	达乌里胡枝子	2.0	13.0
2006	3	(0，4)	狗尾草	1.0	57.0
2006	3	(0，4)	画眉草	3.0	24.0
2006	3	(0，4)	芦苇	6.0	59.0
2006	3	(0，4)	米口袋	1.0	8.0
2006	3	(0，4)	冠芒草	1.0	23.0
2006	3	(0，4)	光梗蒺藜草	1.0	31.0
2006	4	(0，6)	白草	7.0	53.0
2006	4	(0，6)	糙隐子草	16.0	40.0
2006	4	(0，6)	达乌里胡枝子	2.0	6.0
2006	4	(0，6)	狗尾草	2.0	69.0
2006	4	(0，6)	芦苇	12.0	71.0
2006	4	(0，6)	猪毛菜	2.0	22.0
2006	5	(0，8)	达乌里胡枝子	3.0	29.0
2006	5	(0，8)	芦苇	9.0	66.0
2006	5	(0，8)	猪毛菜	1.0	43.0
2006	6	(0，10)	白草	1.0	24.0
2006	6	(0，10)	达乌里胡枝子	2.0	20.0
2006	6	(0，10)	地梢瓜	1.0	14.0
2006	6	(0，10)	二裂委陵菜	13.0	11.0
2006	6	(0，10)	虎尾草	2.0	10.0
2006	6	(0，10)	黄蒿	100.0	1.0
2006	6	(0，10)	芦苇	18.0	69.0
2006	6	(0，10)	鸡眼草	1.0	23.0

（续）

年份	样方号	位点	植物种名	株（丛）数（株或丛/样方）	高度（cm）
2006	7	(0，12)	白草	13.0	57.0
2006	7	(0，12)	达乌里胡枝子	1.0	20.0
2006	7	(0，12)	地梢瓜	2.0	14.0
2006	7	(0，12)	二裂委陵菜	9.0	6.0
2006	7	(0，12)	芦苇	10.0	46.0
2006	7	(0，12)	毛马唐	1.0	24.0
2006	7	(0，12)	猪毛菜	1.0	47.0
2006	8	(0，14)	达乌里胡枝子	2.0	22.0
2006	8	(0，14)	地梢瓜	4.0	7.0
2006	8	(0，14)	狗尾草	1.0	39.0
2006	8	(0，14)	虎尾草	1.0	42.0
2006	8	(0，14)	黄蒿	88.0	37.0
2006	8	(0，14)	芦苇	3.0	51.0
2006	8	(0，14)	猪毛菜	1.0	41.5
2006	9	(0，16)	白草	4.0	38.0
2006	9	(0，16)	达乌里胡枝子	5.0	20.0
2006	9	(0，16)	地梢瓜	3.0	27.0
2006	9	(0，16)	芦苇	15.0	83.0
2006	9	(0，16)	猪毛菜	1.0	28.0
2006	10	(0，18)	达乌里胡枝子	4.0	33.0
2006	10	(0，18)	地梢瓜	1.0	10.0
2006	10	(0，18)	狗尾草	1.0	84.0
2006	10	(0，18)	芦苇	6.0	79.0
2006	10	(0，18)	猪毛菜	3.0	34.0
2006	11	(0，20)	糙隐子草	1.0	17.0
2006	11	(0，20)	地锦	1.0	19.0
2006	11	(0，20)	芦苇	13.0	99.0
2006	11	(0，20)	猪毛菜	2.0	60.0
2006	12	(0，22)	达乌里胡枝子	6.0	25.0
2006	12	(0，22)	地锦	1.0	14.0
2006	12	(0，22)	地梢瓜	1.0	12.0
2006	12	(0，22)	芦苇	9.0	80.0
2006	12	(0，22)	猪毛菜	2.0	25.0
2006	13	(0，24)	达乌里胡枝子	6.0	19.5
2006	13	(0，24)	二裂委陵菜	2.0	8.0
2006	13	(0，24)	芦苇	3.0	50.0
2006	13	(0，24)	猪毛菜	1.0	15.0
2006	14	(0，26)	达乌里胡枝子	6.0	17.0
2006	14	(0，26)	地梢瓜	1.0	23.0
2006	14	(0，26)	黄蒿	160.0	1.0
2006	14	(0，26)	芦苇	4.0	22.5
2006	14	(0，26)	猪毛菜	2.0	26.0
2006	14	(0，26)	光梗蒺藜草	2.0	21.0
2006	15	(0，28)	白草	2.0	21.0
2006	15	(0，28)	达乌里胡枝子	7.0	19.0
2006	15	(0，28)	地锦	1.0	21.0

（续）

年份	样方号	位点	植物种名	株（丛）数 （株或丛/样方）	高度（cm）
2006	15	(0, 28)	二裂委陵菜	1.0	11.0
2006	15	(0, 28)	黄蒿	83.0	1.0
2006	15	(0, 28)	芦苇	6.0	65.0
2006	15	(0, 28)	猪毛菜	3.0	35.0
2006	15	(0, 28)	冠芒草	2.0	24.0
2006	15	(0, 28)	绿藜	1.0	24.0
2006	16	(0, 30)	达乌里胡枝子	7.0	19.0
2006	16	(0, 31)	地锦	7.0	24.0
2006	16	(0, 32)	黄蒿	55.0	1.0
2006	16	(0, 33)	芦苇	15.0	52.0
2006	16	(0, 34)	猪毛菜	1.0	28.0
2006	16	(0, 35)	冠芒草	1.0	7.0
2006	16	(0, 36)	鸡眼草	1.0	14.0
2006	17	(10, 0)	糙隐子草	2.0	26.0
2006	17	(10, 0)	达乌里胡枝子	7.0	29.0
2006	17	(10, 0)	狗尾草	3.0	23.0
2006	17	(10, 0)	黄蒿	63.0	44.5
2006	17	(10, 0)	芦苇	4.0	67.0
2006	18	(10, 2)	达乌里胡枝子	2.0	6.0
2006	18	(10, 2)	狗尾草	4.0	90.0
2006	18	(10, 2)	画眉草	—	34.0
2006	18	(10, 2)	黄蒿	134.0	39.0
2006	18	(10, 2)	芦苇	5.0	41.0
2006	18	(10, 2)	乳浆大戟	1.0	56.0
2006	18	(10, 2)	猪毛菜	3.0	37.0
2006	19	(10, 4)	白草	1.0	42.0
2006	19	(10, 4)	糙隐子草	10.0	17.0
2006	19	(10, 4)	达乌里胡枝子	2.0	23.0
2006	19	(10, 4)	地锦	2.0	10.0
2006	19	(10, 4)	狗尾草	6.0	96.0
2006	19	(10, 4)	虎尾草	1.0	30.0
2006	19	(10, 4)	黄蒿	67.0	8.0
2006	19	(10, 4)	芦苇	8.0	58.0
2006	19	(10, 4)	三芒草	1.0	42.0
2006	19	(10, 4)	猪毛菜	1.0	38.0
2006	20	(10, 6)	糙隐子草	17.0	24.0
2006	20	(10, 6)	地锦	3.0	15.0
2006	20	(10, 6)	狗尾草	4.0	95.0
2006	20	(10, 6)	虎尾草	1.0	47.0
2006	20	(10, 6)	黄蒿	187.0	1.0
2006	20	(10, 6)	尖头叶藜	1.0	11.0
2006	20	(10, 6)	芦苇	6.0	59.0
2006	20	(10, 6)	三芒草	1.0	41.0
2006	21	(10, 8)	糙隐子草	15.0	30.0
2006	21	(10, 8)	达乌里胡枝子	3.0	12.0
2006	21	(10, 8)	地梢瓜	1.0	21.0

（续）

年份	样方号	位点	植物种名	株（丛）数（株或丛/样方）	高度（cm）
2006	21	(10, 8)	狗尾草	1.0	27.0
2006	21	(10, 8)	黄蒿	205.0	1.0
2006	21	(10, 8)	芦苇	3.0	58.0
2006	21	(10, 8)	牻牛儿苗	1.0	17.0
2006	21	(10, 8)	三芒草	1.0	50.0
2006	21	(10, 8)	猪毛菜	2.0	34.0
2006	22	(10, 10)	糙隐子草	5.0	41.0
2006	22	(10, 10)	达乌里胡枝子	1.0	39.0
2006	22	(10, 10)	地锦	9.0	26.0
2006	22	(10, 10)	地梢瓜	1.0	20.0
2006	22	(10, 10)	狗尾草	2.0	39.0
2006	22	(10, 10)	黄蒿	299.0	5.0
2006	22	(10, 10)	芦苇	5.0	88.5
2006	22	(10, 10)	猪毛菜	2.0	47.0
2006	23	(10, 12)	糙隐子草	2.0	25.0
2006	23	(10, 12)	达乌里胡枝子	1.0	6.0
2006	23	(10, 12)	地锦	2.0	10.0
2006	23	(10, 12)	地梢瓜	3.0	9.0
2006	23	(10, 12)	黄蒿	168.0	41.0
2006	23	(10, 12)	绿藜	1.0	24.0
2006	24	(10, 14)	达乌里胡枝子	8.0	15.0
2006	24	(10, 14)	地锦	2.0	4.0
2006	24	(10, 14)	黄蒿	261.0	22.0
2006	24	(10, 14)	芦苇	11.0	107.0
2006	24	(10, 14)	猪毛菜	1.0	51.0
2006	25	(10, 16)	达乌里胡枝子	3.0	13.0
2006	25	(10, 16)	地锦	1.0	15.0
2006	25	(10, 16)	黄蒿	259.0	44.5
2006	25	(10, 16)	芦苇	3.0	96.0
2006	25	(10, 16)	猪毛菜	2.0	64.0
2006	26	(10, 18)	糙隐子草	3.0	32.0
2006	26	(10, 18)	达乌里胡枝子	2.0	8.0
2006	26	(10, 18)	地锦	1.0	9.0
2006	26	(10, 18)	地梢瓜	1.0	21.0
2006	26	(10, 18)	狗尾草	4.0	29.0
2006	26	(10, 18)	画眉草	1.0	13.0
2006	26	(10, 18)	黄蒿	406.0	40.0
2006	26	(10, 18)	牻牛儿苗	2.0	24.0
2006	27	(10, 20)	白草	1.0	33.0
2006	27	(10, 20)	达乌里胡枝子	2.0	11.0
2006	27	(10, 20)	地锦	1.0	9.0
2006	27	(10, 20)	地梢瓜	4.0	29.0
2006	27	(10, 20)	狗尾草	3.0	74.0
2006	27	(10, 20)	画眉草	1.0	14.0
2006	27	(10, 20)	黄蒿	234.0	42.0
2006	27	(10, 20)	尖头叶藜	3.0	30.0

（续）

年份	样方号	位点	植物种名	株（丛）数（株或丛/样方）	高度（cm）
2006	27	（10，20）	芦苇	3.0	86.0
2006	27	（10，20）	米口袋	2.0	10.0
2006	27	（10，20）	绿藜	1.0	13.0
2006	28	（10，22）	糙隐子草	4.0	29.0
2006	28	（10，22）	达乌里胡枝子	4.0	8.0
2006	28	（10，22）	地锦	8.0	14.5
2006	28	（10，22）	二裂委陵菜	6.0	14.0
2006	28	（10，22）	黄蒿	495.0	34.0
2006	29	（10，24）	糙隐子草	2.0	31.0
2006	29	（10，24）	达乌里胡枝子	3.0	11.0
2006	29	（10，24）	地锦	4.0	28.0
2006	29	（10，24）	地梢瓜	1.0	17.0
2006	29	（10，24）	二裂委陵菜	9.0	15.5
2006	29	（10，24）	狗尾草	1.0	29.0
2006	29	（10，24）	黄蒿	334.0	26.0
2006	29	（10，24）	米口袋	1.0	5.5
2006	30	（10，26）	达乌里胡枝子	5.0	5.0
2006	30	（10，26）	地锦	9.0	1.5
2006	30	（10，26）	二裂委陵菜	3.0	9.0
2006	30	（10，26）	黄蒿	241.0	1.0
2006	30	（10，26）	芦苇	5.0	35.0
2006	31	（10，28）	达乌里胡枝子	5.0	33.0
2006	31	（10，28）	狗尾草	3.0	65.0
2006	31	（10，28）	黄蒿	148.0	1.0
2006	31	（10，28）	牻牛儿苗	3.0	11.0
2006	31	（10，28）	猪毛菜	1.0	30.0
2006	32	（10，30）	达乌里胡枝子	1.0	38.0
2006	32	（10，30）	狗尾草	12.0	61.0
2006	32	（10，30）	虎尾草	2.0	59.0
2006	32	（10，30）	芦苇	4.0	46.0
2006	32	（10，30）	牻牛儿苗	2.0	22.0
2006	32	（10，30）	猪毛菜	1.0	74.0
2006	32	（10，30）	鸡眼草	1.0	13.0
2006	33	（20，0）	糙隐子草	4.0	18.0
2006	33	（20，0）	达乌里胡枝子	2.0	14.0
2006	33	（20，0）	狗尾草	4.0	60.0
2006	33	（20，0）	虎尾草	1.0	24.0
2006	33	（20，0）	画眉草	3.0	32.0
2006	33	（20，0）	黄蒿	65.0	34.0
2006	33	（20，0）	牻牛儿苗	1.0	8.5
2006	33	（20，0）	猪毛菜	1.0	36.5
2006	33	（20，0）	鸡眼草	1.0	39.0
2006	34	（20，2）	糙隐子草	5.0	22.5
2006	34	（20，2）	达乌里胡枝子	32.0	3.0
2006	34	（20，2）	狗尾草	6.0	80.0
2006	34	（20，2）	画眉草	1.0	5.0

（续）

年份	样方号	位点	植物种名	株（丛）数 （株或丛/样方）	高度（cm）
2006	34	(20, 2)	黄蒿	20.0	7.0
2006	34	(20, 2)	三芒草	2.0	75.0
2006	34	(20, 2)	绿藜	1.0	10.0
2006	35	(20, 4)	糙隐子草	4.0	23.0
2006	35	(20, 4)	达乌里胡枝子	1.0	18.0
2006	35	(20, 4)	狗尾草	2.0	71.0
2006	35	(20, 4)	黄蒿	101.0	23.0
2006	35	(20, 4)	三芒草	1.0	76.0
2006	35	(20, 4)	野糜子	1.0	90.0
2006	36	(20, 6)	糙隐子草	2.0	31.0
2006	36	(20, 6)	狗尾草	3.0	31.0
2006	36	(20, 6)	黄蒿	159.0	60.0
2006	36	(20, 6)	芦苇	9.0	80.0
2006	36	(20, 6)	牻牛儿苗	1.0	18.0
2006	37	(20, 8)	糙隐子草	1.0	40.0
2006	37	(20, 8)	达乌里胡枝子	2.0	26.0
2006	37	(20, 8)	狗尾草	3.0	74.0
2006	37	(20, 8)	黄蒿	187.0	36.0
2006	37	(20, 8)	牻牛儿苗	6.0	17.0
2006	37	(20, 8)	米口袋	3.0	16.0
2006	37	(20, 8)	猪毛菜	1.0	29.0
2006	38	(20, 10)	地锦	1.0	2.5
2006	38	(20, 10)	地梢瓜	1.0	11.0
2006	38	(20, 10)	狗尾草	1.0	21.0
2006	38	(20, 10)	黄蒿	106.0	40.0
2006	38	(20, 10)	芦苇	9.0	57.0
2006	38	(20, 10)	牻牛儿苗	2.0	13.0
2006	38	(20, 10)	米口袋	1.0	7.0
2006	39	(20, 12)	白草	5.0	28.0
2006	39	(20, 12)	糙隐子草	1.0	14.0
2006	39	(20, 12)	达乌里胡枝子	2.0	19.0
2006	39	(20, 12)	地锦	8.0	2.0
2006	39	(20, 12)	黄蒿	164.0	33.0
2006	39	(20, 12)	芦苇	1.0	31.0
2006	39	(20, 12)	牻牛儿苗	1.0	13.0
2006	40	(20, 14)	糙隐子草	1.0	34.0
2006	40	(20, 14)	达乌里胡枝子	3.0	13.0
2006	40	(20, 14)	地锦	2.0	8.0
2006	40	(20, 14)	狗尾草	2.0	61.0
2006	40	(20, 14)	黄蒿	116.0	43.0
2006	40	(20, 14)	葵藜	1.0	15.0
2006	40	(20, 14)	芦苇	7.0	66.0
2006	41	(20, 16)	白草	5.0	31.5
2006	41	(20, 16)	糙隐子草	2.0	14.0
2006	41	(20, 16)	地锦	88.0	10.0
2006	41	(20, 16)	狗尾草	1.0	67.0

（续）

年份	样方号	位点	植物种名	株（丛）数（株或丛/样方）	高度（cm）
2006	41	(20，16)	虎尾草	1.0	41.0
2006	41	(20，16)	黄蒿	51.0	19.0
2006	41	(20，16)	芦苇	8.0	71.0
2006	42	(20，18)	糙隐子草	3.0	29.0
2006	42	(20，18)	长穗虫实	1.0	47.0
2006	42	(20，18)	达乌里胡枝子	1.0	7.0
2006	42	(20，18)	地锦	71.0	2.0
2006	42	(20，18)	地梢瓜	1.0	9.0
2006	42	(20，18)	狗尾草	6.0	55.0
2006	42	(20，18)	画眉草	1.0	15.0
2006	42	(20，18)	黄蒿	54.0	7.0
2006	42	(20，18)	芦苇	10.0	53.0
2006	43	(20，20)	糙隐子草	1.0	19.0
2006	43	(20，20)	达乌里胡枝子	2.0	30.0
2006	43	(20，20)	地锦	22.0	4.0
2006	43	(20，20)	狗尾草	2.0	14.0
2006	43	(20，20)	黄蒿	209.0	4.0
2006	43	(20，20)	芦苇	12.0	13.0
2006	43	(20，20)	牻牛儿苗	6.0	4.0
2006	44	(20，22)	糙隐子草	1.0	33.0
2006	44	(20，22)	地锦	7.0	9.0
2006	44	(20，22)	狗尾草	5.0	65.0
2006	44	(20，22)	黄蒿	8.0	200.0
2006	44	(20，22)	芦苇	20.0	14.0
2006	44	(20，22)	牻牛儿苗	10.0	1.0
2006	45	(20，24)	达乌里胡枝子	1.0	15.0
2006	45	(20，24)	地锦	4.0	1.0
2006	46	(20，26)	达乌里胡枝子	4.0	26.0
2006	46	(20，26)	地锦	6.0	10.0
2006	46	(20，26)	地梢瓜	1.0	21.0
2006	46	(20，26)	芦苇	12.0	95.0
2006	47	(20，28)	达乌里胡枝子	6.0	27.0
2006	47	(20，28)	地锦	7.0	13.0
2006	47	(20，28)	二裂委陵菜	9.0	7.0
2006	47	(20，28)	芦苇	8.0	69.0
2006	47	(20，28)	米口袋	2.0	11.5
2006	47	(20，28)	猪毛菜	1.0	45.0
2006	48	(20，30)	地锦	7.0	2.0
2006	48	(20，30)	二裂委陵菜	88.0	8.0
2006	48	(20，30)	芦苇	5.0	50.0
2006	48	(20，30)	猪毛菜	3.0	26.0
2006	48	(20，30)	光梗蒺藜草	1.0	23.0
2006	48	(20，30)	绿藜	1.0	17.0
2005	1	(0，0)	黄蒿	58.33	6
2005	1	(0，0)	地梢瓜	8.33	4
2005	1	(0，0)	糙隐子草	30.67	5
2005	1	(0，0)	白草	54.00	28

（续）

年份	样方号	位点	植物种名	株（丛）数 （株或丛/样方）	高度（cm）
2005	1	(0, 0)	胡枝子	17.50	5
2005	1	(0, 0)	狗尾草	27.67	16
2005	1	(0, 0)	猪毛菜	46.00	1
2005	1	(0, 0)	灰绿藜	34.67	3
2005	1	(0, 0)	芦苇	70.67	7
2005	2	(0, 2)	黄蒿	48.67	13
2005	2	(0, 2)	白草	55.67	5
2005	2	(0, 2)	狗尾草	28.33	11
2005	2	(0, 2)	猪毛菜	28.67	4
2005	2	(0, 2)	灰绿藜	52.00	1
2005	2	(0, 2)	芦苇	56.67	6
2005	3	(0, 4)	黄蒿	50.33	18
2005	3	(0, 4)	地梢瓜	13.00	4
2005	3	(0, 4)	白草	39.67	4
2005	3	(0, 4)	太阳花	24.67	3
2005	3	(0, 4)	胡枝子	16.17	12
2005	3	(0, 4)	米口袋	7.75	7
2005	3	(0, 4)	猪毛菜	25.17	3
2005	3	(0, 4)	灰绿藜	12.00	1
2005	4	(0, 6)	黄蒿	46.00	6
2005	4	(0, 6)	太阳花	7.00	1
2005	4	(0, 6)	胡枝子	16.00	3
2005	4	(0, 6)	狗尾草	41.00	19
2005	4	(0, 6)	灰绿藜	61.67	3
2005	4	(0, 6)	虎尾草	11.00	5
2005	4	(0, 6)	芦苇	100.00	7
2005	5	(0, 8)	黄蒿	64.67	26
2005	5	(0, 8)	地梢瓜	24.00	1
2005	5	(0, 8)	白草	76.67	7
2005	5	(0, 8)	胡枝子	13.25	6
2005	5	(0, 8)	狗尾草	12.50	4
2005	5	(0, 8)	猪毛菜	14.00	1
2005	5	(0, 8)	灰绿藜	42.00	1
2005	5	(0, 8)	虎尾草	6.50	2
2005	5	(0, 8)	芦苇	64.33	11
2005	6	(0, 10)	黄蒿	45.33	38
2005	6	(0, 10)	地梢瓜	10.50	1
2005	6	(0, 10)	糙隐子草	12.00	4
2005	6	(0, 10)	白草	57.00	2
2005	6	(0, 10)	太阳花	20.00	1
2005	6	(0, 10)	胡枝子	21.67	15
2005	6	(0, 10)	芦苇	65.33	7
2005	7	(0, 12)	黄蒿	53.00	28
2005	7	(0, 12)	地梢瓜	14.50	2
2005	7	(0, 12)	糙隐子草	24.00	2
2005	7	(0, 12)	白草	37.67	19
2005	7	(0, 12)	狗尾草	11.00	1

（续）

年份	样方号	位点	植物种名	株（丛）数 （株或丛/样方）	高度（cm）
2005	7	(0，12)	芦苇	64.67	9
2005	8	(0，14)	黄蒿	34.33	25
2005	8	(0，14)	地梢瓜	12.50	1
2005	8	(0，14)	糙隐子草	13.00	2
2005	8	(0，14)	白草	13.33	3
2005	8	(0，14)	太阳花	21.67	5
2005	8	(0，14)	胡枝子	25.17	4
2005	8	(0，14)	芦苇	60.00	13
2005	9	(0，16)	黄蒿	37.33	17
2005	9	(0，16)	胡枝子	26.67	11
2005	9	(0，16)	狗尾草	94.00	1
2005	9	(0，16)	芦苇	69.33	8
2005	10	(0，18)	黄蒿	45.67	23
2005	10	(0，18)	胡枝子	31.00	5
2005	10	(0，18)	猪毛菜	73.50	2
2005	10	(0，18)	芦苇	60.83	7
2005	11	(0，20)	黄蒿	45.67	28
2005	11	(0，20)	糙隐子草	26.00	1
2005	11	(0，20)	胡枝子	28.00	4
2005	11	(0，20)	猪毛菜	12.00	1
2005	11	(0，20)	芦苇	87.67	8
2005	12	(0，22)	黄蒿	54.00	
2005	12	(0，22)	糙隐子草	12.00	1
2005	12	(0，22)	狗尾草	27.83	4
2005	12	(0，22)	猪毛菜	44.33	4
2005	12	(0，22)	芦苇	60.67	10
2005	13	(0，24)	黄蒿	37.67	24
2005	13	(0，24)	糙隐子草	2.50	1
2005	13	(0，24)	胡枝子	10.33	3
2005	13	(0，24)	芦苇	30.33	5
2005	14	(0，26)	黄蒿	33.33	28
2005	14	(0，26)	胡枝子	14.67	11
2005	14	(0，26)	芦苇	55.00	5
2005	15	(0，28)	黄蒿	40.00	31
2005	15	(0，28)	糙隐子草	76.67	3
2005	15	(0，28)	胡枝子	9.67	9
2005	15	(0，28)	猪毛菜	6.50	1
2005	15	(0，28)	芦苇	54.67	11
2005	16	(0，30)	黄蒿	43.33	27
2005	16	(0，30)	地梢瓜	19.00	1
2005	16	(0，30)	糙隐子草	22.00	1
2005	16	(0，30)	胡枝子	19.33	11
2005	16	(0，30)	狗尾草	9.00	1
2005	16	(0，30)	猪毛菜	5.50	2
2005	16	(0，30)	芦苇	59.67	8
2005	17	(10，0)	黄蒿	33.67	13
2005	17	(10，0)	糙隐子草	13.00	6

（续）

年份	样方号	位点	植物种名	株（丛）数 （株或丛/样方）	高度（cm）
2005	17	(10，0)	白草	19.33	19
2005	17	(10，0)	太阳花	13.00	1
2005	17	(10，0)	胡枝子	12.00	4
2005	17	(10，0)	米口袋	9.00	1
2005	17	(10，0)	芦苇	27.33	13
2005	17	(10，0)	鸡眼草	14.00	
2005	18	(10，2)	黄蒿	50.83	18
2005	18	(10，2)	地梢瓜	14.50	2
2005	18	(10，2)	白草	22.00	18
2005	18	(10，2)	太阳花	31.50	1
2005	18	(10，2)	胡枝子	22.30	10
2005	18	(10，2)	狗尾草	12.00	1
2005	18	(10，2)	芦苇	52.83	18
2005	19	(10，4)	黄蒿	53.00	25
2005	19	(10，4)	白草	26.67	9
2005	19	(10，4)	胡枝子	24.67	6
2005	19	(10，4)	米口袋	6.00	1
2005	19	(10，4)	芦苇	52.33	14
2005	20	(10，6)	黄蒿	44.83	24
2005	20	(10，6)	糙隐子草	15.33	4
2005	20	(10，6)	胡枝子	20.50	7
2005	20	(10，6)	芦苇	53.00	2
2005	21	(10，8)	黄蒿	60.67	17
2005	21	(10，8)	地梢瓜	26.00	1
2005	21	(10，8)	糙隐子草	13.00	4
2005	21	(10，8)	胡枝子	32.00	11
2005	21	(10，8)	芦苇	37.67	6
2005	22	(10，10)	黄蒿	47.33	27
2005	22	(10，10)	地梢瓜	14.50	1
2005	22	(10，10)	胡枝子	35.50	6
2005	22	(10，10)	灰绿藜	26.00	1
2005	22	(10，10)	芦苇	48.67	8
2005	23	(10，12)	黄蒿	46.67	18
2005	23	(10，12)	地梢瓜	14.25	2
2005	23	(10，12)	胡枝子	32.33	4
2005	23	(10，12)	米口袋	16.00	1
2005	23	(10，12)	灰绿藜	35.83	3
2005	23	(10，12)	芦苇	46.33	13
2005	24	(10，14)	黄蒿	54.50	20
2005	24	(10，14)	地梢瓜	11.00	1
2005	24	(10，14)	胡枝子	16.33	11
2005	24	(10，14)	猪毛菜	16.00	1
2005	24	(10，14)	灰绿藜	27.00	2
2005	24	(10，14)	芦苇	54.50	7
2005	25	(10，16)	黄蒿	34.00	27
2005	25	(10，16)	胡枝子	17.50	8
2005	25	(10，16)	灰绿藜	9.00	1

（续）

年份	样方号	位点	植物种名	株（丛）数（株或丛/样方）	高度（cm）
2005	25	(10, 16)	芦苇	59.67	11
2005	26	(10, 18)	黄蒿	38.33	32
2005	26	(10, 18)	胡枝子	20.00	13
2005	26	(10, 18)	灰绿藜	24.50	3
2005	26	(10, 18)	芦苇	50.33	13
2005	27	(10, 20)	黄蒿	35.67	35
2005	27	(10, 20)	白草	7.00	1
2005	27	(10, 20)	胡枝子	12.33	17
2005	27	(10, 20)	米口袋	10.67	3
2005	27	(10, 20)	芦苇	43.67	3
2005	28	(10, 22)	黄蒿	41.00	28
2005	28	(10, 22)	地梢瓜	7.50	1
2005	28	(10, 22)	糙隐子草	15.50	2
2005	28	(10, 22)	胡枝子	11.17	19
2005	28	(10, 22)	芦苇	52.67	6
2005	28	(10, 22)	委陵菜	9.00	1
2005	29	(10, 24)	黄蒿	35.00	47
2005	29	(10, 24)	糙隐子草	26.25	2
2005	29	(10, 24)	胡枝子	16.67	9
2005	29	(10, 24)	狗尾草	28.00	25
2005	29	(10, 24)	虎尾草	5.50	1
2005	29	(10, 24)	芦苇	51.83	11
2005	30	(10, 26)	黄蒿	31.00	17
2005	30	(10, 26)	胡枝子	10.83	9
2005	30	(10, 26)	猪毛菜	3.17	3
2005	30	(10, 26)	芦苇	44.33	3
2005	30	(10, 26)	鸡眼草	9.50	1
2005	31	(10, 28)	黄蒿	34.67	15
2005	31	(10, 28)	糙隐子草	8.50	1
2005	31	(10, 28)	胡枝子	21.00	16
2005	31	(10, 28)	三芒草	13.50	2
2005	31	(10, 28)	狗尾草	13.33	12
2005	31	(10, 28)	灰绿藜	17.00	1
2005	31	(10, 28)	虎尾草	7.50	84
2005	31	(10, 28)	芦苇	57.00	7
2005	32	(10, 30)	黄蒿	35.00	14
2005	32	(10, 30)	地梢瓜	15.00	1
2005	32	(10, 30)	糙隐子草	15.00	1
2005	32	(10, 30)	胡枝子	13.83	11
2005	32	(10, 30)	狗尾草	42.17	59
2005	32	(10, 30)	猪毛菜	28.00	1
2005	32	(10, 30)	虎尾草	14.17	129
2005	32	(10, 30)	芦苇	81.33	3
2005	33	(20, 0)	黄蒿	43.00	28
2005	33	(20, 0)	糙隐子草	19.33	19
2005	33	(20, 0)	太阳花	28.00	1
2005	33	(20, 0)	胡枝子	16.00	10

（续）

年份	样方号	位点	植物种名	株（丛）数 （株或丛/样方）	高度（cm）
2005	33	(20，0)	米口袋	3.50	2
2005	33	(20，0)	三芒草	33.00	5
2005	33	(20，0)	狗尾草	21.67	3
2005	33	(20，0)	猪毛菜	9.00	1
2005	33	(20，0)	芦苇	40.33	14
2005	34	(20，2)	黄蒿	38.67	29
2005	34	(20，2)	糙隐子草	15.00	8
2005	34	(20，2)	白草	57.00	1
2005	34	(20，2)	太阳花	5.50	1
2005	34	(20，2)	胡枝子	9.83	3
2005	34	(20，2)	三芒草	25.00	2
2005	34	(20，2)	狗尾草	6.50	2
2005	34	(20，2)	猪毛菜	8.00	1
2005	34	(20，2)	马唐	18.00	1
2005	34	(20，2)	芦苇	59.17	4
2005	34	(20，2)	鸡眼草	25.50	8
2005	35	(20，4)	黄蒿	54.33	39
2005	35	(20，4)	地梢瓜	8.00	1
2005	35	(20，4)	糙隐子草	12.00	1
2005	35	(20，4)	胡枝子	12.00	1
2005	35	(20，4)	三芒草	23.00	1
2005	35	(20，4)	狗尾草	9.17	3
2005	35	(20，4)	虎尾草	8.00	1
2005	35	(20，4)	芦苇	49.33	7
2005	36	(20，6)	黄蒿	35.67	22
2005	36	(20，6)	地梢瓜	8.50	1
2005	36	(20，6)	糙隐子草	8.83	12
2005	36	(20，6)	胡枝子	6.50	1
2005	36	(20，6)	米口袋	10.00	1
2005	36	(20，6)	狗尾草	9.00	1
2005	36	(20，6)	芦苇	54.67	4
2005	36	(20，6)	鸡眼草	16.00	1
2005	36	(20，6)	委陵菜	11.67	4
2005	37	(20，8)	黄蒿	32.83	28
2005	37	(20，8)	糙隐子草	24.67	5
2005	37	(20，8)	胡枝子	14.67	5
2005	37	(20，8)	狗尾草	11.00	1
2005	37	(20，8)	芦苇	64.50	6
2005	37	(20，8)	委陵菜	4.50	1
2005	38	(20，10)	黄蒿	40.50	37
2005	38	(20，10)	糙隐子草	13.25	2
2005	38	(20，10)	胡枝子	12.50	2
2005	38	(20，10)	狗尾草	4.00	1
2005	38	(20，10)	芦苇	65.50	7
2005	39	(20，12)	黄蒿	31.00	23
2005	39	(20，12)	糙隐子草	15.00	9
2005	39	(20，12)	白草	27.00	2

（续）

年份	样方号	位点	植物种名	株（丛）数（株或丛/样方）	高度（cm）
2005	39	(20，12)	胡枝子	25.17	12
2005	39	(20，12)	芦苇	70.50	6
2005	40	(20，14)	黄蒿	42.33	21
2005	40	(20，14)	糙隐子草	17.33	5
2005	40	(20，14)	太阳花	43.50	1
2005	40	(20，14)	胡枝子	31.67	12
2005	40	(20，14)	三芒草	30.00	1
2005	40	(20，14)	灰绿藜	38.00	1
2005	40	(20，14)	芦苇	50.33	9
2005	40	(20，14)	大籽蒿	70.50	2
2005	41	(20，16)	黄蒿	47.00	28
2005	41	(20，16)	地梢瓜	15.00	1
2005	41	(20，16)	糙隐子草	17.00	1
2005	41	(20，16)	白草	74.00	12
2005	41	(20，16)	胡枝子	13.33	8
2005	41	(20，16)	猪毛菜	8.00	1
2005	41	(20，16)	芦苇	53.50	7
2005	42	(20，18)	黄蒿	51.67	23
2005	42	(20，18)	地梢瓜	23.00	1
2005	42	(20，18)	胡枝子	26.33	8
2005	42	(20，18)	猪毛菜	15.00	1
2005	42	(20，18)	芦苇	60.67	9
2005	43	(20，20)	黄蒿	39.50	29
2005	43	(20，20)	胡枝子	15.33	5
2005	43	(20，20)	芦苇	38.00	9
2005	44	(20，22)	黄蒿	41.00	21
2005	44	(20，22)	糙隐子草	9.00	1
2005	44	(20，22)	胡枝子	22.00	7
2005	44	(20，22)	芦苇	52.00	5
2005	45	(20，24)	黄蒿	33.67	35
2005	45	(20，24)	胡枝子	21.33	9
2005	45	(20，24)	芦苇	46.67	12
2005	46	(20，26)	黄蒿	30.67	34
2005	46	(20，26)	胡枝子	17.17	5
2005	46	(20，26)	猪毛菜	10.00	1
2005	46	(20，26)	芦苇	52.33	8
2005	47	(20，28)	黄蒿	41.67	25
2005	47	(20，28)	地梢瓜	25.00	1
2005	47	(20，28)	胡枝子	8.67	4
2005	47	(20，28)	狗尾草	22.75	2
2005	47	(20，28)	芦苇	56.33	4
2005	48	(20，30)	黄蒿	26.00	14
2005	48	(20，30)	胡枝子	10.50	9
2005	48	(20，30)	狗尾草	46.33	39
2005	48	(20，30)	猪毛菜	11.00	1
2005	48	(20，30)	芦苇	53.33	11
2005	48	(20，30)	绿藜	19.50	2

（2）固定沙丘辅助观测场

表 4-11　固定沙丘辅助观测场植被空间格局变化

年份	样方号	位点	植物种名	株（丛）数（株或丛/样方）	高度（cm）
2008	1	(0，00)	差巴嘎蒿	4.0	30.0
2008	1	(0，00)	达乌里胡枝子	1.0	38.0
2008	1	(0，00)	地锦	1.0	3.0
2008	1	(0，00)	狗尾草	3.0	11.0
2008	1	(0，00)	三芒草	1.0	8.0
2008	1	(0，00)	砂蓝刺头	1.0	21.0
2008	1	(0，00)	雾冰藜	35.0	7.0
2008	1	(0，00)	小叶锦鸡儿	5.0	8.0
2008	2	(0，02)	差巴嘎蒿	6.0	31.0
2008	2	(0，02)	达乌里胡枝子	3.0	31.0
2008	2	(0，02)	地锦	3.0	2.0
2008	2	(0，02)	狗尾草	9.0	3.0
2008	2	(0，02)	砂蓝刺头	2.0	31.0
2008	2	(0，02)	雾冰藜	81.0	8.0
2008	2	(0，02)	山苦荬	4.0	31.0
2008	3	(0，04)	差巴嘎蒿	13.0	30.0
2008	3	(0，04)	达乌里胡枝子	1.0	12.0
2008	3	(0，04)	地锦	1.0	2.0
2008	3	(0，04)	狗尾草	5.0	10.0
2008	3	(0，04)	三芒草	1.0	13.0
2008	3	(0，04)	雾冰藜	26.0	9.0
2008	3	(0，04)	小叶锦鸡儿	20.0	7.0
2008	4	(0，06)	差巴嘎蒿	8.0	20.0
2008	4	(0，06)	大果虫实	2.0	8.0
2008	4	(0，06)	地锦	2.0	2.0
2008	4	(0，06)	地梢瓜	2.0	12.0
2008	4	(0，06)	狗尾草	4.0	13.0
2008	4	(0，06)	砂蓝刺头	1.0	12.0
2008	4	(0，06)	雾冰藜	10.0	13.0
2008	4	(0，06)	山苦荬	6.0	10.0
2008	5	(0，08)	差巴嘎蒿	9.0	29.0
2008	5	(0，08)	大果虫实	11.0	10.0
2008	5	(0，08)	地梢瓜	6.0	11.0
2008	5	(0，08)	砂蓝刺头	1.0	15.0
2008	5	(0，08)	雾冰藜	11.0	6.0
2008	5	(0，08)	山苦荬	4.0	9.0
2008	6	(0，10)	差巴嘎蒿	6.0	28.0
2008	6	(0，10)	大果虫实	11.0	10.0
2008	6	(0，10)	地锦	4.0	2.0
2008	6	(0，10)	地梢瓜	5.0	13.0
2008	6	(0，10)	砂蓝刺头	1.0	34.0
2008	6	(0，10)	雾冰藜	22.0	14.0
2008	6	(0，10)	冠芒草	1.0	6.0
2008	7	(0，12)	差巴嘎蒿	4.0	31.0
2008	7	(0，12)	长穗虫实	1.0	13.0
2008	7	(0，12)	大果虫实	6.0	11.0

（续）

年份	样方号	位点	植物种名	株（丛）数 （株或丛/样方）	高度（cm）
2008	7	(0，12)	地锦	1.0	2.0
2008	7	(0，12)	地梢瓜	8.0	12.0
2008	7	(0，12)	狗尾草	12.0	14.0
2008	7	(0，12)	砂蓝刺头	2.0	32.0
2008	7	(0，12)	雾冰藜	36.0	17.0
2008	8	(0，14)	扁蓿豆	6.0	30.0
2008	8	(0，14)	差巴嘎蒿	7.0	21.0
2008	8	(0，14)	地锦	10.0	3.0
2008	8	(0，14)	地梢瓜	3.0	5.0
2008	8	(0，14)	狗尾草	13.0	34.0
2008	8	(0，14)	画眉草	12.0	8.0
2008	8	(0，14)	雾冰藜	121.0	12.0
2008	8	(0，14)	猪毛菜	26.0	14.0
2008	9	(0，16)	扁蓿豆	2.0	22.0
2008	9	(0，16)	差巴嘎蒿	7.0	10.0
2008	9	(0，16)	地锦	5.0	2.0
2008	9	(0，16)	地梢瓜	2.0	19.0
2008	9	(0，16)	狗尾草	20.0	24.0
2008	9	(0，16)	雾冰藜	5.0	4.0
2008	9	(0，16)	山苦荬	1.0	10.0
2008	9	(0，16)	小叶锦鸡儿	1.0	98.0
2008	10	(0，18)	差巴嘎蒿	5.0	23.0
2008	10	(0，18)	地锦	91.0	5.0
2008	10	(0，18)	地梢瓜	6.0	15.0
2008	10	(0，18)	狗尾草	12.0	25.0
2008	10	(0，18)	雾冰藜	112.0	13.0
2008	10	(0，18)	猪毛菜	11.0	10.0
2008	11	(0，20)	差巴嘎蒿	8.0	41.0
2008	11	(0，20)	大果虫实	1.0	13.0
2008	11	(0，20)	地锦	14.0	3.0
2008	11	(0，20)	狗尾草	13.0	9.0
2008	11	(0，20)	尖头叶藜	1.0	17.0
2008	11	(0，20)	毛马唐	1.0	13.0
2008	11	(0，20)	三芒草	1.0	18.0
2008	11	(0，20)	雾冰藜	159.0	19.0
2008	11	(0，20)	猪毛菜	13.0	13.0
2008	12	(0，22)	扁蓿豆	5.0	42.0
2008	12	(0，22)	差巴嘎蒿	6.0	19.0
2008	12	(0，22)	地锦	6.0	2.0
2008	12	(0，22)	狗尾草	9.0	22.0
2008	12	(0，22)	砂蓝刺头	2.0	24.0
2008	12	(0，22)	雾冰藜	31.0	8.0
2008	13	(0，24)	扁蓿豆	6.0	35.0
2008	13	(0，24)	差巴嘎蒿	6.0	24.0
2008	13	(0，24)	地锦	4.0	2.0
2008	13	(0，24)	地梢瓜	2.0	15.0
2008	13	(0，24)	狗尾草	11.0	16.0

（续）

年份	样方号	位点	植物种名	株（丛）数（株或丛/样方）	高度（cm）
2008	13	(0, 24)	砂蓝刺头	1.0	33.0
2008	13	(0, 24)	雾冰藜	84.0	10.0
2008	14	(0, 26)	扁蓿豆	3.0	51.0
2008	14	(0, 26)	差巴嘎蒿	4.0	34.0
2008	14	(0, 26)	地锦	15.0	2.0
2008	14	(0, 26)	地梢瓜	7.0	12.0
2008	14	(0, 26)	狗尾草	8.0	14.0
2008	14	(0, 26)	砂蓝刺头	1.0	18.0
2008	14	(0, 26)	雾冰藜	153.0	19.0
2008	15	(0, 28)	扁蓿豆	4.0	40.0
2008	15	(0, 28)	差巴嘎蒿	2.0	20.0
2008	15	(0, 28)	大果虫实	1.0	9.0
2008	15	(0, 28)	地锦	11.0	2.0
2008	15	(0, 28)	地梢瓜	2.0	12.0
2008	15	(0, 28)	狗尾草	5.0	9.0
2008	15	(0, 28)	雾冰藜	88.0	15.0
2008	16	(0, 30)	扁蓿豆	3.0	50.0
2008	16	(0, 30)	差巴嘎蒿	5.0	22.0
2008	16	(0, 30)	大果虫实	9.0	12.0
2008	16	(0, 30)	地锦	2.0	2.0
2008	16	(0, 30)	地梢瓜	5.0	16.0
2008	16	(0, 30)	狗尾草	3.0	12.0
2008	16	(0, 30)	雾冰藜	57.0	18.0
2008	17	(10, 00)	差巴嘎蒿	4.0	32.0
2008	17	(10, 00)	地锦	16.0	5.5
2008	17	(10, 00)	砂蓝刺头	25.0	16.0
2008	17	(10, 00)	雾冰藜	4.0	5.0
2008	17	(10, 00)	山苦荬	2.0	8.5
2008	17	(10, 00)	光梗蒺藜草	1.0	7.5
2008	18	(10, 02)	差巴嘎蒿	2.0	50.0
2008	18	(10, 02)	大果虫实	3.0	4.0
2008	18	(10, 02)	地梢瓜	1.0	2.0
2008	18	(10, 02)	狗尾草	1.0	11.0
2008	18	(10, 02)	砂蓝刺头	25.0	32.0
2008	18	(10, 02)	雾冰藜	47.0	8.0
2008	19	(10, 04)	差巴嘎蒿	4.0	27.0
2008	19	(10, 04)	大果虫实	2.0	3.0
2008	19	(10, 04)	地梢瓜	1.0	18.0
2008	19	(10, 04)	砂蓝刺头	5.0	23.0
2008	19	(10, 04)	雾冰藜	7.0	6.0
2008	19	(10, 04)	山苦荬	2.0	11.0
2008	20	(10, 06)	差巴嘎蒿	5.0	27.0
2008	20	(10, 06)	地梢瓜	2.0	10.0
2008	20	(10, 06)	砂蓝刺头	9.0	22.0
2008	20	(10, 06)	雾冰藜	9.0	6.0
2008	20	(10, 06)	山苦荬	5.0	13.0
2008	20	(10, 06)	小叶锦鸡儿	1.0	25.5

（续）

年份	样方号	位点	植物种名	株（丛）数（株或丛/样方）	高度（cm）
2008	21	(10, 08)	差巴嘎蒿	2.0	51.0
2008	21	(10, 08)	大果虫实	4.0	11.0
2008	21	(10, 08)	地锦	3.0	3.0
2008	21	(10, 08)	地梢瓜	5.0	13.0
2008	21	(10, 08)	砂蓝刺头	17.0	33.0
2008	21	(10, 08)	山苦荬	2.0	25.0
2008	21	(10, 08)	冠芒草	2.0	11.0
2008	22	(10, 10)	差巴嘎蒿	5.0	35.5
2008	22	(10, 10)	地梢瓜	1.0	11.5
2008	22	(10, 10)	砂蓝刺头	8.0	31.0
2008	22	(10, 10)	雾冰藜	1.0	5.5
2008	23	(10, 12)	差巴嘎蒿	3.0	37.0
2008	23	(10, 12)	地梢瓜	1.0	4.0
2008	23	(10, 12)	地锦	3.0	2.0
2008	23	(10, 12)	狗尾草	1.0	7.0
2008	23	(10, 12)	砂蓝刺头	2.0	28.0
2008	23	(10, 12)	雾冰藜	4.0	5.5
2008	24	(10, 14)	差巴嘎蒿	5.0	22.0
2008	24	(10, 14)	地梢瓜	11.0	13.0
2008	24	(10, 14)	狗尾草	1.0	5.0
2008	24	(10, 14)	达乌里胡枝子	1.0	4.0
2008	24	(10, 14)	大果虫实	1.0	8.0
2008	24	(10, 14)	雾冰藜	5.0	11.0
2008	24	(10, 14)	光梗蒺藜草	1.0	11.0
2008	25	(10, 16)	差巴嘎蒿	5.0	45.0
2008	25	(10, 16)	地锦	32.0	2.0
2008	25	(10, 16)	地梢瓜	12.0	25.0
2008	25	(10, 16)	砂蓝刺头	5.0	25.0
2008	25	(10, 16)	雾冰藜	31.0	12.0
2008	26	(10, 18)	差巴嘎蒿	3.0	26.5
2008	26	(10, 18)	达乌里胡枝子	1.0	4.5
2008	26	(10, 18)	大果虫实	31.0	5.0
2008	26	(10, 18)	地锦	13.0	3.0
2008	26	(10, 18)	地梢瓜	9.0	8.0
2008	26	(10, 18)	狗尾草	1.0	8.0
2008	26	(10, 18)	砂蓝刺头	4.0	32.0
2008	26	(10, 18)	雾冰藜	23.0	10.0
2008	27	(10, 20)	差巴嘎蒿	4.0	17.5
2008	27	(10, 20)	地锦	13.0	2.0
2008	27	(10, 20)	地梢瓜	2.0	2.5
2008	27	(10, 20)	大果虫实	1.0	3.0
2008	27	(10, 20)	狗尾草	21.0	9.5
2008	27	(10, 20)	山苦荬	1.0	10.0
2008	27	(10, 20)	雾冰藜	1.0	7.0
2008	27	(10, 20)	光梗蒺藜草	13.0	2.0
2008	28	(10, 22)	差巴嘎蒿	1.0	33.0
2008	28	(10, 22)	地锦	7.0	3.5

（续）

年份	样方号	位点	植物种名	株（丛）数（株或丛/样方）	高度（cm）
2008	28	(10, 22)	大果虫实	7.0	12.0
2008	28	(10, 22)	狗尾草	14.0	11.0
2008	28	(10, 22)	砂蓝刺头	1.0	22.0
2008	28	(10, 22)	雾冰藜	56.0	19.0
2008	28	(10, 22)	三芒草	2.0	26.5
2008	29	(10, 24)	差巴嘎蒿	1.0	45.0
2008	29	(10, 24)	达乌里胡枝子	1.0	22.0
2008	29	(10, 24)	地锦	12.0	2.0
2008	29	(10, 24)	地梢瓜	1.0	20.0
2008	29	(10, 24)	狗尾草	2.0	6.0
2008	29	(10, 24)	大果虫实	4.0	9.5
2008	29	(10, 24)	雾冰藜	35.0	17.5
2008	29	(10, 24)	光梗蒺藜草	10.0	14.5
2008	29	(10, 24)	三芒草	2.0	15.0
2008	30	(10, 26)	达乌里胡枝子	2.0	7.0
2008	30	(10, 26)	地梢瓜	2.0	10.0
2008	30	(10, 26)	狗尾草	4.0	6.5
2008	30	(10, 26)	黄蒿	1.0	40.0
2008	30	(10, 26)	雾冰藜	19.0	23.0
2008	30	(10, 26)	尖头叶藜	1.0	10.5
2008	30	(10, 26)	三芒草	3.0	21.0
2008	30	(10, 26)	猪毛菜	4.0	10.5
2008	31	(10, 28)	差巴嘎蒿	2.0	44.5
2008	31	(10, 28)	达乌里胡枝子	1.0	54.0
2008	31	(10, 28)	地梢瓜	3.0	13.0
2008	31	(10, 28)	狗尾草	3.0	10.0
2008	31	(10, 28)	砂蓝刺头	2.0	19.5
2008	31	(10, 28)	雾冰藜	18.0	12.0
2008	31	(10, 28)	猪毛菜	4.0	8.0
2008	32	(10, 30)	差巴嘎蒿	2.0	38.0
2008	32	(10, 30)	达乌里胡枝子	2.0	10.5
2008	32	(10, 30)	地梢瓜	2.0	15.0
2008	32	(10, 30)	狗尾草	1.0	14.0
2008	32	(10, 30)	砂蓝刺头	2.0	15.0
2008	32	(10, 30)	雾冰藜	6.0	17.0
2008	33	(20, 00)	差巴嘎蒿	2.0	50.0
2008	33	(20, 00)	达乌里胡枝子	1.0	34.5
2008	33	(20, 00)	狗尾草	10.0	14.0
2008	33	(20, 00)	地梢瓜	4.0	21.0
2008	33	(20, 00)	大果虫实	11.0	5.0
2008	33	(20, 00)	雾冰藜	73.0	13.0
2008	33	(20, 00)	山苦荬	3.0	25.0
2008	33	(20, 00)	榆树	2.0	2.0
2008	34	(20, 02)	差巴嘎蒿	4.0	20.0
2008	34	(20, 02)	地锦	7.0	2.0
2008	34	(20, 02)	狗尾草	5.0	5.0
2008	34	(20, 02)	地梢瓜	3.0	13.0

（续）

年份	样方号	位点	植物种名	株（丛）数（株或丛/样方）	高度（cm）
2008	34	(20, 02)	山苦荬	1.0	8.0
2008	34	(20, 02)	砂蓝刺头	1.0	53.0
2008	34	(20, 02)	雾冰藜	53.0	13.0
2008	34	(20, 02)	猪毛菜	13.0	4.0
2008	35	(20, 04)	差巴嘎蒿	4.0	33.0
2008	35	(20, 04)	地锦	2.0	2.0
2008	35	(20, 04)	狗尾草	4.0	6.5
2008	35	(20, 04)	雾冰藜	14.0	8.0
2008	35	(20, 04)	猪毛菜	4.0	4.0
2008	35	(20, 04)	地梢瓜	5.0	9.0
2008	36	(20, 06)	差巴嘎蒿	5.0	27.0
2008	36	(20, 06)	狗尾草	6.0	17.0
2008	36	(20, 06)	地锦	4.0	2.0
2008	36	(20, 06)	砂蓝刺头	2.0	15.0
2008	36	(20, 06)	雾冰藜	26.0	6.0
2008	36	(20, 06)	山苦荬	2.0	25.0
2008	37	(20, 08)	差巴嘎蒿	3.0	25.0
2008	37	(20, 08)	地梢瓜	3.0	12.0
2008	37	(20, 08)	狗尾草	6.0	11.0
2008	37	(20, 08)	大果虫实	17.0	3.0
2008	37	(20, 08)	雾冰藜	23.0	14.5
2008	37	(20, 08)	山苦荬	5.0	17.0
2008	38	(20, 10)	差巴嘎蒿	2.0	20.0
2008	38	(20, 10)	地梢瓜	8.0	7.0
2008	38	(20, 10)	大果虫实	27.0	4.0
2008	38	(20, 10)	砂蓝刺头	1.0	14.0
2008	38	(20, 10)	雾冰藜	112.0	17.0
2008	38	(20, 10)	尖头叶藜	9.0	7.0
2008	39	(20, 12)	差巴嘎蒿	3.0	41.0
2008	39	(20, 12)	地锦	1.0	2.0
2008	39	(20, 12)	地梢瓜	8.0	10.0
2008	39	(20, 12)	狗尾草	5.0	11.0
2008	39	(20, 12)	大果虫实	11.0	7.5
2008	39	(20, 12)	砂蓝刺头	1.0	39.0
2008	39	(20, 12)	雾冰藜	6.0	10.0
2008	40	(20, 14)	差巴嘎蒿	2.0	18.0
2008	40	(20, 14)	大果虫实	2.0	5.5
2008	40	(20, 14)	地锦	2.0	2.0
2008	40	(20, 14)	地梢瓜	5.0	25.0
2008	40	(20, 14)	砂蓝刺头	2.0	18.0
2008	40	(20, 14)	山苦荬	2.0	7.5
2008	40	(20, 14)	雾冰藜	5.0	8.0
2008	41	(20, 16)	差巴嘎蒿	3.0	34.0
2008	41	(20, 16)	砂蓝刺头	1.0	11.0
2008	41	(20, 16)	雾冰藜	2.0	3.0
2008	41	(20, 16)	地梢瓜	4.0	14.0
2008	41	(20, 16)	扁蓿豆	1.0	30.0

（续）

年份	样方号	位点	植物种名	株（丛）数 （株或丛/样方）	高度（cm）
2008	41	(20, 16)	黄蒿	1.0	25.5
2008	41	(20, 16)	地锦	2.0	2.0
2008	42	(20, 18)	差巴嘎蒿	4.0	26.0
2008	42	(20, 18)	狗尾草	3.0	5.5
2008	42	(20, 18)	地锦	2.0	2.0
2008	42	(20, 18)	地梢瓜	2.0	11.5
2008	42	(20, 18)	扁蓿豆	1.0	5.0
2008	42	(20, 18)	雾冰藜	5.0	6.5
2008	43	(20, 20)	差巴嘎蒿	4.0	54.0
2008	43	(20, 20)	砂蓝刺头	2.0	12.0
2008	43	(20, 20)	地梢瓜	8.0	12.0
2008	43	(20, 20)	地锦	2.0	2.0
2008	43	(20, 20)	雾冰藜	5.0	4.5
2008	43	(20, 20)	山苦荬	1.0	11.0
2008	44	(20, 22)	差巴嘎蒿	4.0	41.0
2008	44	(20, 22)	地梢瓜	6.0	15.0
2008	44	(20, 22)	砂蓝刺头	2.0	18.0
2008	44	(20, 22)	狗尾草	4.0	10.0
2008	44	(20, 22)	白草	15.0	34.0
2008	44	(20, 22)	芦苇	1.0	5.0
2008	45	(20, 24)	差巴嘎蒿	6.0	60.0
2008	45	(20, 24)	地锦	3.0	2.0
2008	45	(20, 24)	地梢瓜	5.0	15.0
2008	45	(20, 24)	狗尾草	4.0	7.0
2008	45	(20, 24)	砂蓝刺头	3.0	17.0
2008	45	(20, 24)	山苦荬	1.0	9.0
2008	46	(20, 26)	差巴嘎蒿	3.0	28.0
2008	46	(20, 26)	地锦	24.0	2.0
2008	46	(20, 26)	地梢瓜	4.0	17.0
2008	46	(20, 26)	狗尾草	9.0	3.5
2008	46	(20, 26)	砂蓝刺头	3.0	19.0
2008	46	(20, 26)	雾冰藜	4.0	6.0
2008	46	(20, 26)	尖头叶藜	1.0	4.0
2008	46	(20, 26)	山苦荬	2.0	11.0
2008	47	(20, 28)	差巴嘎蒿	4.0	36.0
2008	47	(20, 28)	地锦	2.0	2.0
2008	47	(20, 28)	地梢瓜	3.0	15.0
2008	47	(20, 28)	狗尾草	23.0	12.5
2008	47	(20, 28)	砂蓝刺头	1.0	33.0
2008	47	(20, 28)	雾冰藜	1.0	5.5
2008	47	(20, 28)	山苦荬	3.0	14.5
2008	47	(20, 28)	扁蓿豆	2.0	45.0
2008	48	(20, 30)	差巴嘎蒿	5.0	40.0
2008	48	(20, 30)	地锦	11.0	2.5
2008	48	(20, 30)	地梢瓜	6.0	9.0
2008	48	(20, 30)	狗尾草	6.0	5.0
2008	48	(20, 30)	砂蓝刺头	3.0	38.0

（续）

年份	样方号	位点	植物种名	株（丛）数（株或丛/样方）	高度（cm）
2008	48	(20, 30)	雾冰藜	2.0	4.0
2008	48	(20, 30)	扁蓿豆	1.0	21.0
2007	1	(0, 0)	差巴嘎蒿	4.0	35.0
2007	1	(0, 0)	地锦	13.0	2.0
2007	1	(0, 0)	光梗蒺藜草	3.0	8.0
2007	1	(0, 0)	狗尾草	13.0	26.0
2007	1	(0, 0)	画眉草	16.0	8.0
2007	1	(0, 0)	止血马唐	17.0	14.0
2007	1	(0, 0)	砂蓝刺头	41.0	4.0
2007	1	(0, 0)	雾冰藜	22.0	20.0
2007	1	(0, 0)	猪毛菜	5.0	19.0
2007	2	(0, 2)	差巴嘎蒿	4.0	35.0
2007	2	(0, 2)	大果虫实	1.0	3.0
2007	2	(0, 2)	地锦	13.0	2.0
2007	2	(0, 2)	狗尾草	5.0	12.0
2007	2	(0, 2)	画眉草	13.0	17.0
2007	2	(0, 2)	止血马唐	6.0	12.0
2007	2	(0, 2)	砂蓝刺头	11.0	5.0
2007	2	(0, 2)	雾冰藜	10.0	17.0
2007	2	(0, 2)	猪毛菜	1.0	5.0
2007	3	(0, 4)	差巴嘎蒿	2.0	59.0
2007	3	(0, 4)	达乌里胡枝子	1.0	5.0
2007	3	(0, 4)	大果虫实	5.0	16.0
2007	3	(0, 4)	地锦	9.0	2.0
2007	3	(0, 4)	狗尾草	16.0	13.0
2007	3	(0, 4)	画眉草	5.0	12.0
2007	3	(0, 4)	止血马唐	3.0	10.0
2007	3	(0, 4)	三芒草	21.0	27.0
2007	3	(0, 4)	砂蓝刺头	32.0	4.0
2007	3	(0, 4)	雾冰藜	103.0	22.0
2007	4	(0, 6)	差巴嘎蒿	4.0	30.0
2007	4	(0, 6)	大果虫实	6.0	10.0
2007	4	(0, 6)	地锦	12.0	2.0
2007	4	(0, 6)	地梢瓜	3.0	10.0
2007	4	(0, 6)	狗尾草	14.0	32.0
2007	4	(0, 6)	画眉草	1.0	8.0
2007	4	(0, 6)	止血马唐	2.0	8.0
2007	4	(0, 6)	砂蓝刺头	7.0	4.0
2007	4	(0, 6)	雾冰藜	1.0	17.0
2007	4	(0, 6)	山苦荬	3.0	13.0
2007	4	(0, 6)	猪毛菜	1.0	2.0
2007	5	(0, 8)	差巴嘎蒿	4.0	22.0
2007	5	(0, 8)	大果虫实	4.0	12.0
2007	5	(0, 8)	地锦	16.0	7.0
2007	5	(0, 8)	狗尾草	7.0	33.0
2007	5	(0, 8)	止血马唐	9.0	12.0
2007	5	(0, 8)	砂蓝刺头	6.0	3.0

（续）

年份	样方号	位点	植物种名	株（丛）数 （株或丛/样方）	高度（cm）
2007	5	(0, 8)	雾冰藜	3.0	20.0
2007	5	(0, 8)	山苦荬	3.0	7.0
2007	5	(0, 8)	猪毛菜	1.0	5.0
2007	5	(0, 8)	小叶锦鸡儿	2.0	37.0
2007	6	(0, 10)	差巴嘎蒿	6.0	28.0
2007	6	(0, 10)	大果虫实	5.0	9.0
2007	6	(0, 10)	地锦	31.0	2.0
2007	6	(0, 10)	地梢瓜	2.0	11.0
2007	6	(0, 10)	狗尾草	4.0	16.0
2007	6	(0, 10)	菟丝子	1.0	9.0
2007	6	(0, 10)	止血马唐	3.0	8.0
2007	6	(0, 10)	砂蓝刺头	6.0	5.0
2007	6	(0, 10)	雾冰藜	1.0	4.0
2007	7	(0, 12)	差巴嘎蒿	3.0	36.0
2007	7	(0, 12)	地肤	3.0	9.0
2007	7	(0, 12)	大果虫实	2.0	16.0
2007	7	(0, 12)	地锦	49.0	4.0
2007	7	(0, 12)	狗尾草	9.0	16.0
2007	7	(0, 12)	画眉草	9.0	15.0
2007	7	(0, 12)	止血马唐	17.0	16.0
2007	7	(0, 12)	砂蓝刺头	26.0	3.0
2007	7	(0, 12)	雾冰藜	7.0	15.0
2007	7	(0, 12)	山苦荬	3.0	9.0
2007	8	(0, 14)	差巴嘎蒿	6.0	60.0
2007	8	(0, 14)	地锦	47.0	8.0
2007	8	(0, 14)	地梢瓜	3.0	7.0
2007	8	(0, 14)	狗尾草	4.0	11.0
2007	8	(0, 14)	画眉草	4.0	12.0
2007	8	(0, 14)	止血马唐	16.0	10.0
2007	8	(0, 14)	砂蓝刺头	6.0	4.0
2007	8	(0, 14)	雾冰藜	4.0	17.0
2007	8	(0, 14)	山苦荬	1.0	7.0
2007	8	(0, 14)	菟丝子	2.0	4.0
2007	9	(0, 16)	差巴嘎蒿	6.0	20.0
2007	9	(0, 16)	大果虫实	3.0	10.0
2007	9	(0, 16)	地锦	54.0	5.0
2007	9	(0, 16)	地梢瓜	2.0	6.0
2007	9	(0, 16)	画眉草	4.0	10.0
2007	9	(0, 16)	止血马唐	7.0	12.0
2007	9	(0, 16)	砂蓝刺头	1.0	3.0
2007	9	(0, 16)	雾冰藜	3.0	12.0
2007	9	(0, 16)	山苦荬	1.0	8.0
2007	10	(0, 18)	扁蓿豆	1.0	8.0
2007	10	(0, 18)	差巴嘎蒿	5.0	46.0
2007	10	(0, 18)	大果虫实	4.0	12.0
2007	10	(0, 18)	地锦	36.0	5.0
2007	10	(0, 18)	地梢瓜	2.0	8.0

（续）

年份	样方号	位点	植物种名	株（丛）数（株或丛/样方）	高度（cm）
2007	10	(0，18)	狗尾草	13.0	19.0
2007	10	(0，18)	画眉草	14.0	21.0
2007	10	(0，18)	止血马唐	29.0	13.0
2007	10	(0，18)	三芒草	7.0	23.0
2007	10	(0，18)	砂蓝刺头	4.0	5.0
2007	10	(0，18)	雾冰藜	2.0	9.0
2007	11	(0，20)	扁蓿豆	2.0	19.0
2007	11	(0，20)	差巴嘎蒿	5.0	30.0
2007	11	(0，20)	大果虫实	4.0	13.0
2007	11	(0，20)	地锦	15.0	3.0
2007	11	(0，20)	狗尾草	2.0	5.0
2007	11	(0，20)	画眉草	4.0	23.0
2007	11	(0，20)	止血马唐	3.0	8.0
2007	11	(0，20)	砂蓝刺头	10.0	2.0
2007	11	(0，20)	小叶锦鸡儿	4.0	14.0
2007	12	(0，22)	差巴嘎蒿	2.0	8.0
2007	12	(0，22)	大果虫实	4.0	3.0
2007	12	(0，22)	地锦	6.0	2.0
2007	12	(0，22)	地梢瓜	2.0	4.0
2007	12	(0，22)	狗尾草	20.0	9.0
2007	12	(0，22)	画眉草	3.0	4.0
2007	12	(0，22)	砂蓝刺头	4.0	4.0
2007	12	(0，22)	雾冰藜	5.0	12.0
2007	13	(0，24)	差巴嘎蒿	3.0	38.0
2007	13	(0，24)	大果虫实	4.0	11.0
2007	13	(0，24)	地锦	12.0	4.0
2007	13	(0，24)	地梢瓜	2.0	12.0
2007	13	(0，24)	狗尾草	21.0	17.0
2007	13	(0，24)	砂蓝刺头	1.0	5.0
2007	13	(0，24)	雾冰藜	10.0	23.0
2007	13	(0，24)	猪毛菜	1.0	10.0
2007	13	(0，24)	光梗蒺藜草	1.0	16.5
2007	14	(0，26)	差巴嘎蒿	3.0	23.0
2007	14	(0，26)	地锦	6.0	4.0
2007	14	(0，26)	地梢瓜	2.0	10.0
2007	14	(0，26)	狗尾草	3.0	16.0
2007	14	(0，26)	画眉草	38.0	11.0
2007	14	(0，26)	止血马唐	1.0	14.0
2007	14	(0，26)	砂蓝刺头	2.0	4.0
2007	15	(0，28)	扁蓿豆	1.0	11.0
2007	15	(0，28)	差巴嘎蒿	4.0	31.0
2007	15	(0，28)	地锦	14.0	5.0
2007	15	(0，28)	地梢瓜	3.0	5.0
2007	15	(0，28)	狗尾草	6.0	35.0
2007	15	(0，28)	画眉草	13.0	26.0
2007	15	(0，28)	止血马唐	3.0	19.0
2007	15	(0，28)	砂蓝刺头	1.0	2.0

（续）

年份	样方号	位点	植物种名	株（丛）数 （株或丛/样方）	高度（cm）
2007	15	(0, 28)	猪毛菜	1.0	6.0
2007	16	(0, 30)	差巴嘎蒿	6.0	24.0
2007	16	(0, 30)	地锦	12.0	5.0
2007	16	(0, 30)	地梢瓜	1.0	16.0
2007	16	(0, 30)	狗尾草	3.0	23.0
2007	16	(0, 30)	画眉草	29.0	18.0
2007	16	(0, 30)	止血马唐	3.0	15.0
2007	16	(0, 30)	光梗蒺藜草	1.0	13.0
2007	17	(10, 0)	差巴嘎蒿	2.0	26.0
2007	17	(10, 0)	地肤	1.0	8.0
2007	17	(10, 0)	大果虫实	5.0	14.0
2007	17	(10, 0)	地锦	17.0	1.0
2007	17	(10, 0)	狗尾草	16.0	26.0
2007	17	(10, 0)	画眉草	1.0	20.0
2007	17	(10, 0)	止血马唐	9.0	17.0
2007	17	(10, 0)	砂蓝刺头	37.0	4.0
2007	17	(10, 0)	雾冰藜	4.0	20.0
2007	17	(10, 0)	山苦荬	11.0	13.0
2007	17	(10, 0)	猪毛菜	1.0	2.0
2007	18	(10, 2)	差巴嘎蒿	3.0	38.0
2007	18	(10, 2)	大果虫实	9.0	20.0
2007	18	(10, 2)	地锦	25.0	3.0
2007	18	(10, 2)	菟丝子	2.0	5.0
2007	18	(10, 2)	狗尾草	5.0	46.0
2007	18	(10, 2)	止血马唐	8.0	27.0
2007	18	(10, 2)	砂蓝刺头	12.0	11.0
2007	18	(10, 2)	雾冰藜	8.0	18.0
2007	18	(10, 2)	山苦荬	18.0	10.0
2007	18	(10, 2)	猪毛菜	4.0	8.0
2007	18	(10, 2)	光梗蒺藜草	1.0	14.0
2007	19	(10, 4)	差巴嘎蒿	6.0	25.0
2007	19	(10, 4)	大果虫实	9.0	8.0
2007	19	(10, 4)	地锦	26.0	2.0
2007	19	(10, 4)	地梢瓜	1.0	9.0
2007	19	(10, 4)	菟丝子	1.0	7.0
2007	19	(10, 4)	狗尾草	23.0	16.0
2007	19	(10, 4)	画眉草	3.0	18.0
2007	19	(10, 4)	止血马唐	5.0	10.0
2007	19	(10, 4)	砂蓝刺头	34.0	4.0
2007	19	(10, 4)	雾冰藜	5.0	10.0
2007	19	(10, 4)	山苦荬	17.0	25.0
2007	19	(10, 4)	猪毛菜	4.0	4.0
2007	20	(10, 6)	差巴嘎蒿	3.0	20.0
2007	20	(10, 6)	大果虫实	5.0	9.0
2007	20	(10, 6)	地锦	41.0	4.0
2007	20	(10, 6)	狗尾草	4.0	9.0
2007	20	(10, 6)	砂蓝刺头	4.0	4.0

（续）

年份	样方号	位点	植物种名	株（丛）数（株或丛/样方）	高度（cm）
2007	20	(10，6)	雾冰藜	3.0	11.0
2007	20	(10，6)	山苦荬	17.0	14.0
2007	21	(10，8)	差巴嘎蒿	5.0	36.0
2007	21	(10，8)	大果虫实	16.0	10.0
2007	21	(10，8)	地锦	26.0	4.0
2007	21	(10，8)	地梢瓜	2.0	8.0
2007	21	(10，8)	狗尾草	1.0	11.0
2007	21	(10，8)	止血马唐	1.0	12.0
2007	21	(10，8)	砂蓝刺头	1.0	5.0
2007	21	(10，8)	山苦荬	3.0	10.0
2007	22	(10，10)	差巴嘎蒿	5.0	28.0
2007	22	(10，10)	大果虫实	3.0	15.0
2007	22	(10，10)	地锦	27.0	4.0
2007	22	(10，10)	地梢瓜	5.0	18.0
2007	22	(10，10)	狗尾草	4.0	22.0
2007	22	(10，10)	止血马唐	12.0	22.0
2007	22	(10，10)	砂蓝刺头	9.0	5.0
2007	22	(10，10)	猪毛菜	6.0	12.0
2007	22	(10，10)	光梗蒺藜草	1.0	12.0
2007	23	(10，12)	差巴嘎蒿	5.0	32.0
2007	23	(10，12)	大果虫实	1.0	8.0
2007	23	(10，12)	地锦	23.0	7.0
2007	23	(10，12)	地梢瓜	2.0	16.0
2007	23	(10，12)	狗尾草	15.0	13.0
2007	23	(10，12)	止血马唐	4.0	14.0
2007	23	(10，12)	砂蓝刺头	37.0	7.0
2007	23	(10，12)	山苦荬	1.0	25.0
2007	23	(10，12)	光梗蒺藜草	1.0	17.0
2007	24	(10，14)	差巴嘎蒿	4.0	36.0
2007	24	(10，14)	地锦	15.0	4.0
2007	24	(10，14)	地梢瓜	11.0	7.0
2007	24	(10，14)	狗尾草	22.0	16.0
2007	24	(10，14)	止血马唐	1.0	9.0
2007	24	(10，14)	砂蓝刺头	6.0	4.0
2007	24	(10，14)	雾冰藜	1.0	25.0
2007	24	(10，14)	猪毛菜	4.0	20.0
2007	25	(10，16)	差巴嘎蒿	5.0	38.0
2007	25	(10，16)	达乌里胡枝子	3.0	28.0
2007	25	(10，16)	地锦	23.0	2.0
2007	25	(10，16)	狗尾草	11.0	26.0
2007	25	(10，16)	画眉草	26.0	11.0
2007	25	(10，16)	止血马唐	8.0	8.0
2007	25	(10，16)	砂蓝刺头	32.0	7.0
2007	25	(10，16)	雾冰藜	7.0	14.0
2007	25	(10，16)	猪毛菜	1.0	12.0
2007	26	(10，18)	差巴嘎蒿	5.0	35.0
2007	26	(10，18)	达乌里胡枝子	4.0	8.0

（续）

年份	样方号	位点	植物种名	株（丛）数（株或丛/样方）	高度（cm）
2007	26	(10, 18)	大果虫实	1.0	8.0
2007	26	(10, 18)	地锦	24.0	5.0
2007	26	(10, 18)	地梢瓜	3.0	12.0
2007	26	(10, 18)	狗尾草	11.0	15.0
2007	26	(10, 18)	画眉草	12.0	20.0
2007	26	(10, 18)	尖头叶藜	1.0	11.0
2007	26	(10, 18)	止血马唐	8.0	17.0
2007	26	(10, 18)	三芒草	1.0	20.0
2007	26	(10, 18)	砂蓝刺头	3.0	6.0
2007	26	(10, 18)	雾冰藜	1.0	12.0
2007	27	(10, 20)	差巴嘎蒿	3.0	36.0
2007	27	(10, 20)	地锦	8.0	3.0
2007	27	(10, 20)	地梢瓜	5.0	11.0
2007	27	(10, 20)	杠柳	2.0	80.0
2007	27	(10, 20)	狗尾草	11.0	28.0
2007	27	(10, 20)	止血马唐	7.0	15.0
2007	27	(10, 20)	三芒草	1.0	18.0
2007	27	(10, 20)	砂蓝刺头	2.0	4.0
2007	27	(10, 20)	雾冰藜	2.0	9.0
2007	28	(10, 22)	差巴嘎蒿	4.0	23.0
2007	28	(10, 22)	地锦	25.0	4.0
2007	28	(10, 22)	地梢瓜	4.0	15.0
2007	28	(10, 22)	狗尾草	26.0	22.0
2007	28	(10, 22)	画眉草	25.0	20.0
2007	28	(10, 22)	止血马唐	13.0	22.0
2007	28	(10, 22)	砂蓝刺头	1.0	5.0
2007	28	(10, 22)	雾冰藜	4.0	7.0
2007	29	(10, 24)	差巴嘎蒿	3.0	30.0
2007	29	(10, 24)	地肤	1.0	11.0
2007	29	(10, 24)	地锦	29.0	4.0
2007	29	(10, 24)	地梢瓜	2.0	9.0
2007	29	(10, 24)	狗尾草	7.0	8.0
2007	29	(10, 24)	画眉草	42.0	18.0
2007	29	(10, 24)	黄蒿	1.0	1.0
2007	29	(10, 24)	雾冰藜	1.0	14.0
2007	29	(10, 24)	山苦荬	1.0	6.0
2007	30	(10, 26)	差巴嘎蒿	2.0	40.0
2007	30	(10, 26)	地锦	17.0	6.0
2007	30	(10, 26)	地梢瓜	5.0	10.0
2007	30	(10, 26)	狗尾草	9.0	31.0
2007	30	(10, 26)	画眉草	145.0	38.0
2007	30	(10, 26)	雾冰藜	1.0	18.0
2007	30	(10, 26)	小叶锦鸡儿	1.0	75.0
2007	31	(10, 28)	差巴嘎蒿	4.0	36.0
2007	31	(10, 28)	地锦	16.0	6.0
2007	31	(10, 28)	地梢瓜	1.0	7.0
2007	31	(10, 28)	狗尾草	2.0	26.0

（续）

年份	样方号	位点	植物种名	株（丛）数（株或丛/样方）	高度（cm）
2007	31	(10, 28)	画眉草	115.0	20.0
2007	31	(10, 28)	止血马唐	3.0	20.0
2007	31	(10, 28)	砂蓝刺头	2.0	6.0
2007	31	(10, 28)	雾冰藜	3.0	21.0
2007	31	(10, 28)	猪毛菜	4.0	20.0
2007	32	(10, 30)	差巴嘎蒿	4.0	30.0
2007	32	(10, 30)	地锦	15.0	4.0
2007	32	(10, 30)	地梢瓜	6.0	9.0
2007	32	(10, 30)	狗尾草	1.0	13.0
2007	32	(10, 30)	画眉草	8.0	17.0
2007	32	(10, 30)	止血马唐	6.0	18.0
2007	32	(10, 30)	砂蓝刺头	2.0	4.0
2007	32	(10, 30)	雾冰藜	1.0	8.0
2007	32	(10, 30)	山苦荬	5.0	8.5
2007	32	(10, 30)	猪毛菜	1.0	5.0
2007	33	(20, 0)	差巴嘎蒿	5.0	40.0
2007	33	(20, 0)	地锦	8.0	5.0
2007	33	(20, 0)	狗尾草	3.0	16.0
2007	33	(20, 0)	画眉草	1.0	9.0
2007	33	(20, 0)	止血马唐	1.0	14.0
2007	33	(20, 0)	砂蓝刺头	8.0	7.0
2007	33	(20, 0)	菟丝子	1.0	17.0
2007	33	(20, 0)	雾冰藜	5.0	28.0
2007	33	(20, 0)	山苦荬	2.0	16.0
2007	34	(20, 2)	差巴嘎蒿	5.0	43.0
2007	34	(20, 2)	地锦	11.0	7.0
2007	34	(20, 2)	狗尾草	5.0	20.0
2007	34	(20, 2)	画眉草	3.0	14.0
2007	34	(20, 2)	止血马唐	2.0	12.0
2007	34	(20, 2)	砂蓝刺头	3.0	5.0
2007	34	(20, 2)	雾冰藜	23.0	40.0
2007	34	(20, 2)	猪毛菜	17.0	20.0
2007	35	(20, 4)	差巴嘎蒿	3.0	30.0
2007	35	(20, 4)	达乌里胡枝子	1.0	9.0
2007	35	(20, 4)	地锦	7.0	10.0
2007	35	(20, 4)	狗尾草	20.0	21.0
2007	35	(20, 4)	雾冰藜	1.0	32.0
2007	35	(20, 4)	猪毛菜	3.0	35.0
2007	35	(20, 4)	小叶锦鸡儿	1.0	8.0
2007	36	(20, 6)	白草	2.0	59.0
2007	36	(20, 6)	差巴嘎蒿	4.0	54.0
2007	36	(20, 6)	达乌里胡枝子	2.0	16.0
2007	36	(20, 6)	地锦	6.0	5.0
2007	36	(20, 6)	地梢瓜	2.0	5.0
2007	36	(20, 6)	狗尾草	17.0	27.0
2007	36	(20, 6)	止血马唐	1.0	20.0
2007	36	(20, 6)	砂蓝刺头	2.0	6.0

（续）

年份	样方号	位点	植物种名	株（丛）数（株或丛/样方）	高度（cm）
2007	36	(20，6)	雾冰藜	1.0	26.0
2007	36	(20，6)	猪毛菜	1.0	5.0
2007	36	(20，6)	光梗蒺藜草	1.0	22.0
2007	37	(20，8)	差巴嘎蒿	4.0	37.0
2007	37	(20，8)	地锦	15.0	6.0
2007	37	(20，8)	地梢瓜	5.0	10.0
2007	37	(20，8)	狗尾草	91.0	21.0
2007	37	(20，8)	止血马唐	26.0	20.0
2007	37	(20，8)	砂蓝刺头	4.0	4.0
2007	37	(20，8)	雾冰藜	6.0	30.0
2007	38	(20，10)	差巴嘎蒿	5.0	58.0
2007	38	(20，10)	地锦	1.0	3.0
2007	38	(20，10)	狗尾草	26.0	78.0
2007	38	(20，10)	画眉草	1.0	9.0
2007	38	(20，10)	止血马唐	9.0	17.0
2007	38	(20，10)	三芒草	1.0	7.0
2007	38	(20，10)	雾冰藜	5.0	25.0
2007	38	(20，10)	猪毛菜	1.0	20.0
2007	39	(20，12)	扁蓿豆	1.0	23.0
2007	39	(20，12)	差巴嘎蒿	2.0	43.0
2007	39	(20，12)	地锦	8.0	16.0
2007	39	(20，12)	地梢瓜	1.0	17.0
2007	39	(20，12)	狗尾草	1.0	37.0
2007	39	(20，12)	猪毛菜	1.0	26.0
2007	39	(20，12)	羊草	2.0	36.0
2007	40	(20，14)	差巴嘎蒿	4.0	35.0
2007	40	(20，14)	达乌里胡枝子	6.0	6.0
2007	40	(20，14)	地锦	5.0	2.0
2007	40	(20，14)	画眉草	14.0	33.0
2007	40	(20，14)	地肤	1.0	10.0
2007	40	(20，14)	止血马唐	8.0	17.0
2007	40	(20，14)	三芒草	1.0	41.0
2007	40	(20，14)	雾冰藜	3.0	12.0
2007	40	(20，14)	山苦荬	1.0	8.0
2007	40	(20，14)	猪毛菜	1.0	10.0
2007	40	(20，14)	光梗蒺藜草	1.0	16.0
2007	41	(20，16)	差巴嘎蒿	3.0	30.0
2007	41	(20，16)	地锦	6.0	4.0
2007	41	(20，16)	地梢瓜	5.0	9.0
2007	41	(20，16)	狗尾草	11.0	15.0
2007	41	(20，16)	画眉草	2.0	10.0
2007	41	(20，16)	止血马唐	7.0	12.0
2007	41	(20，16)	砂蓝刺头	2.0	4.0
2007	41	(20，16)	雾冰藜	1.0	9.0
2007	41	(20，16)	山苦荬	1.0	11.0
2007	41	(20，16)	猪毛菜	1.0	8.0
2007	42	(20，18)	差巴嘎蒿	5.0	42.0

（续）

年份	样方号	位点	植物种名	株（丛）数 （株或丛/样方）	高度（cm）
2007	42	(20，18)	达乌里胡枝子	1.0	8.0
2007	42	(20，18)	大果虫实	4.0	12.0
2007	42	(20，18)	地锦	2.0	3.0
2007	42	(20，18)	地梢瓜	1.0	13.0
2007	42	(20，18)	狗尾草	9.0	36.0
2007	42	(20，18)	画眉草	14.0	14.0
2007	42	(20，18)	地肤	2.0	12.0
2007	42	(20，18)	止血马唐	16.0	14.0
2007	42	(20，18)	三芒草	1.0	24.0
2007	42	(20，18)	砂蓝刺头	6.0	4.5
2007	42	(20，18)	雾冰藜	2.0	12.0
2007	42	(20，18)	山苦荬	3.0	13.0
2007	43	(20，20)	差巴嘎蒿	5.0	36.0
2007	43	(20，20)	达乌里胡枝子	1.0	3.0
2007	43	(20，20)	大果虫实	4.0	11.0
2007	43	(20，20)	地锦	5.0	2.0
2007	43	(20，20)	狗尾草	5.0	21.0
2007	43	(20，20)	画眉草	16.0	20.0
2007	43	(20，20)	止血马唐	9.0	10.0
2007	43	(20，20)	三芒草	3.0	20.0
2007	43	(20，20)	砂蓝刺头	2.0	13.0
2007	43	(20，20)	猪毛菜	1.0	5.0
2007	44	(20，22)	差巴嘎蒿	3.0	37.0
2007	44	(20，22)	达乌里胡枝子	1.0	16.0
2007	44	(20，22)	大果虫实	1.0	12.0
2007	44	(20，22)	地锦	8.0	6.0
2007	44	(20，22)	地梢瓜	2.0	14.0
2007	44	(20，22)	狗尾草	13.0	26.5
2007	44	(20，22)	画眉草	5.0	11.0
2007	44	(20，22)	止血马唐	12.0	18.0
2007	44	(20，22)	三芒草	1.0	13.0
2007	44	(20，22)	砂蓝刺头	23.0	6.0
2007	44	(20，22)	山苦荬	6.0	10.0
2007	44	(20，22)	猪毛菜	3.0	9.0
2007	45	(20，24)	差巴嘎蒿	2.0	15.0
2007	45	(20，24)	达乌里胡枝子	4.0	17.0
2007	45	(20，24)	大果虫实	2.0	12.0
2007	45	(20，24)	地锦	8.0	3.0
2007	45	(20，24)	狗尾草	23.0	12.0
2007	45	(20，24)	画眉草	30.0	17.0
2007	45	(20，24)	地肤	1.0	7.0
2007	45	(20，24)	尖头叶藜	1.0	10.0
2007	45	(20，24)	止血马唐	7.0	10.0
2007	45	(20，24)	砂蓝刺头	18.0	6.0
2007	46	(20，26)	差巴嘎蒿	4.0	23.0
2007	46	(20，26)	大果虫实	1.0	12.0
2007	46	(20，26)	地锦	11.0	4.0

（续）

年份	样方号	位点	植物种名	株（丛）数（株或丛/样方）	高度（cm）
2007	46	(20, 26)	地梢瓜	3.0	10.0
2007	46	(20, 26)	狗尾草	16.0	34.0
2007	46	(20, 26)	画眉草	5.0	12.0
2007	46	(20, 26)	尖头叶藜	4.0	13.0
2007	46	(20, 26)	止血马唐	4.0	11.0
2007	46	(20, 26)	砂蓝刺头	11.0	3.0
2007	46	(20, 26)	雾冰藜	2.0	11.0
2007	46	(20, 26)	山苦荬	4.0	14.0
2007	47	(20, 28)	差巴嘎蒿	3.0	50.0
2007	47	(20, 28)	地锦	12.0	6.0
2007	47	(20, 28)	狗尾草	26.0	20.0
2007	47	(20, 28)	画眉草	10.0	18.0
2007	47	(20, 28)	地肤	17.0	6.0
2007	47	(20, 28)	止血马唐	4.0	16.0
2007	47	(20, 28)	三芒草	2.0	24.0
2007	47	(20, 28)	砂蓝刺头	63.0	6.0
2007	47	(20, 28)	山苦荬	2.0	12.0
2007	47	(20, 28)	猪毛菜	6.0	16.0
2007	48	(20, 30)	差巴嘎蒿	3.0	24.0
2007	48	(20, 30)	达乌里胡枝子	1.0	4.0
2007	48	(20, 30)	地锦	15.0	3.0
2007	48	(20, 30)	地梢瓜	1.0	7.0
2007	48	(20, 30)	狗尾草	15.0	25.0
2007	48	(20, 30)	画眉草	32.0	15.0
2007	48	(20, 30)	止血马唐	4.0	13.0
2007	48	(20, 30)	砂蓝刺头	14.0	4.0
2007	48	(20, 30)	雾冰藜	1.0	7.0
2007	48	(20, 30)	山苦荬	2.0	8.0
2007	48	(20, 30)	猪毛菜	3.0	11.0
2006	1	(0, 0)	差巴嘎蒿	6.0	38.0
2006	1	(0, 0)	长穗虫实	17.0	10.0
2006	1	(0, 0)	地锦	33.0	3.0
2006	1	(0, 0)	狗尾草	4.0	7.0
2006	1	(0, 0)	毛马唐	3.0	6.0
2006	1	(0, 0)	三芒草	4.0	21.0
2006	1	(0, 0)	菟丝子	10.0	5.0
2006	1	(0, 0)	雾冰藜	5.0	11.0
2006	2	(0, 2)	差巴嘎蒿	5.0	26.5
2006	2	(0, 2)	长穗虫实	4.0	22.0
2006	2	(0, 2)	地锦	41.0	5.0
2006	2	(0, 2)	狗尾草	3.0	28.0
2006	2	(0, 2)	毛马唐	2.0	8.5
2006	2	(0, 2)	菟丝子	3.0	6.0
2006	2	(0, 2)	狭叶苦荬菜	1.0	26.0
2006	3	(0, 4)	差巴嘎蒿	4.0	27.0
2006	3	(0, 4)	长穗虫实	11.0	13.0
2006	3	(0, 4)	地锦	44.0	5.0

（续）

年份	样方号	位点	植物种名	株（丛）数（株或丛/样方）	高度（cm）
2006	3	(0，4)	地梢瓜	2.0	6.0
2006	3	(0，4)	狗尾草	2.0	28.0
2006	3	(0，4)	毛马唐	9.0	25.0
2006	3	(0，4)	菟丝子	2.0	8.0
2006	3	(0，4)	雾冰藜	2.0	14.0
2006	3	(0，4)	狭叶苦荬菜	3.0	13.5
2006	4	(0，6)	差巴嘎蒿	6.0	27.0
2006	4	(0，6)	长穗虫实	11.0	16.0
2006	4	(0，6)	地锦	54.0	9.0
2006	4	(0，6)	狗尾草	4.0	32.0
2006	4	(0，6)	毛马唐	3.0	16.0
2006	4	(0，6)	雾冰藜	8.0	15.0
2006	5	(0，8)	扁蓿豆	7.0	18.5
2006	5	(0，8)	差巴嘎蒿	5.0	31.0
2006	5	(0，8)	地锦	16.0	5.5
2006	5	(0，8)	地梢瓜	2.0	9.5
2006	5	(0，8)	狗尾草	2.0	15.0
2006	5	(0，8)	画眉草	2.0	17.5
2006	5	(0，8)	毛马唐	14.0	28.0
2006	5	(0，8)	三芒草	1.0	44.5
2006	5	(0，8)	雾冰藜	2.0	22.0
2006	5	(0，8)	猪毛菜	1.0	20.0
2006	6	(0，10)	扁蓿豆	6.0	20.0
2006	6	(0，10)	差巴嘎蒿	5.0	26.5
2006	6	(0，10)	长穗虫实	8.0	5.0
2006	6	(0，10)	地锦	41.0	6.5
2006	6	(0，10)	狗尾草	3.0	11.0
2006	6	(0，10)	画眉草	3.0	11.0
2006	6	(0，10)	毛马唐	8.0	12.0
2006	6	(0，10)	雾冰藜	11.0	19.5
2006	7	(0，12)	扁蓿豆	2.0	23.0
2006	7	(0，12)	差巴嘎蒿	6.0	28.5
2006	7	(0，12)	长穗虫实	1.0	6.5
2006	7	(0，12)	地锦	33.0	7.0
2006	7	(0，12)	地梢瓜	2.0	10.5
2006	7	(0，12)	狗尾草	2.0	40.0
2006	7	(0，12)	毛马唐	5.0	17.0
2006	7	(0，12)	雾冰藜	4.0	22.5
2006	7	(0，12)	狭叶苦荬菜	1.0	13.5
2006	7	(0，12)	光梗蒺藜草	1.0	15.0
2006	8	(0，14)	扁蓿豆	2.0	23.0
2006	8	(0，14)	差巴嘎蒿	4.0	29.0
2006	8	(0，14)	长穗虫实	8.0	14.0
2006	8	(0，14)	地锦	9.0	5.0
2006	8	(0，14)	地梢瓜	2.0	14.5
2006	8	(0，14)	狗尾草	6.0	31.0
2006	8	(0，14)	毛马唐	2.0	4.5

（续）

年份	样方号	位点	植物种名	株（丛）数（株或丛/样方）	高度（cm）
2006	8	(0，14)	砂蓝刺头	1.0	18.0
2006	8	(0，14)	雾冰藜	4.0	15.5
2006	8	(0，14)	狭叶苦荬菜	1.0	9.0
2006	8	(0，14)	猪毛菜	1.0	3.5
2006	9	(0，16)	扁蓿豆	3.0	12.0
2006	9	(0，16)	差巴嘎蒿	5.0	26.0
2006	9	(0，16)	长穗虫实	3.0	5.0
2006	9	(0，16)	地锦	6.0	3.0
2006	9	(0，16)	毛马唐	1.0	5.0
2006	9	(0，16)	雾冰藜	5.0	22.5
2006	9	(0，16)	狭叶苦荬菜	2.0	15.0
2006	9	(0，16)	猪毛菜	1.0	2.0
2006	10	(0，18)	扁蓿豆	4.0	28.0
2006	10	(0，18)	差巴嘎蒿	5.0	16.5
2006	10	(0，18)	长穗虫实	8.0	16.0
2006	10	(0，18)	地锦	16.0	6.0
2006	10	(0，18)	狗尾草	2.0	18.5
2006	10	(0，18)	画眉草	2.0	25.0
2006	10	(0，18)	毛马唐	2.0	28.0
2006	10	(0，18)	三芒草	1.0	34.0
2006	10	(0，18)	雾冰藜	3.0	18.0
2006	10	(0，18)	猪毛菜	1.0	14.0
2006	11	(0，20)	扁蓿豆	1.0	14.0
2006	11	(0，20)	差巴嘎蒿	3.0	19.0
2006	11	(0，20)	长穗虫实	10.0	12.0
2006	11	(0，20)	地锦	12.0	3.0
2006	11	(0，20)	地梢瓜	3.0	3.5
2006	11	(0，20)	狗尾草	2.0	13.0
2006	12	(0，22)	扁蓿豆	3.0	15.0
2006	12	(0，22)	差巴嘎蒿	3.0	25.0
2006	12	(0，22)	长穗虫实	2.0	12.0
2006	12	(0，22)	达乌里胡枝子	1.0	9.0
2006	12	(0，22)	地锦	13.0	1.5
2006	12	(0，22)	地梢瓜	1.0	16.0
2006	12	(0，22)	狗尾草	2.0	8.0
2006	12	(0，22)	毛马唐	1.0	15.5
2006	12	(0，22)	雾冰藜	3.0	28.0
2006	13	(0，24)	扁蓿豆	7.0	27.0
2006	13	(0，24)	差巴嘎蒿	5.0	24.0
2006	13	(0，24)	长穗虫实	1.0	13.0
2006	13	(0，24)	地锦	6.0	3.0
2006	13	(0，24)	地梢瓜	4.0	17.0
2006	13	(0，24)	狗尾草	1.0	10.0
2006	13	(0，24)	雾冰藜	1.0	6.0
2006	14	(0，26)	扁蓿豆	6.0	14.0
2006	14	(0，26)	差巴嘎蒿	4.0	23.0
2006	14	(0，26)	长穗虫实	7.0	12.0

（续）

年份	样方号	位点	植物种名	株（丛）数（株或丛/样方）	高度（cm）
2006	14	(0, 26)	地锦	40.0	3.0
2006	14	(0, 26)	地梢瓜	2.0	4.0
2006	14	(0, 26)	狗尾草	1.0	12.0
2006	14	(0, 26)	雾冰藜	3.0	24.0
2006	14	(0, 26)	狭叶苦荬菜	1.0	10.0
2006	14	(0, 26)	猪毛菜	1.0	45.0
2006	15	(0, 28)	扁蓿豆	5.0	34.0
2006	15	(0, 28)	差巴嘎蒿	4.0	33.0
2006	15	(0, 28)	长穗虫实	1.0	7.0
2006	15	(0, 28)	地锦	13.0	3.0
2006	15	(0, 28)	地梢瓜	4.0	14.0
2006	15	(0, 28)	狗尾草	2.0	20.0
2006	15	(0, 28)	画眉草	1.0	19.0
2006	15	(0, 28)	毛马唐	3.0	20.0
2006	15	(0, 28)	三芒草	1.0	38.0
2006	15	(0, 28)	猪毛菜	1.0	18.0
2006	16	(0, 30)	扁蓿豆	1.0	26.0
2006	16	(0, 30)	差巴嘎蒿	4.0	29.0
2006	16	(0, 30)	长穗虫实	9.0	9.0
2006	16	(0, 30)	地锦	15.0	8.0
2006	16	(0, 30)	狗尾草	1.0	6.0
2006	16	(0, 30)	三芒草	14.0	32.0
2006	16	(0, 30)	雾冰藜	1.0	17.0
2006	17	(10, 0)	差巴嘎蒿	4.0	28.0
2006	17	(10, 0)	长穗虫实	2.0	5.5
2006	17	(10, 0)	地锦	8.0	3.0
2006	17	(10, 0)	狗尾草	23.0	37.0
2006	17	(10, 0)	毛马唐	1.0	14.0
2006	17	(10, 0)	砂蓝刺头	2.0	19.0
2006	17	(10, 0)	雾冰藜	5.0	16.0
2006	17	(10, 0)	狭叶苦荬菜	2.0	15.0
2006	18	(10, 2)	差巴嘎蒿	6.0	29.0
2006	18	(10, 2)	长穗虫实	7.0	23.0
2006	18	(10, 2)	达乌里胡枝子	1.0	2.5
2006	18	(10, 2)	地锦	18.0	5.0
2006	18	(10, 2)	狗尾草	3.0	28.0
2006	18	(10, 2)	砂蓝刺头	3.0	31.0
2006	18	(10, 2)	狭叶苦荬菜	3.0	6.0
2006	19	(10, 4)	差巴嘎蒿	5.0	27.0
2006	19	(10, 4)	长穗虫实	9.0	10.0
2006	19	(10, 4)	地锦	20.0	5.0
2006	19	(10, 4)	狗尾草	6.0	29.0
2006	19	(10, 4)	毛马唐	3.0	10.0
2006	19	(10, 4)	砂蓝刺头	8.0	32.0
2006	19	(10, 4)	雾冰藜	2.0	21.0
2006	19	(10, 4)	狭叶苦荬菜	7.0	12.0
2006	19	(10, 4)	猪毛菜	2.0	8.0

（续）

年份	样方号	位点	植物种名	株（丛）数 （株或丛/样方）	高度（cm）
2006	19	(10, 4)	光梗蒺藜草	2.0	21.0
2006	20	(10, 6)	扁蓿豆	1.0	23.0
2006	20	(10, 6)	差巴嘎蒿	4.0	12.0
2006	20	(10, 6)	地锦	51.0	3.5
2006	20	(10, 6)	狗尾草	1.0	9.5
2006	20	(10, 6)	毛马唐	2.0	9.0
2006	20	(10, 6)	雾冰藜	9.0	19.0
2006	20	(10, 6)	狭叶苦荬菜	2.0	16.0
2006	20	(10, 6)	光梗蒺藜草	1.0	15.0
2006	21	(10, 8)	差巴嘎蒿	5.0	22.0
2006	21	(10, 8)	长穗虫实	2.0	3.0
2006	21	(10, 8)	地锦	18.0	4.0
2006	21	(10, 8)	地梢瓜	1.0	4.0
2006	21	(10, 8)	狗尾草	1.0	10.5
2006	21	(10, 8)	毛马唐	10.0	21.0
2006	21	(10, 8)	狭叶苦荬菜	1.0	13.0
2006	22	(10, 10)	长穗虫实	13.0	9.0
2006	22	(10, 10)	地锦	60.0	1.5
2006	22	(10, 10)	地梢瓜	2.0	10.0
2006	22	(10, 10)	狗尾草	3.0	14.5
2006	22	(10, 10)	毛马唐	1.0	13.0
2006	22	(10, 10)	砂蓝刺头	1.0	27.5
2006	22	(10, 10)	雾冰藜	8.0	21.0
2006	23	(10, 12)	差巴嘎蒿	5.0	30.0
2006	23	(10, 12)	长穗虫实	2.0	16.0
2006	23	(10, 12)	地锦	12.0	4.5
2006	23	(10, 12)	毛马唐	1.0	13.0
2006	23	(10, 12)	雾冰藜	2.0	6.0
2006	23	(10, 12)	狭叶苦荬菜	6.0	17.0
2006	24	(10, 14)	差巴嘎蒿	4.0	20.0
2006	24	(10, 14)	长穗虫实	3.0	10.5
2006	24	(10, 14)	地锦	29.0	3.0
2006	24	(10, 14)	狗尾草	2.0	32.0
2006	24	(10, 14)	毛马唐	20.0	26.0
2006	24	(10, 14)	狭叶苦荬菜	1.0	8.0
2006	24	(10, 14)	小叶锦鸡儿	1.0	13.5
2006	25	(10, 16)	差巴嘎蒿	5.0	38.0
2006	25	(10, 16)	地锦	39.0	3.5
2006	25	(10, 16)	狗尾草	2.0	10.0
2006	25	(10, 16)	画眉草	5.0	14.0
2006	25	(10, 16)	毛马唐	2.0	7.0
2006	25	(10, 16)	雾冰藜	1.0	20.0
2006	25	(10, 16)	猪毛菜	2.0	8.0
2006	26	(10, 18)	差巴嘎蒿	5.0	31.0
2006	26	(10, 18)	达乌里胡枝子	1.0	6.5
2006	26	(10, 18)	地锦	14.0	4.0
2006	26	(10, 18)	地梢瓜	3.0	7.0

（续）

年份	样方号	位点	植物种名	株（丛）数 （株或丛/样方）	高度（cm）
2006	26	(10, 18)	狗尾草	4.0	18.0
2006	26	(10, 18)	画眉草	23.0	26.0
2006	26	(10, 18)	毛马唐	3.0	7.0
2006	26	(10, 18)	乳浆大戟	3.0	25.0
2006	26	(10, 18)	雾冰藜	2.0	21.0
2006	26	(10, 18)	光梗蒺藜草	1.0	24.0
2006	27	(10, 20)	差巴嘎蒿	5.0	36.0
2006	27	(10, 20)	地锦	1.0	3.0
2006	27	(10, 20)	画眉草	10.0	29.0
2006	27	(10, 20)	黄蒿	1.0	5.0
2006	27	(10, 20)	毛马唐	1.0	15.0
2006	27	(10, 20)	乳浆大戟	18.0	34.0
2006	27	(10, 20)	雾冰藜	4.0	22.0
2006	27	(10, 20)	猪毛菜	2.0	10.0
2006	28	(10, 22)	差巴嘎蒿	3.0	21.0
2006	28	(10, 22)	长穗虫实	2.0	8.0
2006	28	(10, 22)	达乌里胡枝子	2.0	12.5
2006	28	(10, 22)	地锦	1.0	5.0
2006	28	(10, 22)	地梢瓜	3.0	16.0
2006	28	(10, 22)	狗尾草	6.0	27.0
2006	28	(10, 22)	画眉草	3.0	15.0
2006	28	(10, 22)	毛马唐	4.0	11.0
2006	28	(10, 22)	三芒草	22.0	21.5
2006	28	(10, 22)	砂蓝刺头	2.0	16.0
2006	28	(10, 22)	雾冰藜	3.0	9.0
2006	29	(10, 24)	差巴嘎蒿	5.0	32.0
2006	29	(10, 24)	长穗虫实	3.0	11.0
2006	29	(10, 24)	达乌里胡枝子	2.0	5.0
2006	29	(10, 24)	地锦	2.0	3.0
2006	29	(10, 24)	地梢瓜	4.0	7.0
2006	29	(10, 24)	狗尾草	2.0	20.0
2006	29	(10, 24)	画眉草	1.0	7.0
2006	29	(10, 24)	毛马唐	3.0	7.0
2006	29	(10, 24)	三芒草	1.0	19.0
2006	29	(10, 24)	猪毛菜	2.0	5.0
2006	30	(10, 26)	差巴嘎蒿	4.0	17.0
2006	30	(10, 26)	长穗虫实	3.0	15.5
2006	30	(10, 26)	地锦	11.0	3.0
2006	30	(10, 26)	地梢瓜	2.0	13.0
2006	30	(10, 26)	三芒草	4.0	19.0
2006	30	(10, 26)	雾冰藜	2.0	23.0
2006	30	(10, 26)	狭叶苦荬菜	6.0	25.0
2006	30	(10, 26)	猪毛菜	1.0	3.0
2006	31	(10, 28)	糙隐子草	1.0	30.0
2006	31	(10, 28)	差巴嘎蒿	3.0	34.0
2006	31	(10, 28)	长穗虫实	3.0	16.0
2006	31	(10, 28)	地锦	10.0	7.0

（续）

年份	样方号	位点	植物种名	株（丛）数 （株或丛/样方）	高度（cm）
2006	31	（10，28）	地梢瓜	1.0	11.0
2006	31	（10，28）	狗尾草	2.0	31.0
2006	31	（10，28）	毛马唐	3.0	19.0
2006	31	（10，28）	三芒草	2.0	33.0
2006	31	（10，28）	雾冰藜	1.0	29.0
2006	31	（10，28）	狭叶苦荬菜	3.0	19.0
2006	32	（10，30）	差巴嘎蒿	4.0	28.0
2006	32	（10，30）	地锦	6.0	1.5
2006	32	（10，30）	地梢瓜	1.0	3.0
2006	32	（10，30）	狗尾草	1.0	6.0
2006	32	（10，30）	三芒草	1.0	18.0
2006	32	（10，30）	狭叶苦荬菜	4.0	8.0
2006	33	（20，0）	差巴嘎蒿	4.0	22.0
2006	33	（20，0）	地锦	4.0	2.5
2006	33	（20，0）	狗尾草	2.0	15.0
2006	33	（20，0）	画眉草	1.0	13.0
2006	33	（20，0）	毛马唐	6.0	13.0
2006	33	（20，0）	狭叶苦荬菜	28.0	15.0
2006	33	（20，0）	猪毛菜	1.0	7.0
2006	33	（20，0）	光梗蒺藜草	4.0	12.0
2006	34	（20，2）	扁蓿豆	1.0	28.0
2006	34	（20，2）	差巴嘎蒿	5.0	31.0
2006	34	（20，2）	地锦	3.0	2.0
2006	34	（20，2）	狗尾草	4.0	22.5
2006	34	（20，2）	毛马唐	4.0	13.0
2006	34	（20，2）	砂蓝刺头	1.0	15.0
2006	34	（20，2）	雾冰藜	1.0	9.0
2006	34	（20，2）	狭叶苦荬菜	7.0	23.0
2006	34	（20，2）	光梗蒺藜草	1.0	11.0
2006	35	（20，4）	差巴嘎蒿	3.0	27.0
2006	35	（20，4）	地锦	6.0	2.0
2006	35	（20，4）	狗尾草	5.0	28.0
2006	35	（20，4）	毛马唐	3.0	15.0
2006	35	（20，4）	狭叶苦荬菜	5.0	15.0
2006	35	（20，4）	猪毛菜	2.0	6.0
2006	36	（20，6）	差巴嘎蒿	4.0	26.0
2006	36	（20，6）	长穗虫实	3.0	12.0
2006	36	（20，6）	地锦	11.0	5.0
2006	36	（20，6）	地梢瓜	5.0	13.0
2006	36	（20，6）	狗尾草	8.0	28.0
2006	36	（20，6）	尖头叶藜	7.0	28.0
2006	36	（20，6）	毛马唐	4.0	10.0
2006	36	（20，6）	雾冰藜	2.0	23.0
2006	36	（20，6）	狭叶苦荬菜	12.0	19.0
2006	36	（20，6）	猪毛菜	1.0	10.0
2006	37	（20，8）	差巴嘎蒿	4.0	16.0
2006	37	（20，8）	长穗虫实	5.0	11.0

（续）

年份	样方号	位点	植物种名	株（丛）数（株或丛/样方）	高度（cm）
2006	37	(20，8)	地锦	6.0	4.0
2006	37	(20，8)	地梢瓜	2.0	9.5
2006	37	(20，8)	狗尾草	4.0	3.0
2006	37	(20，8)	毛马唐	4.0	11.0
2006	37	(20，8)	三芒草	1.0	21.0
2006	37	(20，8)	狭叶苦荬菜	47.0	13.0
2006	38	(20，10)	差巴嘎蒿	5.0	32.0
2006	38	(20，10)	地锦	1.0	3.0
2006	38	(20，10)	地梢瓜	6.0	22.0
2006	38	(20，10)	狗尾草	1.0	37.0
2006	38	(20，10)	狭叶苦荬菜	22.0	10.0
2006	39	(20，12)	差巴嘎蒿	5.0	40.0
2006	39	(20，12)	长穗虫实	10.0	13.0
2006	39	(20，12)	地梢瓜	6.0	14.0
2006	39	(20，12)	尖头叶藜	2.0	12.0
2006	39	(20，12)	三芒草	1.0	30.0
2006	39	(20，12)	砂蓝刺头	4.0	17.0
2006	39	(20，12)	狭叶苦荬菜	11.0	13.0
2006	40	(20，14)	差巴嘎蒿	4.0	35.0
2006	40	(20，14)	长穗虫实	1.0	9.0
2006	40	(20，14)	达乌里胡枝子	3.0	6.0
2006	40	(20，14)	地锦	1.0	4.0
2006	40	(20，14)	地梢瓜	4.0	11.0
2006	40	(20，14)	狗尾草	1.0	10.0
2006	40	(20，14)	砂蓝刺头	1.0	22.0
2006	40	(20，14)	雾冰藜	3.0	12.0
2006	40	(20，14)	狭叶苦荬菜	6.0	12.0
2006	40	(20，14)	猪毛菜	3.0	5.0
2006	41	(20，16)	差巴嘎蒿	3.0	15.0
2006	41	(20，16)	长穗虫实	2.0	18.5
2006	41	(20，16)	地梢瓜	8.0	10.0
2006	41	(20，16)	狗尾草	2.0	25.0
2006	41	(20，16)	尖头叶藜	1.0	10.0
2006	41	(20，16)	毛马唐	3.0	14.0
2006	41	(20，16)	三芒草	2.0	20.0
2006	41	(20，16)	雾冰藜	2.0	9.5
2006	41	(20，16)	狭叶苦荬菜	6.0	12.0
2006	42	(20，18)	差巴嘎蒿	4.0	28.0
2006	42	(20，18)	长穗虫实	5.0	16.0
2006	42	(20，18)	地梢瓜	4.0	13.0
2006	42	(20，18)	狗尾草	4.0	35.0
2006	42	(20，18)	尖头叶藜	1.0	19.0
2006	42	(20，18)	毛马唐	1.0	14.0
2006	42	(20，18)	三芒草	3.0	19.0
2006	42	(20，18)	砂蓝刺头	2.0	22.0
2006	42	(20，18)	雾冰藜	1.0	9.0
2006	42	(20，18)	狭叶苦荬菜	10.0	10.0

（续）

年份	样方号	位点	植物种名	株（丛）数（株或丛/样方）	高度（cm）
2006	43	(20, 20)	差巴嘎蒿	5.0	24.0
2006	43	(20, 20)	达乌里胡枝子	1.0	8.5
2006	43	(20, 20)	地锦	22.0	5.0
2006	43	(20, 20)	地梢瓜	4.0	15.0
2006	43	(20, 20)	狗尾草	9.0	29.0
2006	43	(20, 20)	画眉草	3.0	27.0
2006	43	(20, 20)	尖头叶藜	13.0	33.0
2006	43	(20, 20)	毛马唐	6.0	15.0
2006	43	(20, 20)	三芒草	6.0	28.0
2006	43	(20, 20)	砂蓝刺头	1.0	17.0
2006	43	(20, 20)	菟丝子	3.0	14.0
2006	43	(20, 20)	狭叶苦荬菜	4.0	11.0
2006	43	(20, 20)	猪毛菜	1.0	5.0
2006	44	(20, 22)	差巴嘎蒿	4.0	31.0
2006	44	(20, 22)	地锦	2.0	2.5
2006	44	(20, 22)	狗尾草	1.0	11.0
2006	44	(20, 22)	尖头叶藜	4.0	12.0
2006	44	(20, 22)	三芒草	8.0	21.0
2006	44	(20, 22)	雾冰藜	2.0	10.0
2006	44	(20, 22)	狭叶苦荬菜	8.0	17.0
2006	44	(20, 22)	猪毛菜	2.0	6.0
2006	45	(20, 24)	差巴嘎蒿	5.0	31.0
2006	45	(20, 24)	地锦	11.0	3.0
2006	45	(20, 24)	地梢瓜	3.0	10.0
2006	45	(20, 24)	黄蒿	1.0	14.5
2006	45	(20, 24)	尖头叶藜	1.0	6.0
2006	45	(20, 24)	毛马唐	3.0	7.0
2006	45	(20, 24)	砂蓝刺头	1.0	9.5
2006	45	(20, 24)	狭叶苦荬菜	12.0	12.0
2006	46	(20, 26)	差巴嘎蒿	5.0	15.0
2006	46	(20, 26)	长穗虫实	1.0	11.0
2006	46	(20, 26)	地锦	3.0	2.0
2006	46	(20, 26)	狗尾草	1.0	10.5
2006	46	(20, 26)	尖头叶藜	2.0	15.0
2006	46	(20, 26)	毛马唐	1.0	11.0
2006	46	(20, 26)	砂蓝刺头	1.0	25.0
2006	46	(20, 26)	狭叶苦荬菜	14.0	11.5
2006	46	(20, 26)	猪毛菜	1.0	3.0
2006	47	(20, 28)	扁蓿豆	1.0	12.0
2006	47	(20, 28)	差巴嘎蒿	4.0	39.0
2006	47	(20, 28)	长穗虫实	2.0	10.0
2006	47	(20, 28)	地锦	4.0	4.0
2006	47	(20, 28)	狗尾草	2.0	14.0
2006	47	(20, 28)	画眉草	1.0	13.0
2006	47	(20, 28)	砂蓝刺头	2.0	20.0
2006	47	(20, 28)	雾冰藜	2.0	16.0
2006	47	(20, 28)	狭叶苦荬菜	17.0	17.0

（续）

年份	样方号	位点	植物种名	株（丛）数（株或丛/样方）	高度（cm）
2006	47	(20, 28)	猪毛菜	2.0	8.0
2006	48	(20, 30)	扁蓿豆	1.0	27.0
2006	48	(20, 30)	差巴嘎蒿	3.0	28.0
2006	48	(20, 30)	长穗虫实	3.0	7.5
2006	48	(20, 30)	地锦	13.0	1.5
2006	48	(20, 30)	地梢瓜	1.0	12.0
2006	48	(20, 30)	狗尾草	10.0	26.0
2006	48	(20, 30)	画眉草	1.0	27.0
2006	48	(20, 30)	毛马唐	2.0	20.0
2006	48	(20, 30)	雾冰藜	7.0	10.0
2006	48	(20, 30)	狭叶苦荬菜	4.0	13.0
2006	48	(20, 30)	猪毛菜	1.0	2.0
2005	1	(0, 0)	差巴嘎蒿	26.00	1
2005	1	(0, 0)	苦荬菜	12.00	9
2005	1	(0, 0)	扁蓿豆	15.50	1
2005	1	(0, 0)	地锦	3.50	204
2005	1	(0, 0)	虫实	9.50	7
2005	1	(0, 0)	狗尾草	10.00	3
2005	1	(0, 0)	画眉草	12.00	3
2005	1	(0, 0)	马唐	9.00	268
2005	1	(0, 0)	绿藜	7.20	16
2005	2	(0, 2)	差巴嘎蒿	21.00	1
2005	2	(0, 2)	苦荬菜	4.00	2
2005	2	(0, 2)	砂蓝刺头	25.00	1
2005	2	(0, 2)	扁蓿豆	20.00	1
2005	2	(0, 2)	地锦	10.00	248
2005	2	(0, 2)	五星蒿	7.50	1
2005	2	(0, 2)	狗尾草	8.80	2
2005	2	(0, 2)	马唐	5.50	86
2005	2	(0, 2)	虎尾草	8.00	1
2005	2	(0, 2)	绿藜	6.00	17
2005	3	(0, 4)	差巴嘎蒿	46.00	2
2005	3	(0, 4)	苦荬菜	9.30	10
2005	3	(0, 4)	地锦	2.70	96
2005	3	(0, 4)	虫实	12.00	2
2005	3	(0, 4)	五星蒿	8.50	2
2005	3	(0, 4)	狗尾草	6.00	3
2005	3	(0, 4)	猪毛菜	5.50	2
2005	3	(0, 4)	画眉草	8.10	3
2005	3	(0, 4)	马唐	4.00	41
2005	3	(0, 4)	绿藜	4.50	41
2005	3	(0, 4)	小叶锦鸡儿	65.00	1
2005	4	(0, 6)	差巴嘎蒿	8.80	3
2005	4	(0, 6)	苦荬菜	6.00	5
2005	4	(0, 6)	砂蓝刺头	1.50	2
2005	4	(0, 6)	地梢瓜	9.00	1
2005	4	(0, 6)	胡枝子	4.00	1

（续）

年份	样方号	位点	植物种名	株（丛）数 （株或丛/样方）	高度（cm）
2005	4	(0，6)	地锦	1.50	124
2005	4	(0，6)	虫实	6.00	2
2005	4	(0，6)	狗尾草	5.00	1
2005	4	(0，6)	猪毛菜	4.00	1
2005	4	(0，6)	马唐	5.00	102
2005	4	(0，6)	绿藜	6.70	22
2005	5	(0，8)	差巴嘎蒿	12.80	3
2005	5	(0，8)	苦荬菜	15.00	1
2005	5	(0，8)	地梢瓜	4.50	4
2005	5	(0，8)	胡枝子	5.70	3
2005	5	(0，8)	扁蓿豆	11.50	1
2005	5	(0，8)	地锦	5.00	136
2005	5	(0，8)	虫实	8.00	1
2005	5	(0，8)	五星蒿	9.50	1
2005	5	(0，8)	狗尾草	8.50	1
2005	5	(0，8)	画眉草	4.50	1
2005	5	(0，8)	马唐	4.00	112
2005	5	(0，8)	绿藜	5.00	16
2005	6	(0，10)	差巴嘎蒿	32.00	2
2005	6	(0，10)	苦荬菜	2.80	18
2005	6	(0，10)	砂蓝刺头	2.00	1
2005	6	(0，10)	地梢瓜	13.50	5
2005	6	(0，10)	地锦	2.70	12
2005	6	(0，10)	五星蒿	4.70	2
2005	6	(0，10)	狗尾草	11.50	19
2005	6	(0，10)	马唐	8.40	13
2005	6	(0，10)	绿藜	4.00	1
2005	7	(0，12)	差巴嘎蒿	34.00	2
2005	7	(0，12)	苦荬菜	3.00	14
2005	7	(0，12)	地梢瓜	19.00	5
2005	7	(0，12)	虫实	2.00	2
2005	7	(0，12)	狗尾草	18.50	59
2005	7	(0，12)	绿藜	4.00	1
2005	8	(0，14)	差巴嘎蒿	38.00	3
2005	8	(0，14)	苦荬菜	1.80	3
2005	8	(0，14)	砂蓝刺头	4.00	3
2005	8	(0，14)	地梢瓜	9.00	5
2005	8	(0，14)	地锦	1.50	2
2005	8	(0，14)	五星蒿	2.50	1
2005	8	(0，14)	马唐	8.00	2
2005	8	(0，14)	绿藜	2.00	1
2005	9	(0，16)	差巴嘎蒿	26.00	2
2005	9	(0，16)	苦荬菜	1.00	1
2005	9	(0，16)	砂蓝刺头	1.00	1
2005	9	(0，16)	地梢瓜	12.00	1
2005	9	(0，16)	地锦	0.50	1
2005	9	(0，16)	虫实	5.00	1

（续）

年份	样方号	位点	植物种名	株（丛）数 （株或丛/样方）	高度（cm）
2005	9	（0，16）	狗尾草	2.50	4
2005	9	（0，16）	光梗蒺藜草	6.50	1
2005	10	（0，18）	差巴嘎蒿	30.00	2
2005	10	（0，18）	苦荬菜	1.00	1
2005	10	（0，18）	地梢瓜	15.00	2
2005	10	（0，18）	扁蓿豆	49.50	2
2005	10	（0，18）	地锦	2.00	5
2005	10	（0，18）	虫实	7.50	2
2005	10	（0，18）	五星蒿	3.50	1
2005	10	（0，18）	狗尾草	6.30	4
2005	11	（0，20）	差巴嘎蒿	21.00	3
2005	11	（0，20）	苦荬菜	1.50	1
2005	11	（0，20）	扁蓿豆	15.00	1
2005	11	（0，20）	地锦	2.00	12
2005	11	（0，20）	狗尾草	6.00	4
2005	11	（0，20）	马唐	8.00	1
2005	12	（0，22）	差巴嘎蒿	19.00	3
2005	12	（0，22）	地梢瓜	5.50	6
2005	12	（0，22）	扁蓿豆	23.00	1
2005	12	（0，22）	地锦	2.00	3
2005	12	（0，22）	狗尾草	12.50	8
2005	12	（0，22）	马唐	4.25	2
2005	12	（0，22）	绿藜	9.00	1
2005	13	（0，24）	差巴嘎蒿	17.00	16
2005	13	（0，24）	苦荬菜	10.50	4
2005	13	（0，24）	地梢瓜	11.00	1
2005	13	（0，24）	地锦	2.50	57
2005	13	（0，24）	狗尾草	12.80	15
2005	13	（0，24）	马唐	4.50	3
2005	14	（0，26）	差巴嘎蒿	21.50	2
2005	14	（0，26）	苦荬菜	0.75	2
2005	14	（0，26）	地梢瓜	9.30	4
2005	14	（0，26）	扁蓿豆	25.50	2
2005	14	（0，26）	地锦	5.10	69
2005	14	（0，26）	虫实	12.00	2
2005	14	（0，26）	狗尾草	15.00	21
2005	14	（0，26）	马唐	6.80	16
2005	15	（0，28）	差巴嘎蒿	41.00	1
2005	15	（0，28）	苦荬菜	10.00	1
2005	15	（0，28）	砂蓝刺头	2.50	2
2005	15	（0，28）	地梢瓜	7.00	2
2005	15	（0，28）	胡枝子	23.00	7
2005	15	（0，28）	扁蓿豆	28.75	2
2005	15	（0，28）	地锦	2.00	126
2005	15	（0，28）	狗尾草	14.00	9
2005	15	（0，28）	马唐	6.00	3
2005	16	（0，30）	差巴嘎蒿	34.00	1

（续）

年份	样方号	位点	植物种名	株（丛）数（株或丛/样方）	高度（cm）
2005	16	(0, 30)	苦荬菜	12.00	10
2005	16	(0, 30)	地梢瓜	9.00	6
2005	16	(0, 30)	扁蓿豆	25.00	4
2005	16	(0, 30)	地锦	3.00	143
2005	16	(0, 30)	狗尾草	12.00	12
2005	16	(0, 30)	马唐	12.00	5
2005	17	(10, 0)	差巴嘎蒿	15.00	1
2005	17	(10, 0)	砂蓝刺头	2.50	1
2005	17	(10, 0)	地梢瓜	7.00	1
2005	17	(10, 0)	地锦	2.80	216
2005	17	(10, 0)	虫实	9.50	8
2005	17	(10, 0)	狗尾草	13.00	6
2005	17	(10, 0)	画眉草	7.50	12
2005	17	(10, 0)	马唐	13.30	159
2005	17	(10, 0)	绿藜	11.50	12
2005	18	(10, 2)	差巴嘎蒿	16.25	2
2005	18	(10, 2)	地梢瓜	5.00	3
2005	18	(10, 2)	地锦	1.60	124
2005	18	(10, 2)	虫实	10.00	3
2005	18	(10, 2)	五星蒿	5.00	1
2005	18	(10, 2)	狗尾草	8.00	8
2005	18	(10, 2)	马唐	8.20	34
2005	18	(10, 2)	绿藜	3.30	11
2005	19	(10, 4)	差巴嘎蒿	14.00	3
2005	19	(10, 4)	砂蓝刺头	1.60	3
2005	19	(10, 4)	地梢瓜	3.00	1
2005	19	(10, 4)	地锦	1.70	178
2005	19	(10, 4)	虫实	22.30	7
2005	19	(10, 4)	五星蒿	5.00	2
2005	19	(10, 4)	狗尾草	3.60	8
2005	19	(10, 4)	马唐	7.00	14
2005	19	(10, 4)	绿藜	5.00	5
2005	20	(10, 6)	差巴嘎蒿	20.50	4
2005	20	(10, 6)	地锦	2.30	256
2005	20	(10, 6)	虫实	7.50	1
2005	20	(10, 6)	狗尾草	15.50	2
2005	20	(10, 6)	马唐	7.13	92
2005	20	(10, 6)	绿藜	6.30	37
2005	21	(10, 8)	差巴嘎蒿	18.50	2
2005	21	(10, 8)	地梢瓜	3.80	2
2005	21	(10, 8)	扁蓿豆	5.00	1
2005	21	(10, 8)	地锦	1.16	164
2005	21	(10, 8)	虫实	9.00	3
2005	21	(10, 8)	狗尾草	8.00	4
2005	21	(10, 8)	马唐	9.30	29
2005	21	(10, 8)	绿藜	7.30	6
2005	22	(10, 10)	差巴嘎蒿	15.50	3

（续）

年份	样方号	位点	植物种名	株（丛）数（株或丛/样方）	高度（cm）
2005	22	(10, 10)	砂蓝刺头	1.00	1
2005	22	(10, 10)	地锦	1.60	146
2005	22	(10, 10)	虫实	5.80	8
2005	22	(10, 10)	五星蒿	4.25	2
2005	22	(10, 10)	狗尾草	7.80	4
2005	22	(10, 10)	马唐	6.16	7
2005	22	(10, 10)	光梗蒺藜草	6.50	1
2005	22	(10, 10)	小叶锦鸡儿	4.50	1
2005	23	(10, 12)	差巴嘎蒿	18.50	2
2005	23	(10, 12)	砂蓝刺头	1.50	1
2005	23	(10, 12)	扁蓿豆	12.00	1
2005	23	(10, 12)	地锦	2.00	268
2005	23	(10, 12)	狗尾草	6.00	4
2005	23	(10, 12)	马唐	5.60	79
2005	24	(10, 14)	差巴嘎蒿	24.50	2
2005	24	(10, 14)	地梢瓜	6.00	1
2005	24	(10, 14)	胡枝子	4.00	1
2005	24	(10, 14)	扁蓿豆	8.00	1
2005	24	(10, 14)	地锦	1.25	180
2005	24	(10, 14)	虫实	10.00	1
2005	24	(10, 14)	五星蒿	4.00	1
2005	24	(10, 14)	狗尾草	14.00	3
2005	24	(10, 14)	马唐	6.80	5
2005	25	(10, 16)	差巴嘎蒿	7.60	2
2005	25	(10, 16)	扁蓿豆	26.00	1
2005	25	(10, 16)	地锦	0.55	16
2005	25	(10, 16)	虫实	12.00	1
2005	25	(10, 16)	五星蒿	6.00	5
2005	26	(10, 18)	差巴嘎蒿	18.00	2
2005	26	(10, 18)	苦荬菜	8.60	3
2005	26	(10, 18)	砂蓝刺头	1.50	2
2005	26	(10, 18)	地梢瓜	8.00	1
2005	26	(10, 18)	胡枝子	10.00	1
2005	26	(10, 18)	地锦	1.50	164
2005	26	(10, 18)	虫实	11.00	2
2005	26	(10, 18)	五星蒿	3.10	4
2005	26	(10, 18)	狗尾草	10.30	6
2005	26	(10, 18)	画眉草	12.60	20
2005	26	(10, 18)	马唐	7.16	5
2005	26	(10, 18)	绿藜	8.60	5
2005	26	(10, 18)	光梗蒺藜草	5.30	2
2005	27	(10, 20)	差巴嘎蒿	19.40	3
2005	27	(10, 20)	地梢瓜	4.00	1
2005	27	(10, 20)	地锦	1.25	120
2005	27	(10, 20)	狗尾草	4.00	1
2005	27	(10, 20)	马唐	4.70	1
2005	27	(10, 20)	光梗蒺藜草	7.00	1

（续）

年份	样方号	位点	植物种名	株（丛）数（株或丛/样方）	高度（cm）
2005	28	（10，22）	差巴嘎蒿	32.30	4
2005	28	（10，22）	三芒草	7.00	1
2005	28	（10，22）	地锦	1.17	227
2005	28	（10，22）	五星蒿	4.50	1
2005	28	（10，22）	画眉草	7.33	22
2005	28	（10，22）	马唐	6.83	156
2005	28	（10，22）	绿藜	5.75	2
2005	28	（10，22）	光梗蒺藜草	11.67	3
2005	28	（10，22）	小叶锦鸡儿	4.00	2
2005	29	（10，24）	差巴嘎蒿	24.33	3
2005	29	（10，24）	胡枝子	13.50	2
2005	29	（10，24）	扁蓿豆	13.50	2
2005	29	（10，24）	三芒草	23.00	25
2005	29	（10，24）	地锦	1.50	125
2005	29	（10，24）	五星蒿	5.00	3
2005	29	（10，24）	狗尾草	8.30	5
2005	29	（10，24）	画眉草	10.50	6
2005	29	（10，24）	马唐	6.67	16
2005	29	（10，24）	绿藜	3.75	2
2005	30	（10，26）	差巴嘎蒿	28.33	3
2005	30	（10，26）	苦荬菜	7.17	12
2005	30	（10，26）	地梢瓜	11.00	1
2005	30	（10，26）	胡枝子	2.83	5
2005	30	（10，26）	三芒草	16.00	15
2005	30	（10，26）	地锦	2.00	360
2005	30	（10，26）	虫实	21.00	1
2005	30	（10，26）	五星蒿	10.50	6
2005	30	（10，26）	画眉草	5.33	26
2005	30	（10，26）	马唐	7.55	4
2005	30	（10，26）	绿藜	5.17	6
2005	30	（10，26）	光梗蒺藜草	6.50	1
2005	31	（10，28）	差巴嘎蒿	28.33	3
2005	31	（10，28）	苦荬菜	8.50	8
2005	31	（10，28）	砂蓝刺头	3.25	2
2005	31	（10，28）	地梢瓜	9.50	2
2005	31	（10，28）	胡枝子	4.00	1
2005	31	（10，28）	地锦	2.00	24
2005	31	（10，28）	虫实	20.00	1
2005	31	（10，28）	五星蒿	5.00	1
2005	31	（10，28）	马唐	13.00	1
2005	31	（10，28）	绿藜	3.00	2
2005	32	（10，30）	差巴嘎蒿	18.00	2
2005	32	（10，30）	砂蓝刺头	1.17	4
2005	32	（10，30）	地梢瓜	3.17	5
2005	32	（10，30）	胡枝子	4.50	1
2005	32	（10，30）	三芒草	7.00	1
2005	32	（10，30）	地锦	2.00	129

（续）

年份	样方号	位点	植物种名	株（丛）数（株或丛/样方）	高度（cm）
2005	32	（10，30）	狗尾草	10.00	1
2005	32	（10，30）	画眉草	5.00	1
2005	32	（10，30）	马唐	4.50	1
2005	33	（20，0）	差巴嘎蒿	12.50	1
2005	33	（20，0）	苦荬菜	8.83	4
2005	33	（20，0）	砂蓝刺头	1.50	1
2005	33	（20，0）	地梢瓜	4.75	2
2005	33	（20，0）	地锦	3.00	54
2005	33	（20，0）	狗尾草	5.83	4
2005	33	（20，0）	马唐	2.25	2
2005	34	（20，2）	差巴嘎蒿	26.50	2
2005	34	（20，2）	苦荬菜	11.00	1
2005	34	（20，2）	砂蓝刺头	2.00	1
2005	34	（20，2）	地锦	1.33	27
2005	34	（20，2）	虫实	9.33	3
2005	34	（20，2）	五星蒿	2.50	3
2005	34	（20，2）	狗尾草	4.00	1
2005	34	（20，2）	马唐	2.25	2
2005	34	（20，2）	绿藜	8.00	1
2005	35	（20，4）	差巴嘎蒿	24.50	2
2005	35	（20，4）	地锦	2.17	53
2005	35	（20，4）	虫实	9.50	1
2005	35	（20，4）	五星蒿	3.50	1
2005	35	（20，4）	狗尾草	7.33	14
2005	35	（20，4）	马唐	7.67	3
2005	36	（20，6）	差巴嘎蒿	24.00	4
2005	36	（20，6）	苦荬菜	4.75	2
2005	36	（20，6）	地梢瓜	15.50	1
2005	36	（20，6）	地锦	4.83	71
2005	36	（20，6）	狗尾草	20.33	25
2005	36	（20，6）	马唐	14.17	6
2005	37	（20，8）	差巴嘎蒿	23.00	4
2005	37	（20，8）	地梢瓜	9.00	3
2005	37	（20，8）	地锦	3.83	163
2005	37	（20，8）	五星蒿	3.00	1
2005	37	（20，8）	狗尾草	11.67	7
2005	37	（20，8）	马唐	6.00	31
2005	38	（20，10）	差巴嘎蒿	22.50	2
2005	38	（20，10）	苦荬菜	2.00	1
2005	38	（20，10）	胡枝子	30.00	1
2005	38	（20，10）	地锦	1.33	104
2005	38	（20，10）	虫实	4.00	1
2005	38	（20，10）	五星蒿	5.50	1
2005	38	（20，10）	狗尾草	9.00	8
2005	38	（20，10）	画眉草	4.00	2
2005	38	（20，10）	马唐	6.00	6
2005	39	（20，12）	差巴嘎蒿	15.33	3

（续）

年份	样方号	位点	植物种名	株（丛）数（株或丛/样方）	高度（cm）
2005	39	(20, 12)	地梢瓜	6.17	4
2005	39	(20, 12)	胡枝子	5.33	4
2005	39	(20, 12)	地锦	1.50	47
2005	39	(20, 12)	狗尾草	10.60	6
2005	39	(20, 12)	马唐	6.00	11
2005	40	(20, 14)	差巴嘎蒿	9.50	2
2005	40	(20, 14)	地梢瓜	5.00	1
2005	40	(20, 14)	地锦	2.50	64
2005	40	(20, 14)	狗尾草	10.72	2
2005	40	(20, 14)	画眉草	7.00	2
2005	40	(20, 14)	马唐	7.67	7
2005	41	(20, 16)	差巴嘎蒿	23.33	3
2005	41	(20, 16)	砂蓝刺头	1.00	1
2005	41	(20, 16)	地梢瓜	6.33	3
2005	41	(20, 16)	地锦	1.83	147
2005	41	(20, 16)	五星蒿	3.50	2
2005	41	(20, 16)	狗尾草	8.00	1
2005	41	(20, 16)	画眉草	3.00	1
2005	41	(20, 16)	马唐	5.50	4
2005	42	(20, 18)	差巴嘎蒿	28.00	2
2005	42	(20, 18)	苦荬菜	7.00	1
2005	42	(20, 18)	黄蒿	31.75	2
2005	42	(20, 18)	地梢瓜	6.00	3
2005	42	(20, 18)	地锦	1.50	153
2005	42	(20, 18)	虫实	8.50	1
2005	42	(20, 18)	五星蒿	6.30	2
2005	42	(20, 18)	画眉草	6.00	1
2005	43	(20, 20)	差巴嘎蒿	17.00	2
2005	43	(20, 20)	地锦	5.75	29
2005	44	(20, 22)	差巴嘎蒿	27.50	4
2005	44	(20, 22)	苦荬菜	3.00	1
2005	44	(20, 22)	地梢瓜	7.00	1
2005	44	(20, 22)	地锦	2.83	117
2005	44	(20, 22)	虫实	8.17	3
2005	44	(20, 22)	五星蒿	10.00	1
2005	44	(20, 22)	狗尾草	9.67	7
2005	44	(20, 22)	画眉草	13.00	1
2005	44	(20, 22)	马唐	18.00	2
2005	45	(20, 24)	差巴嘎蒿	17.00	2
2005	45	(20, 24)	地梢瓜	3.17	7
2005	45	(20, 24)	胡枝子	5.00	1
2005	45	(20, 24)	地锦	0.67	81
2005	45	(20, 24)	狗尾草	4.00	1
2005	45	(20, 24)	小叶锦鸡儿	6.00	1
2005	46	(20, 26)	差巴嘎蒿	28.50	2
2005	46	(20, 26)	砂蓝刺头	2.17	4
2005	46	(20, 26)	地梢瓜	6.50	2

（续）

年份	样方号	位点	植物种名	株（丛）数 （株或丛/样方）	高度（cm）
2005	46	(20, 26)	地锦	1.83	76
2005	46	(20, 26)	狗尾草	8.83	11
2005	46	(20, 26)	马唐	7.00	3
2005	46	(20, 26)	绿藜	2.00	1
2005	47	(20, 28)	差巴嘎蒿	21.50	2
2005	47	(20, 28)	地梢瓜	6.00	1
2005	47	(20, 28)	胡枝子	17.00	1
2005	47	(20, 28)	地锦	2.83	74
2005	47	(20, 28)	狗尾草	13.67	23
2005	47	(20, 28)	马唐	9.00	6
2005	48	(20, 30)	差巴嘎蒿	28.50	2
2005	48	(20, 30)	苦荬菜	2.00	2
2005	48	(20, 30)	砂蓝刺头	12.17	3
2005	48	(20, 30)	黄蒿	24.67	3
2005	48	(20, 30)	地梢瓜	7.50	1
2005	48	(20, 30)	扁蓿豆	16.00	1
2005	48	(20, 30)	三芒草	11.00	6
2005	48	(20, 30)	地锦	1.50	46
2005	48	(20, 30)	狗尾草	4.33	9
2005	48	(20, 30)	马唐	8.33	49

（3）流动沙丘辅助观测场

表 4 - 12　流动沙丘辅助观测场植被空间格局变化

年份	样方号	位点	植物种名	株（丛）数 （株或丛/样方）	高度（cm）
2008	1	(00, 00)	差巴嘎蒿	2.0	32.0
2008	1	(00, 00)	沙蓬	3.0	25.0
2008	1	(00, 00)	地梢瓜	2.0	4.0
2008	1	(00, 00)	光梗蒺藜草	9.0	21.0
2008	1	(00, 00)	大果虫实	5.0	12.0
2008	2	(00, 02)	差巴嘎蒿	2.0	10.0
2008	2	(00, 02)	沙蓬	1.0	19.0
2008	2	(00, 02)	地梢瓜	2.0	6.5
2008	2	(00, 02)	光梗蒺藜草	16.0	11.0
2008	2	(00, 02)	大果虫实	2.0	4.0
2008	3	(00, 04)	大果虫实	2.0	3.5
2008	3	(00, 04)	地梢瓜	3.0	6.0
2008	3	(00, 04)	差巴嘎蒿	2.0	4.0
2008	4	(00, 06)	差巴嘎蒿	1.0	62.0
2008	4	(00, 06)	猪毛菜	1.0	2.0
2008	4	(00, 06)	地梢瓜	2.0	5.5
2008	4	(00, 06)	光梗蒺藜草	1.0	5.0
2008	5	(00, 08)	差巴嘎蒿	1.0	4.0
2008	5	(00, 08)	地梢瓜	4.0	5.0
2008	5	(00, 08)	光梗蒺藜草	6.0	2.5

（续）

年份	样方号	位点	植物种名	株（丛）数（株或丛/样方）	高度（cm）
2008	6	(00，10)	大果虫实	1.0	4.0
2008	6	(00，10)	沙蓬	2.0	6.0
2008	6	(00，10)	差巴嘎蒿	2.0	13.0
2008	6	(00，10)	光梗蒺藜草	3.0	4.5
2008	7	(00，12)	沙地旋覆花	1.0	15.0
2008	7	(00，12)	差巴嘎蒿	2.0	30.0
2008	7	(00，12)	砂蓝刺头	1.0	20.0
2008	7	(00，12)	光梗蒺藜草	2.0	9.0
2008	7	(00，12)	地梢瓜	1.0	6.5
2008	7	(00，12)	雾冰藜	1.0	3.5
2008	7	(00，12)	大果虫实	1.0	3.0
2008	8	(00，14)	光梗蒺藜草	7.0	6.0
2008	8	(00，14)	差巴嘎蒿	2.0	11.0
2008	8	(00，14)	沙地旋覆花	1.0	5.0
2008	9	(00，16)	沙地旋覆花	11.0	18.0
2008	9	(00，16)	光梗蒺藜草	2.0	15.0
2008	10	(00，18)	沙地旋覆花	10.0	23.0
2008	10	(00，18)	苦苣菜	4.0	6.0
2008	10	(00，18)	差巴嘎蒿	1.0	8.0
2008	10	(00，18)	沙蓬	6.0	9.0
2008	10	(00，18)	光梗蒺藜草	2.0	45.0
2008	11	(00，20)	沙地旋覆花	8.0	22.0
2008	11	(00，20)	沙蓬	21.0	5.0
2008	11	(00，20)	苦苣菜	2.0	6.0
2008	11	(00，20)	雾冰藜	1.0	5.5
2008	11	(00，20)	大果虫实	1.0	8.0
2008	12	(00，22)	沙地旋覆花	12.0	23.0
2008	12	(00，22)	光梗蒺藜草	163.0	20.0
2008	12	(00，22)	狗尾草	2.0	14.0
2008	12	(00，22)	地梢瓜	1.0	8.0
2008	13	(00，24)	差巴嘎蒿	1.0	5.0
2008	13	(00，24)	沙地旋覆花	12.0	16.0
2008	13	(00，24)	地梢瓜	1.0	7.0
2008	13	(00，24)	光梗蒺藜草	76.0	19.0
2008	13	(00，24)	大果虫实	1.0	8.0
2008	14	(00，26)	沙地旋覆花	8.0	16.0
2008	14	(00，26)	光梗蒺藜草	349.0	10.0
2008	14	(00，26)	差巴嘎蒿	1.0	50.0
2008	15	(00，28)	差巴嘎蒿	2.0	28.0
2008	15	(00，28)	光梗蒺藜草	25.0	14.0
2008	15	(00，28)	沙地旋覆花	10.0	14.0
2008	15	(00，28)	大果虫实	2.0	7.0
2008	15	(00，28)	狗尾草	9.0	19.0
2008	15	(00，28)	山苦荬	1.0	10.0
2008	16	(00，30)	苦苣菜	3.0	44.0
2008	16	(00，30)	沙地旋覆花	13.0	27.0
2008	16	(00，30)	光梗蒺藜草	258.0	12.0

（续）

年份	样方号	位点	植物种名	株（丛）数（株或丛/样方）	高度（cm）
2008	16	(00, 30)	地梢瓜	1.0	11.0
2008	16	(00, 30)	狗尾草	3.0	15.0
2008	17	(10, 00)	沙蓬	2.0	10.0
2008	17	(10, 00)	光梗蒺藜草	2.0	11.0
2008	17	(10, 00)	差巴嘎蒿	1.0	23.5
2008	18	(10, 02)	沙蓬	8.0	40.0
2008	18	(10, 02)	狗尾草	1.0	31.0
2008	18	(10, 02)	大果虫实	1.0	12.0
2008	18	(10, 02)	差巴嘎蒿	2.0	8.0
2008	18	(10, 02)	光梗蒺藜草	2.0	6.5
2008	19	(10, 04)	沙蓬	10.0	34.0
2008	20	(10, 06)	杠柳	5.0	37.0
2008	20	(10, 06)	地梢瓜	2.0	9.0
2008	20	(10, 06)	光梗蒺藜草	6.0	6.0
2008	20	(10, 06)	差巴嘎蒿	2.0	20.0
2008	21	(10, 08)	杠柳	1.0	6.5
2008	21	(10, 08)	差巴嘎蒿	3.0	17.0
2008	21	(10, 08)	光梗蒺藜草	1.0	6.0
2008	22	(10, 10)	光梗蒺藜草	6.0	9.5
2008	22	(10, 10)	沙蓬	4.0	5.5
2008	23	(10, 12)	光梗蒺藜草	3.0	7.5
2008	23	(10, 12)	地梢瓜	6.0	4.5
2008	23	(10, 12)	大果虫实	1.0	5.0
2008	24	(10, 14)	沙地旋覆花	19.0	15.0
2008	24	(10, 14)	地梢瓜	1.0	5.0
2008	24	(10, 14)	光梗蒺藜草	4.0	10.5
2008	24	(10, 14)	大果虫实	1.0	4.5
2008	25	(10, 16)	沙地旋覆花	5.0	22.0
2008	25	(10, 16)	光梗蒺藜草	3.0	8.0
2008	25	(10, 16)	沙蓬	2.0	8.0
2008	26	(10, 18)	沙地旋覆花	9.0	23.0
2008	26	(10, 18)	光梗蒺藜草	12.0	10.0
2008	26	(10, 18)	差巴嘎蒿	1.0	6.5
2008	26	(10, 18)	沙蓬	2.0	8.0
2008	27	(10, 20)	沙地旋覆花	7.0	24.0
2008	27	(10, 20)	光梗蒺藜草	6.0	10.0
2008	27	(10, 20)	沙蓬	4.0	7.0
2008	28	(10, 22)	差巴嘎蒿	2.0	24.0
2008	28	(10, 22)	沙地旋覆花	7.0	23.0
2008	28	(10, 22)	地梢瓜	1.0	7.0
2008	28	(10, 22)	光梗蒺藜草	8.0	5.0
2008	28	(10, 22)	沙蓬	2.0	4.5
2008	28	(10, 22)	大果虫实	2.0	8.5
2008	29	(10, 24)	差巴嘎蒿	1.0	28.0
2008	29	(10, 24)	沙地旋覆花	7.0	10.0
2008	29	(10, 24)	光梗蒺藜草	1.0	5.0
2008	30	(10, 26)	差巴嘎蒿	2.0	32.0

（续）

年份	样方号	位点	植物种名	株（丛）数 （株或丛/样方）	高度（cm）
2008	30	(10, 26)	沙地旋覆花	2.0	15.0
2008	31	(10, 28)	苦苣菜	3.0	15.0
2008	31	(10, 28)	差巴嘎蒿	1.0	56.0
2008	31	(10, 28)	沙地旋覆花	12.0	19.0
2008	31	(10, 28)	光梗蒺藜草	77.0	5.0
2008	32	(10, 30)	差巴嘎蒿	2.0	67.0
2008	32	(10, 30)	苦苣菜	4.0	12.0
2008	32	(10, 30)	光梗蒺藜草	38.0	10.0
2008	32	(10, 30)	沙地旋覆花	5.0	22.0
2008	32	(10, 30)	地梢瓜	2.0	10.0
2008	33	(20, 00)	差巴嘎蒿	1.0	2.0
2008	33	(20, 00)	沙蓬	4.0	7.5
2008	34	(20, 02)	沙地旋覆花	5.0	15.0
2008	34	(20, 02)	沙蓬	4.0	1.0
2008	34	(20, 02)	狗尾草	1.0	3.0
2008	35	(20, 04)	地梢瓜	15.0	9.0
2008	35	(20, 04)	狗尾草	1.0	3.0
2008	35	(20, 04)	差巴嘎蒿	2.0	4.0
2008	36	(20, 06)	猪毛菜	1.0	11.0
2008	36	(20, 06)	沙蓬	3.0	39.0
2008	36	(20, 06)	沙地旋覆花	3.0	11.0
2008	37	(20, 08)	沙地旋覆花	9.0	17.0
2008	37	(20, 08)	差巴嘎蒿	1.0	14.0
2008	37	(20, 08)	大果虫实	1.0	7.0
2008	38	(20, 10)	沙地旋覆花	11.0	18.0
2008	38	(20, 10)	光梗蒺藜草	2.0	15.0
2008	39	(20, 12)	沙蓬	7.0	36.0
2008	39	(20, 12)	大果虫实	8.0	10.5
2008	39	(20, 12)	光梗蒺藜草	10.0	10.0
2008	40	(20, 14)	大果虫实	5.0	19.0
2008	40	(20, 14)	沙蓬	2.0	55.0
2008	40	(20, 14)	光梗蒺藜草	4.0	9.0
2008	41	(20, 16)	差巴嘎蒿	1.0	100.0
2008	41	(20, 16)	沙蓬	2.0	27.0
2008	41	(20, 16)	光梗蒺藜草	1.0	4.0
2008	42	(20, 18)	差巴嘎蒿	1.0	41.0
2008	42	(20, 18)	苦苣菜	4.0	10.0
2008	42	(20, 18)	沙地旋覆花	13.0	19.0
2008	42	(20, 18)	山苦荬	1.0	12.0
2008	42	(20, 18)	光梗蒺藜草	21.0	4.0
2008	43	(20, 20)	沙地旋覆花	10.0	19.0
2008	43	(20, 20)	差巴嘎蒿	2.0	40.0
2008	43	(20, 20)	苦苣菜	2.0	12.0
2008	43	(20, 20)	狗尾草	12.0	9.0
2008	43	(20, 20)	大果虫实	1.0	15.0
2008	43	(20, 20)	地梢瓜	2.0	8.0
2008	44	(20, 22)	沙地旋覆花	19.0	20.0

（续）

年份	样方号	位点	植物种名	株（丛）数 （株或丛/样方）	高度（cm）
2008	44	(20, 22)	苦苣菜	3.0	18.0
2008	44	(20, 22)	雾冰藜	1.0	13.0
2008	44	(20, 22)	狗尾草	96.0	39.0
2008	44	(20, 22)	大果虫实	1.0	15.0
2008	44	(20, 22)	沙蓬	1.0	18.0
2008	45	(20, 24)	差巴嘎蒿	1.0	19.0
2008	45	(20, 24)	沙地旋覆花	3.0	18.0
2008	45	(20, 24)	狗尾草	1.0	19.0
2008	46	(20, 26)	差巴嘎蒿	1.0	52.0
2008	46	(20, 26)	沙地旋覆花	17.0	25.0
2008	47	(20, 28)	差巴嘎蒿	2.0	6.0
2008	47	(20, 28)	沙地旋覆花	32.0	17.0
2008	47	(20, 28)	光梗蒺藜草	2.0	9.0
2008	48	(20, 30)	苦苣菜	13.0	12.0
2008	48	(20, 30)	差巴嘎蒿	1.0	46.0
2008	48	(20, 30)	沙地旋覆花	15.0	18.0
2008	48	(20, 30)	地梢瓜	2.0	7.0
2008	48	(20, 30)	光梗蒺藜草	43.0	11.0
2007	1	(0, 0)	大果虫实	3.0	3.0
2007	1	(0, 0)	地梢瓜	2.0	10.0
2007	1	(0, 0)	狗尾草	1.0	2.5
2007	1	(0, 0)	沙蓬	1.0	2.0
2007	2	(0, 2)	大果虫实	3.0	9.0
2007	2	(0, 2)	狗尾草	5.0	5.0
2007	2	(0, 2)	沙蓬	2.0	10.0
2007	2	(0, 2)	光梗蒺藜草	1.0	15.0
2007	3	(0, 4)	大果虫实	2.0	3.0
2007	3	(0, 4)	狗尾草	3.0	10.0
2007	3	(0, 4)	沙蓬	2.0	18.0
2007	4	(0, 6)	大果虫实	3.0	4.0
2007	4	(0, 6)	狗尾草	22.0	15.0
2007	4	(0, 6)	沙蓬	9.0	35.0
2007	5	(0, 8)	沙蓬	8.0	28.0
2007	6	(0, 10)	大果虫实	1.0	4.0
2007	6	(0, 10)	狗尾草	1.0	5.0
2007	6	(0, 10)	沙蓬	1.0	11.0
2007	7	(0, 12)	沙蓬	1.0	4.0
2007	8	(0, 14)	狗尾草	1.0	3.0
2007	8	(0, 15)	沙蓬	1.0	1.0
2007	9	(0, 16)	差巴嘎蒿	2.0	15.0
2007	9	(0, 16)	沙蓬	2.0	11.0
2007	9	(0, 16)	沙地旋覆花	4.0	30.0
2007	10	(0, 18)	沙蓬	1.0	14.0
2007	10	(0, 18)	沙地旋覆花	5.0	13.0
2007	11	(0, 20)	沙地旋覆花	9.0	10.0
2007	12	(0, 22)	狗尾草	2.0	15.0
2007	12	(0, 22)	沙地旋覆花	11.0	25.0

（续）

年份	样方号	位点	植物种名	株（丛）数 （株或丛/样方）	高度（cm）
2007	12	(0, 24)	苦苣菜	1.0	11.0
2007	13	(0, 24)	差巴嘎蒿	3.0	16.0
2007	13	(0, 24)	狗尾草	2.0	25.0
2007	13	(0, 24)	沙地旋覆花	24.0	27.0
2007	13	(0, 24)	苦苣菜	1.0	4.0
2007	13	(0, 24)	光梗蒺藜草	1.0	22.0
2007	14	(0, 26)	沙蓬	1.0	4.0
2007	14	(0, 26)	沙地旋覆花	26.0	23.0
2007	15	(0, 28)	狗尾草	20.0	16.0
2007	15	(0, 28)	沙蓬	3.0	20.0
2007	15	(0, 28)	沙地旋覆花	13.0	26.0
2007	15	(0, 28)	苦苣菜	1.0	9.0
2007	15	(0, 28)	光梗蒺藜草	4.0	8.0
2007	16	(0, 30)	沙蓬	2.0	44.0
2007	16	(0, 30)	沙地旋覆花	12.0	20.0
2007	16	(0, 30)	苦苣菜	2.0	15.0
2007	16	(0, 30)	光梗蒺藜草	25.0	39.0
2007	17	(10, 0)	差巴嘎蒿	1.0	5.0
2007	17	(10, 0)	大果虫实	3.0	8.0
2007	17	(10, 0)	狗尾草	7.0	9.0
2007	17	(10, 0)	沙蓬	12.0	29.0
2007	17	(10, 0)	光梗蒺藜草	1.0	9.0
2007	18	(10, 2)	差巴嘎蒿	2.0	49.0
2007	18	(10, 2)	大果虫实	2.0	3.0
2007	18	(10, 2)	狗尾草	1.0	2.0
2007	18	(10, 2)	光梗蒺藜草	1.0	17.0
2007	19	(10, 4)	差巴嘎蒿	3.0	23.0
2007	19	(10, 4)	大果虫实	2.0	3.0
2007	19	(10, 4)	狗尾草	6.0	3.0
2007	19	(10, 4)	沙蓬	4.0	15.0
2007	19	(10, 4)	光梗蒺藜草	2.0	9.0
2007	20	(10, 6)	差巴嘎蒿	1.0	4.0
2007	20	(10, 6)	虎尾草	2.0	15.0
2007	20	(10, 6)	沙蓬	3.0	20.0
2007	21	(10, 8)	虎尾草	4.0	5.0
2007	21	(10, 8)	沙蓬	4.0	19.0
2007	22	(10, 10)	差巴嘎蒿	2.0	8.0
2007	22	(10, 10)	虎尾草	3.0	5.0
2007	22	(10, 10)	沙地旋覆花	2.0	17.0
2007	23	(10, 12)	差巴嘎蒿	3.0	30.0
2007	23	(10, 12)	沙地旋覆花	3.0	27.0
2007	24	(10, 14)	差巴嘎蒿	1.0	9.0
2007	24	(10, 14)	狗尾草	1.0	14.0
2007	24	(10, 14)	沙蓬	1.0	5.0
2007	24	(10, 14)	沙地旋覆花	12.0	23.0
2007	25	(10, 16)	大果虫实	1.0	4.0
2007	25	(10, 16)	沙地旋覆花	13.0	23.0

（续）

年份	样方号	位点	植物种名	株（丛）数 （株或丛/样方）	高度（cm）
2007	26	(10，18)	差巴嘎蒿	2.0	40.0
2007	26	(10，18)	狗尾草	1.0	4.0
2007	26	(10，18)	沙蓬	2.0	9.0
2007	26	(10，18)	沙地旋覆花	18.0	23.0
2007	27	(10，20)	差巴嘎蒿	2.0	31.0
2007	27	(10，20)	沙地旋覆花	17.0	18.0
2007	27	(10，20)	光梗蒺藜草	3.0	22.0
2007	28	(10，22)	大果虫实	1.0	9.0
2007	28	(10，22)	地梢瓜	1.0	45.0
2007	28	(10，22)	狗尾草	11.0	7.0
2007	28	(10，22)	沙地旋覆花	28.0	21.0
2007	28	(10，22)	光梗蒺藜草	22.0	30.0
2007	29	(10，24)	差巴嘎蒿	1.0	34.0
2007	29	(10，24)	长穗虫实	3.0	20.0
2007	29	(10，24)	狗尾草	3.0	40.0
2007	29	(10，24)	沙地旋覆花	25.0	27.0
2007	29	(10，24)	光梗蒺藜草	18.0	30.0
2007	30	(10，26)	差巴嘎蒿	1.0	62.0
2007	30	(10，26)	地梢瓜	1.0	7.0
2007	30	(10，26)	狗尾草	6.0	6.0
2007	30	(10，26)	沙地旋覆花	22.0	20.0
2007	30	(10，26)	沙蓬	1.0	22.0
2007	30	(10，26)	光梗蒺藜草	14.0	23.0
2007	31	(10，28)	地梢瓜	1.0	15.0
2007	31	(10，28)	狗尾草	1.0	4.0
2007	31	(10，28)	沙地旋覆花	19.0	33.0
2007	31	(10，28)	光梗蒺藜草	6.0	55.0
2007	32	(10，30)	差巴嘎蒿	2.0	51.0
2007	32	(10，30)	地梢瓜	2.0	25.0
2007	32	(10，30)	杠柳	3.0	90.0
2007	32	(10，30)	狗尾草	31.0	15.0
2007	32	(10，30)	沙地旋覆花	23.0	27.0
2007	32	(10，30)	光梗蒺藜草	11.0	24.0
2007	33	(20，0)	大果虫实	1.0	3.0
2007	33	(20，0)	地梢瓜	1.0	3.0
2007	33	(20，0)	狗尾草	13.0	20.0
2007	34	(20，2)	二裂委陵菜	2.0	4.0
2007	34	(20，2)	狗尾草	4.0	8.0
2007	34	(20，2)	沙蓬	2.0	51.0
2007	35	(20，4)	大果虫实	6.0	3.0
2007	35	(20，4)	狗尾草	7.0	12.0
2007	35	(20，4)	沙蓬	4.0	7.0
2007	35	(20，4)	光梗蒺藜草	3.0	17.0
2007	36	(20，6)	大果虫实	3.0	4.0
2007	36	(20，6)	地梢瓜	2.0	4.0
2007	36	(20，6)	狗尾草	8.0	7.0
2007	36	(20，6)	光梗蒺藜草	2.0	5.0

（续）

年份	样方号	位点	植物种名	株（丛）数（株或丛/样方）	高度（cm）
2007	37	(20，8)	差巴嘎蒿	1.0	25.0
2007	37	(20，8)	地梢瓜	2.0	7.0
2007	37	(20，8)	狗尾草	4.0	7.0
2007	37	(20，8)	光梗蒺藜草	2.0	6.0
2007	38	(20，10)	差巴嘎蒿	1.0	68.0
2007	38	(20，10)	大果虫实	2.0	4.0
2007	38	(20，10)	地梢瓜	2.0	6.0
2007	38	(20，10)	狗尾草	4.0	5.0
2007	39	(20，12)	差巴嘎蒿	1.0	4.0
2007	39	(20，12)	大果虫实	2.0	2.0
2007	39	(20，12)	地梢瓜	2.0	5.0
2007	39	(20，12)	狗尾草	3.0	10.0
2007	40	(20，14)	差巴嘎蒿	1.0	8.0
2007	40	(20，14)	沙蓬	2.0	6.0
2007	41	(20，16)	差巴嘎蒿	1.0	26.0
2007	41	(20，16)	地梢瓜	1.0	3.0
2007	41	(20，16)	狗尾草	1.0	13.0
2007	41	(20，16)	砂蓝刺头	1.0	3.0
2007	42	(20，18)	差巴嘎蒿	1.0	35.0
2007	42	(20，18)	狗尾草	2.0	6.0
2007	43	(20，20)	差巴嘎蒿	2.0	38.0
2007	43	(20，20)	狗尾草	6.0	18.0
2007	43	(20，20)	沙地旋覆花	21.0	20.0
2007	43	(20，20)	光梗蒺藜草	1.0	5.0
2007	44	(20，22)	白草	1.0	17.0
2007	44	(20，22)	杠柳	1.0	32.0
2007	44	(20，22)	沙地旋覆花	18.0	28.0
2007	44	(20，22)	砂蓝刺头	1.0	20.0
2007	44	(20，22)	光梗蒺藜草	1.0	11.0
2007	45	(20，24)	差巴嘎蒿	1.0	25.0
2007	45	(20，24)	沙地旋覆花	10.0	19.0
2007	45	(20，24)	沙蓬	1.0	6.0
2007	45	(20，24)	光梗蒺藜草	10.0	31.0
2007	46	(20，26)	沙地旋覆花	14.0	23.0
2007	46	(20，26)	山苦荬	1.0	12.0
2007	46	(20，26)	光梗蒺藜草	12.0	14.0
2007	47	(20，28)	大果虫实	2.0	11.0
2007	47	(20，28)	地梢瓜	1.0	10.0
2007	47	(20，28)	杠柳	4.0	63.0
2007	47	(20，28)	虎尾草	6.0	14.0
2007	47	(20，28)	沙地旋覆花	4.0	17.0
2007	47	(20，28)	光梗蒺藜草	2.0	30.0
2007	48	(20，30)	大果虫实	1.0	12.0
2007	48	(20，30)	地梢瓜	4.0	10.0
2007	48	(20，30)	杠柳	1.0	12.0
2007	48	(20，30)	虎尾草	12.0	9.0
2007	48	(20，30)	沙地旋覆花	6.0	9.0

（续）

年份	样方号	位点	植物种名	株（丛）数 （株或丛/样方）	高度（cm）
2007	48	(20，30)	山苦荬	7.0	2.0
2007	48	(20，30)	光梗蒺藜草	2.0	13.0
2006	1	(0，0)	差巴嘎蒿	3.0	26.0
2006	1	(0，0)	长穗虫实	4.0	3.0
2006	1	(0，0)	达乌里胡枝子	1.0	5.0
2006	1	(0，0)	光梗蒺藜草	1.0	9.0
2006	2	(0，2)	差巴嘎蒿	1.0	11.0
2006	2	(0，2)	长穗虫实	2.0	1.0
2006	2	(0，2)	狗尾草	14.0	12.0
2006	2	(0，2)	光梗蒺藜草	1.0	7.0
2006	3	(0，4)	差巴嘎蒿	1.0	30.0
2006	3	(0，4)	长穗虫实	2.0	9.0
2006	3	(0，4)	狗尾草	4.0	5.0
2006	4	(0，6)	差巴嘎蒿	3.0	7.0
2006	4	(0，6)	长穗虫实	1.0	3.0
2006	4	(0，6)	地梢瓜	1.0	5.0
2006	5	(0，8)	地梢瓜	1.0	6.0
2006	5	(0，8)	狗尾草	4.0	11.0
2006	6	(0，10)	差巴嘎蒿	1.0	8.0
2006	6	(0，10)	狗尾草	1.0	8.0
2006	7	(0，12)	差巴嘎蒿	1.0	11.0
2006	7	(0，12)	狗尾草	5.0	12.0
2006	7	(0，12)	毛马唐	1.0	4.0
2006	7	(0，12)	田旋花	1.0	13.0
2006	8	(0，14)	差巴嘎蒿	2.0	6.0
2006	8	(0，14)	光梗蒺藜草	1.0	7.0
2006	9	(0，16)	差巴嘎蒿	1.0	8.0
2006	9	(0，16)	狗尾草	7.0	10.0
2006	9	(0，16)	沙蓬	1.0	7.0
2006	9	(0，16)	田旋花	6.0	31.0
2006	9	(0，16)	光梗蒺藜草	1.0	9.5
2006	10	(0，18)	狗尾草	2.0	5.0
2006	10	(0，18)	沙地旋覆花	13.0	31.0
2006	10	(0，18)	光梗蒺藜草	1.0	4.5
2006	11	(0，20)	差巴嘎蒿	2.0	17.0
2006	11	(0，20)	狗尾草	2.0	5.0
2006	11	(0，20)	沙地旋覆花	15.0	26.0
2006	11	(0，20)	光梗蒺藜草	1.0	4.0
2006	12	(0，22)	差巴嘎蒿	1.0	6.0
2006	12	(0，22)	地梢瓜	1.0	6.0
2006	12	(0，22)	狗尾草	14.0	22.5
2006	12	(0，22)	沙地旋覆花	13.0	32.0
2006	12	(0，22)	沙蓬	5.0	25.0
2006	12	(0，22)	光梗蒺藜草	9.0	24.0
2006	13	(0，24)	差巴嘎蒿	1.0	10.0
2006	13	(0，24)	长穗虫实	1.0	7.0
2006	13	(0，24)	地梢瓜	1.0	5.0

（续）

年份	样方号	位点	植物种名	株（丛）数 （株或丛/样方）	高度（cm）
2006	13	（0，24）	狗尾草	16.0	21.0
2006	13	（0，24）	沙地旋覆花	44.0	33.0
2006	13	（0，24）	沙蓬	1.0	13.0
2006	13	（0，24）	光梗蒺藜草	10.0	20.0
2006	14	（0，26）	差巴嘎蒿	1.0	10.5
2006	14	（0，26）	狗尾草	41.0	40.0
2006	14	（0，26）	沙地旋覆花	28.0	23.0
2006	14	（0，26）	光梗蒺藜草	12.0	17.0
2006	15	（0，28）	差巴嘎蒿	1.0	19.0
2006	15	（0，28）	狗尾草	14.0	16.0
2006	15	（0，28）	毛马唐	2.0	32.0
2006	15	（0，28）	沙地旋覆花	21.0	22.5
2006	15	（0，28）	沙蓬	3.0	21.5
2006	15	（0，28）	光梗蒺藜草	26.0	29.0
2006	16	（0，30）	差巴嘎蒿	2.0	26.0
2006	16	（0，30）	地梢瓜	1.0	4.5
2006	16	（0，30）	狗尾草	4.0	28.5
2006	16	（0，30）	沙蓬	1.0	14.0
2006	17	（10，0）	长穗虫实	1.0	14.0
2006	17	（10，0）	狗尾草	22.0	12.0
2006	17	（10，0）	光梗蒺藜草	28.0	26.0
2006	18	（10，2）	长穗虫实	1.0	8.0
2006	18	（10，2）	沙蓬	9.0	20.0
2006	18	（10，2）	光梗蒺藜草	3.0	4.0
2006	19	（10，4）	差巴嘎蒿	3.0	21.0
2006	19	（10，4）	狗尾草	3.0	4.0
2006	19	（10，4）	沙蓬	5.0	46.0
2006	20	（10，6）	差巴嘎蒿	2.0	15.0
2006	20	（10，6）	狗尾草	13.0	12.0
2006	20	（10，6）	沙蓬	3.0	55.0
2006	21	（10，8）	长穗虫实	1.0	3.5
2006	21	（10，8）	狗尾草	2.0	7.5
2006	21	（10，8）	沙蓬	3.0	30.0
2006	22	（10，10）	差巴嘎蒿	6.0	38.0
2006	22	（10，10）	狗尾草	2.0	9.5
2006	22	（10，10）	光梗蒺藜草	2.0	1.0
2006	23	（10，12）	沙蓬	1.0	10.0
2006	24	（10，14）	差巴嘎蒿	2.0	19.0
2006	24	（10，14）	狗尾草	1.0	10.0
2006	24	（10，14）	沙蓬	1.0	7.0
2006	25	（10，16）	差巴嘎蒿	2.0	8.0
2006	25	（10，16）	沙蓬	1.0	3.5
2006	26	（10，18）	差巴嘎蒿	1.0	11.5
2006	26	（10，18）	狗尾草	1.0	3.5
2006	26	（10，18）	沙蓬	2.0	13.5
2006	27	（10，20）	差巴嘎蒿	2.0	11.0
2006	27	（10，20）	沙蓬	2.0	10.0

（续）

年份	样方号	位点	植物种名	株（丛）数 （株或丛/样方）	高度（cm）
2006	28	(10，22)	差巴嘎蒿	1.0	10.0
2006	28	(10，22)	沙蓬	2.0	9.0
2006	29	(10，24)	长穗虫实	2.0	10.0
2006	29	(10，24)	狗尾草	2.0	2.0
2006	29	(10，24)	沙地旋覆花	2.0	20.0
2006	29	(10，24)	苦苣菜	2.0	5.0
2006	30	(10，26)	长穗虫实	1.0	4.0
2006	30	(10，26)	沙地旋覆花	9.0	30.0
2006	30	(10，26)	沙蓬	2.0	9.0
2006	30	(10，26)	苦苣菜	1.0	5.0
2006	31	(10，28)	沙地旋覆花	6.0	27.0
2006	31	(10，28)	苦苣菜	6.0	5.0
2006	32	(10，30)	差巴嘎蒿	4.0	34.0
2006	32	(10，30)	沙蓬	2.0	12.0
2006	33	(20，0)	差巴嘎蒿	5.0	25.0
2006	33	(20，0)	长穗虫实	1.0	5.0
2006	33	(20，0)	地梢瓜	1.0	4.0
2006	33	(20，0)	毛马唐	1.0	5.5
2006	33	(20，0)	沙蓬	1.0	9.0
2006	34	(20，2)	差巴嘎蒿	1.0	23.0
2006	34	(20，2)	地梢瓜	2.0	7.0
2006	34	(20，2)	狗尾草	1.0	4.5
2006	34	(20，2)	沙蓬	1.0	6.0
2006	35	(20，4)	长穗虫实	1.0	2.0
2006	35	(20，4)	地梢瓜	1.0	8.0
2006	36	(20，6)	长穗虫实	2.0	6.5
2006	36	(20，6)	地梢瓜	2.0	6.0
2006	36	(20，6)	狗尾草	1.0	9.0
2006	36	(20，6)	沙蓬	3.0	24.0
2006	36	(20，6)	光梗蒺藜草	1.0	8.5
2006	37	(20，8)	差巴嘎蒿	2.0	13.0
2006	37	(20，8)	狗尾草	4.0	11.0
2006	37	(20，8)	沙蓬	2.0	7.0
2006	38	(20，10)	狗尾草	1.0	3.0
2006	39	(20，12)	差巴嘎蒿	1.0	41.0
2006	40	(20，14)	差巴嘎蒿	1.0	16.0
2006	41	(20，16)	狗尾草	6.0	11.0
2006	41	(20，16)	沙蓬	2.0	2.5
2006	42	(20，18)	差巴嘎蒿	8.0	2.0
2006	43	(20，20)	长穗虫实	1.0	6.5
2006	43	(20，20)	狗尾草	1.0	8.0
2006	44	(20，22)	差巴嘎蒿	8.0	2.0
2006	44	(20，22)	地锦	5.0	2.0
2006	44	(20，22)	地梢瓜	4.0	7.0
2006	44	(20，22)	狗尾草	3.0	7.0
2006	44	(20，22)	沙蓬	2.0	15.0
2006	44	(20，22)	光梗蒺藜草	2.0	19.0

（续）

年份	样方号	位点	植物种名	株（丛）数（株或丛/样方）	高度（cm）
2006	44	(20，22)	小叶锦鸡儿	1.0	13.0
2006	45	(20，24)	差巴嘎蒿	78.0	30.0
2006	45	(20，24)	地梢瓜	4.0	19.0
2006	45	(20，24)	狗尾草	31.0	12.0
2006	45	(20，24)	沙蓬	2.0	3.0
2006	45	(20，24)	苦苣菜	3.0	5.0
2006	45	(20，24)	光梗蒺藜草	2.0	5.0
2006	46	(20，26)	差巴嘎蒿	53.0	20.0
2006	46	(20，26)	长穗虫实	1.0	8.5
2006	46	(20，26)	地梢瓜	1.0	12.0
2006	46	(20，26)	狗尾草	2.0	47.0
2006	46	(20，26)	沙蓬	2.0	2.0
2006	46	(20，26)	苦苣菜	9.0	5.0
2006	47	(20，28)	差巴嘎蒿	2.0	5.0
2006	47	(20，28)	苦苣菜	7.0	14.0
2006	47	(20，28)	光梗蒺藜草	1.0	19.0
2006	48	(20，30)	沙蓬	1.0	5.0
2006	48	(20，30)	苦苣菜	7.0	8.0
2005	1	(0，0)	地梢瓜	6.17	4
2005	1	(0，0)	虫实	10.90	5
2005	1	(0，0)	狗尾草	10.33	78
2005	1	(0，0)	沙蓬	12.50	2
2005	2	(0，2)	地梢瓜	3.25	6
2005	2	(0，2)	狗尾草	11.00	8
2005	3	(0，4)	虫实	8.33	4
2005	3	(0，4)	狗尾草	13.67	26
2005	3	(0，4)	沙蓬	8.83	21
2005	3	(0，4)	光梗蒺藜草	14.00	31
2005	4	(0，6)	差巴嘎蒿	20.00	1
2005	4	(0，6)	狗尾草	8.33	31
2005	4	(0，6)	沙蓬	8.67	22
2005	4	(0，6)	光梗蒺藜草	13.00	1
2005	5	(0，8)	狗尾草	8.33	14
2005	6	(0，10)	差巴嘎蒿	4.50	1
2005	6	(0，10)	狗尾草	10.00	71
2005	6	(0，10)	光梗蒺藜草	19.50	1
2005	7	(0，12)	狗尾草	6.50	21
2005	7	(0，12)	光梗蒺藜草	6.50	11
2005	8	(0，14)	虫实	16.00	1
2005	8	(0，14)	狗尾草	7.50	18
2005	8	(0，14)	沙蓬	17.33	6
2005	8	(0，14)	光梗蒺藜草	15.00	118
2005	9	(0，16)	马唐	6.00	1
2005	9	(0，16)	沙蓬	9.33	13
2005	9	(0，16)	光梗蒺藜草	3.67	3
2005	10	(0，18)	苦荬菜	6.33	5
2005	10	(0，18)	狗尾草	3.83	5

（续）

年份	样方号	位点	植物种名	株（丛）数（株或丛/样方）	高度（cm）
2005	10	(0, 18)	沙蓬	4.33	5
2005	10	(0, 18)	光梗蒺藜草	22.00	1
2005	11	(0, 20)	苦荬菜	6.83	14
2005	11	(0, 20)	虫实	10.00	1
2005	11	(0, 20)	狗尾草	4.50	3
2005	11	(0, 20)	沙蓬	11.00	1
2005	11	(0, 20)	光梗蒺藜草	12.00	3
2005	12	(0, 22)	差巴嘎蒿	47.67	3
2005	12	(0, 22)	地梢瓜	4.00	1
2005	12	(0, 22)	狗尾草	15.33	4
2005	12	(0, 22)	沙蓬	3.30	3
2005	12	(0, 22)	苦苣菜	20.67	10
2005	13	(0, 24)	差巴嘎蒿	30.00	2
2005	13	(0, 24)	苦荬菜	5.67	4
2005	14	(0, 26)	差巴嘎蒿	26.33	3
2005	14	(0, 26)	苦荬菜	8.50	2
2005	14	(0, 26)	虫实	12.50	2
2005	14	(0, 26)	狗尾草	9.00	1
2005	14	(0, 26)	沙蓬	14.50	2
2005	15	(0, 28)	差巴嘎蒿	35.00	4
2005	15	(0, 28)	苦荬菜	12.00	1
2005	15	(0, 28)	地梢瓜	3.33	3
2005	15	(0, 28)	狗尾草	6.17	39
2005	15	(0, 28)	马唐	7.33	5
2005	16	(0, 30)	差巴嘎蒿	22.33	2
2005	16	(0, 30)	地梢瓜	9.00	1
2005	16	(0, 30)	狗尾草	7.50	35
2005	16	(0, 30)	马唐	8.67	5
2005	16	(0, 30)	沙蓬	6.00	1
2005	17	(10, 0)	差巴嘎蒿	8.00	2
2005	17	(10, 0)	虫实	3.75	2
2005	17	(10, 0)	狗尾草	4.00	1
2005	17	(10, 0)	沙蓬	6.70	2
2005	18	(10, 2)	狗尾草	3.25	2
2005	18	(10, 2)	沙蓬	0.50	1
2005	19	(10, 4)	沙蓬	5.50	1
2005	19	(10, 4)	光梗蒺藜草	15.00	1
2005	20	(10, 6)	差巴嘎蒿	7.00	1
2005	20	(10, 6)	狗尾草	7.00	1
2005	20	(10, 6)	沙蓬	1.00	1
2005	21	(10, 8)	差巴嘎蒿	4.00	1
2005	21	(10, 8)	狗尾草	5.25	2
2005	21	(10, 8)	沙蓬	5.00	1
2005	22	(10, 10)	差巴嘎蒿	13.33	3
2005	22	(10, 10)	虫实	4.00	1
2005	22	(10, 10)	狗尾草	6.67	21
2005	22	(10, 10)	沙蓬	8.50	23

（续）

年份	样方号	位点	植物种名	株（丛）数（株或丛/样方）	高度（cm）
2005	23	(10, 12)	狗尾草	5.50	4
2005	23	(10, 12)	沙蓬	6.50	9
2005	24	(10, 14)	虫实	6.50	1
2005	24	(10, 14)	狗尾草	12.50	6
2005	24	(10, 14)	沙蓬	14.67	6
2005	25	(10, 16)	虫实	9.00	1
2005	25	(10, 16)	狗尾草	7.17	25
2005	25	(10, 16)	马唐	12.00	1
2005	25	(10, 16)	沙蓬	17.00	12
2005	25	(10, 16)	光梗蒺藜草	10.25	2
2005	26	(10, 18)	狗尾草	2.50	1
2005	27	(10, 20)	欧亚旋覆花	8.00	4
2005	27	(10, 20)	沙蓬	2.00	2
2005	27	(10, 20)	光梗蒺藜草	2.00	1
2005	27	(10, 20)	苦苣菜	3.50	1
2005	28	(10, 22)	虫实	7.00	1
2005	28	(10, 22)	狗尾草	3.50	3
2005	28	(10, 22)	欧亚旋覆花	14.17	8
2005	28	(10, 22)	光梗蒺藜草	14.50	1
2005	28	(10, 22)	苦苣菜	6.00	8
2005	29	(10, 24)	狗尾草	7.25	6
2005	29	(10, 24)	欧亚旋覆花	6.00	2
2005	29	(10, 24)	光梗蒺藜草	8.50	2
2005	29	(10, 24)	苦苣菜	15.50	13
2005	30	(10, 26)	欧亚旋覆花	14.75	13
2005	30	(10, 26)	沙蓬	11.50	2
2005	30	(10, 26)	光梗蒺藜草	3.75	2
2005	30	(10, 26)	苦苣菜	11.50	23
2005	31	(10, 28)	差巴嘎蒿	51.75	3
2005	31	(10, 28)	苦荬菜	5.50	3
2005	31	(10, 28)	沙蓬	3.50	2
2005	32	(10, 30)	差巴嘎蒿	3.00	1
2005	32	(10, 30)	苦荬菜	5.00	1
2005	33	(20, 0)	差巴嘎蒿	9.00	2
2005	33	(20, 0)	虫实	5.17	3
2005	33	(20, 0)	狗尾草	6.33	72
2005	33	(20, 0)	沙蓬	6.00	4
2005	34	(20, 2)	差巴嘎蒿	13.75	2
2005	34	(20, 2)	地梢瓜	7.00	2
2005	34	(20, 2)	虫实	2.50	3
2005	34	(20, 2)	狗尾草	5.00	19
2005	34	(20, 2)	光梗蒺藜草	4.50	1
2005	35	(20, 4)	差巴嘎蒿	8.00	1
2005	35	(20, 4)	地梢瓜	7.33	3
2005	35	(20, 4)	虫实	4.25	2
2005	35	(20, 4)	狗尾草	3.33	38
2005	35	(20, 4)	光梗蒺藜草	3.67	7

（续）

年份	样方号	位点	植物种名	株（丛）数（株或丛/样方）	高度（cm）
2005	36	(20, 6)	差巴嘎蒿	21.00	3
2005	36	(20, 6)	狗尾草	4.67	5
2005	36	(20, 6)	沙蓬	1.67	3
2005	36	(20, 6)	光梗蒺藜草	15.00	9
2005	37	(20, 8)	差巴嘎蒿	11.33	5
2005	37	(20, 8)	虫实	3.50	1
2005	37	(20, 8)	狗尾草	8.33	198
2005	37	(20, 8)	马唐	8.00	1
2005	37	(20, 8)	沙蓬	15.00	16
2005	37	(20, 8)	光梗蒺藜草	15.33	24
2005	38	(20, 10)	差巴嘎蒿	9.33	4
2005	38	(20, 10)	虫实	7.50	1
2005	38	(20, 10)	狗尾草	12.67	32
2005	38	(20, 10)	欧亚旋覆花	18.33	8
2005	38	(20, 10)	沙蓬	20.17	21
2005	39	(20, 12)	狗尾草	4.00	8
2005	39	(20, 12)	欧亚旋覆花	17.00	12
2005	39	(20, 12)	沙蓬	13.67	4
2005	39	(20, 12)	光梗蒺藜草	10.67	21
2005	40	(20, 14)	差巴嘎蒿	15.50	2
2005	40	(20, 14)	虫实	23.00	1
2005	40	(20, 14)	五星蒿	11.00	2
2005	40	(20, 14)	狗尾草	18.33	12
2005	40	(20, 14)	欧亚旋覆花	19.83	24
2005	40	(20, 14)	沙蓬	29.00	24
2005	40	(20, 14)	光梗蒺藜草	23.00	7
2005	41	(20, 16)	虫实	9.83	3
2005	41	(20, 16)	五星蒿	3.83	4
2005	41	(20, 16)	狗尾草	21.83	18
2005	41	(20, 16)	欧亚旋覆花	17.00	19
2005	41	(20, 16)	沙蓬	18.33	32
2005	41	(20, 16)	光梗蒺藜草	26.17	9
2005	42	(20, 18)	地梢瓜	3.00	1
2005	42	(20, 18)	虫实	20.00	1
2005	42	(20, 18)	五星蒿	5.00	1
2005	42	(20, 18)	狗尾草	11.17	3
2005	42	(20, 18)	欧亚旋覆花	23.33	30
2005	42	(20, 18)	沙蓬	23.83	23
2005	42	(20, 18)	光梗蒺藜草	26.00	1
2005	43	(10, 20)	地梢瓜	6.30	4
2005	43	(20, 20)	欧亚旋覆花	28.00	21
2005	43	(20, 20)	沙蓬	18.67	11
2005	43	(20, 20)	光梗蒺藜草	30.00	2
2005	44	(20, 22)	地梢瓜	7.33	3
2005	44	(20, 22)	虫实	5.50	5
2005	44	(20, 22)	五星蒿	4.50	1
2005	44	(20, 22)	狗尾草	16.00	48

（续）

年份	样方号	位点	植物种名	株（丛）数 （株或丛/样方）	高度（cm）
2005	44	(20, 22)	马唐	29.00	1
2005	44	(20, 22)	欧亚旋覆花	17.83	24
2005	44	(20, 22)	沙蓬	9.67	3
2005	44	(20, 22)	光梗蒺藜草	24.00	14
2005	45	(20, 24)	地梢瓜	7.33	6
2005	45	(20, 24)	虫实	9.83	3
2005	45	(20, 24)	五星蒿	8.00	1
2005	45	(20, 24)	狗尾草	17.33	68
2005	45	(20, 24)	马唐	11.67	9
2005	45	(20, 24)	欧亚旋覆花	21.50	22
2005	45	(20, 24)	沙蓬	8.25	2
2005	45	(20, 24)	光梗蒺藜草	23.00	2
2005	46	(20, 26)	地梢瓜	7.50	2
2005	46	(20, 26)	虫实	14.00	2
2005	46	(20, 26)	五星蒿	6.33	6
2005	46	(20, 26)	狗尾草	16.33	204
2005	46	(20, 26)	马唐	13.83	5
2005	46	(20, 26)	欧亚旋覆花	19.25	17
2005	46	(20, 26)	沙蓬	8.67	17
2005	46	(20, 26)	光梗蒺藜草	14.50	2
2005	47	(20, 28)	虫实	7.33	3
2005	47	(20, 28)	狗尾草	17.83	26
2005	47	(20, 28)	马唐	9.50	2
2005	47	(20, 28)	欧亚旋覆花	15.67	21
2005	47	(20, 28)	沙蓬	6.00	9
2005	48	(20, 30)	地梢瓜	11.25	2
2005	48	(20, 30)	虫实	8.83	3
2005	48	(20, 30)	狗尾草	8.00	116
2005	48	(20, 30)	马唐	12.00	3
2005	48	(20, 30)	欧亚旋覆花	12.67	21
2005	48	(20, 30)	沙蓬	9.50	6

4.1.1.5 物候观测

（1）沙地综合观测场

表 4-13 沙质草地综合观测场物候观测

年份	植物种名	萌动期 （返青期）	开花期	果实或种子 成熟期	种子散布期	黄枯期
2008	狗尾草	2008-04-30	2008-07-01	2008-08-10	2008-08-25	2008-09-20
2008	二裂委陵菜	2008-04-27	2008-06-20	2008-08-05	2008-08-27	2008-09-18
2008	糙隐子草	2008-04-25	2008-07-20	2008-08-10	2008-09-08	2008-09-24
2008	牻牛儿苗	2008-04-25	2008-07-15	2008-08-25	2008-09-12	2008-09-25
2008	猪毛菜	2008-04-28	2008-07-10	2008-08-28	2008-09-15	2008-09-28
2008	尖头叶藜	2008-04-20	2008-07-05	2008-08-05	2008-09-03	2008-09-25
2008	黄蒿	2008-04-20	2008-07-15	2008-08-20	2008-09-04	2008-09-30
2007	狗尾草	2007-05-05	2007-07-02	2007-08-10	2007-08-29	2007-09-25

（续）

年份	植物种名	萌动期（返青期）	开花期	果实或种子成熟期	种子散布期	黄枯期
2007	二裂委陵菜	2007 - 04 - 40	2007 - 06 - 25	2007 - 08 - 02	2007 - 08 - 26	2007 - 09 - 17
2007	糙隐子草	2007 - 04 - 22	2007 - 07 - 05	2007 - 08 - 04	2007 - 09 - 03	2007 - 09 - 24
2007	牻牛儿苗	2007 - 06 - 08	2007 - 07 - 25	2007 - 08 - 20	2007 - 09 - 05	2007 - 09 - 18
2007	尖头叶藜	2007 - 04 - 30	2007 - 07 - 01	2007 - 08 - 28	2007 - 09 - 15	2007 - 09 - 27
2007	黄蒿	2007 - 05 - 02	2007 - 06 - 25	2007 - 08 - 02	2007 - 08 - 29	2007 - 09 - 25
2006	狗尾草	2006 - 05 - 10	2006 - 07 - 05	2006 - 07 - 31	2006 - 08 - 28	2006 - 09 - 24
2006	二裂委陵菜	2006 - 05 - 03	2006 - 06 - 27	2006 - 07 - 26	2006 - 08 - 25	2006 - 09 - 16
2006	虎尾草	2006 - 05 - 05	2006 - 07 - 06	2006 - 08 - 02	2006 - 09 - 01	2006 - 09 - 13
2006	猪毛菜	2006 - 05 - 05	2006 - 07 - 08	2006 - 08 - 10	2006 - 08 - 29	2006 - 09 - 20
2006	糙隐子草	2006 - 04 - 28	2006 - 07 - 01	2006 - 08 - 01	2006 - 09 - 01	2006 - 09 - 21
2006	牻牛儿苗	2006 - 06 - 28	2006 - 08 - 01	2006 - 08 - 25	2006 - 09 - 01	2006 - 09 - 18
2006	三芒草	2006 - 05 - 10	2006 - 06 - 14	2006 - 07 - 14	2006 - 08 - 15	2006 - 09 - 21
2006	黄蒿	2006 - 05 - 05	2006 - 06 - 25	2006 - 07 - 30	2006 - 08 - 28	2006 - 09 - 25
2005	黄蒿	2005 - 05 - 15	2005 - 07 - 05	2005 - 07 - 29	2005 - 08 - 27	2005 - 09 - 08
2005	狗尾草	2005 - 06 - 03	2005 - 07 - 16	2005 - 08 - 05	2005 - 08 - 21	2005 - 08 - 29
2005	虎尾草	2005 - 06 - 05	2005 - 07 - 18	2005 - 08 - 06	2005 - 08 - 25	2005 - 09 - 01
2005	猪毛菜	2005 - 06 - 15	2005 - 07 - 16	2005 - 08 - 10	2005 - 08 - 26	2005 - 09 - 05
2005	糙隐子草	2005 - 05 - 25	2005 - 07 - 15	2005 - 08 - 05	2005 - 08 - 23	2005 - 09 - 02
2005	太阳花	2005 - 05 - 23	2005 - 06 - 28	2005 - 07 - 24	2005 - 08 - 18	2005 - 09 - 05
2005	三芒草	2005 - 06 - 03	2005 - 07 - 04	2005 - 07 - 25	2005 - 08 - 10	2005 - 08 - 26

（2）固定沙丘辅助观测场

表 4 - 14　固定沙丘辅助观测场灌木物候观测

年份	植物种名	芽开放期	展叶期	开花始期	开花盛期	果实或种子成熟期	叶秋季变色期	落叶期
2008	小叶锦鸡儿	2008 - 04 - 20	2008 - 05 - 01	2008 - 05 - 12	2008 - 05 - 23	2008 - 06 - 25	2008 - 08 - 28	2008 - 09 - 05
2008	差巴嘎蒿	2008 - 04 - 15	2008 - 04 - 29	2008 - 06 - 05	2008 - 06 - 26	2008 - 07 - 17	2008 - 09 - 08	2008 - 09 - 25
2007	小叶锦鸡儿	2007 - 04 - 18	2007 - 05 - 02	2007 - 05 - 18	2007 - 05 - 28	2007 - 06 - 26	2007 - 08 - 15	2007 - 09 - 01
2007	差巴嘎蒿	2007 - 04 - 15	2007 - 04 - 30	2007 - 06 - 01	2007 - 06 - 20	2007 - 07 - 18	2007 - 08 - 28	2007 - 09 - 15
2006	小叶锦鸡儿	2006 - 04 - 20	2006 - 05 - 01	2006 - 05 - 18	2006 - 05 - 27	2006 - 06 - 26	2006 - 08 - 28	2006 - 09 - 16
2006	差巴嘎蒿	2006 - 04 - 18	2006 - 05 - 04	2006 - 06 - 01	2006 - 06 - 24	2006 - 07 - 18	2006 - 09 - 08	2006 - 09 - 22
2005	小叶锦鸡儿	2005 - 04 - 23	2005 - 05 - 03	2005 - 05 - 15	2005 - 05 - 20	2005 - 06 - 05	2005 - 08 - 27	2005 - 09 - 15
2005	差巴嘎蒿	2005 - 04 - 20	2005 - 05 - 08	2005 - 06 - 03	2005 - 06 - 18	2005 - 07 - 10	2005 - 09 - 03	2005 - 09 - 20

表 4 - 15　固定沙丘辅助观测场草本物候观测

年份	植物种名	萌动期（返青期）	开花期	果实或种子成熟期	种子散布期	黄枯期
2008	山苦荬	2008 - 04 - 25	2008 - 05 - 28	2008 - 08 - 05	2008 - 09 - 10	2008 - 09 - 20
2008	扁蓿豆	2008 - 05 - 05	2008 - 07 - 05	2008 - 09 - 10	2008 - 09 - 18	2008 - 09 - 25
2008	砂蓝刺头	2008 - 04 - 29	2008 - 07 - 27	2008 - 08 - 18	2008 - 09 - 10	2008 - 09 - 29
2007	山苦荬	2007 - 04 - 22	2007 - 07 - 25	2007 - 06 - 20	2007 - 07 - 25	2007 - 09 - 17
2007	雾冰藜	2007 - 05 - 05	2007 - 07 - 05	2007 - 08 - 05	2007 - 08 - 29	2007 - 09 - 15
2006	苦荬菜	2006 - 04 - 28	2006 - 05 - 26	2006 - 06 - 20	2006 - 07 - 26	2006 - 09 - 18
2006	扁蓿豆	2006 - 05 - 05	2006 - 07 - 03	2006 - 07 - 28	2006 - 08 - 28	2006 - 09 - 15
2005	苦荬菜	2005 - 05 - 27	2005 - 06 - 20	2005 - 07 - 13	2005 - 08 - 05	2005 - 08 - 28
2005	扁蓿豆	2005 - 05 - 25	2005 - 07 - 15	2005 - 08 - 08	2005 - 08 - 30	2005 - 09 - 15

（3）流动沙丘辅助观测场

表 4 - 16　流动沙丘辅助观测场草本物候观测

年份	植物种名	萌动期（返青期）	开花期	果实或种子成熟期	种子散布期	黄枯期
2008	沙蓬	2008 - 05 - 10	2008 - 07 - 03	2008 - 09 - 05	2008 - 09 - 25	2008 - 10 - 10
2007	沙蓬	2007 - 05 - 06	2007 - 07 - 05	2007 - 08 - 05	2007 - 09 - 14	2007 - 09 - 27
2006	沙蓬	2006 - 05 - 02	2006 - 07 - 05	2006 - 08 - 03	2006 - 09 - 12	2006 - 09 - 25
2005	沙蓬	2005 - 05 - 16	2005 - 07 - 14	2005 - 08 - 11	2005 - 09 - 14	2005 - 09 - 20

4.1.1.6　群落优势植物和凋落物的元素含量与能值

（1）沙地综合观测场

表 4 - 17　沙地综合观测场群落优势植物和凋落物的元素含量与能值

年份	植物种名	采样部位	全碳（g/kg）	全氮（g/kg）	全磷（g/kg）	全钾（g/kg）	全钙（g/kg）	全镁（g/kg）	干重热值（MJ/kg）	灰分（%）
2005	黄蒿	地上绿叶	432.48	19.84	3.42	22.77	3.33	2.23	18.21	9.14
2005	黄蒿	地上绿枝	427.37	6.77	1.82	12.94	1.70	1.12	17.01	5.37
2005	黄蒿	地上立枯叶	421.16	13.46	1.61	6.06	4.35	2.49	17.81	9.72
2005	黄蒿	地上枯枝	438.11	8.43	0.84	5.72	1.55	0.77	20.08	2.79
2005	黄蒿	地下根	384.18	6.22	1.27	11.56	1.22	1.18	15.45	13.56
2005	芦苇	地上绿叶	419.99	4.48	1.73	11.88	1.57	2.23	19.26	4.58
2005	芦苇	地上绿枝	442.23	6.19	1.36	7.56	0.86	1.21	17.79	2.64
2005	芦苇	地上立枯叶	385.37	8.75	0.95	2.82	0.22	0.55	16.33	11.18
2005	芦苇	地上枯枝	431.42	6.30	0.88	5.66	1.61	1.66	16.88	4.66
2005	芦苇	地下根	386.24	17.68	0.83	4.83	1.10	1.93	16.89	10.27

（2）固定沙丘辅助观测场

表 4 - 18　固定沙丘辅助观测场群落优势植物和凋落物的元素含量与能值

年份	植物种名	采样部位	全碳（g/kg）	全氮（g/kg）	全磷（g/kg）	全钾（g/kg）	全钙（g/kg）	全镁（g/kg）	干重热值（MJ/kg）	灰分（%）
2005	小叶锦鸡儿	地上绿叶	456.01	31.22	2.21	14.86	3.12	4.30	20.03	7.63
2005	小叶锦鸡儿	地上绿枝	463.72	12.83	0.84	2.32	1.52	0.53	21.21	2.01
2005	小叶锦鸡儿	地上立枯叶	378.14	15.66	0.79	2.35	1.72	0.70	18.72	4.38
2005	小叶锦鸡儿	地上枯枝	446.21	20.69	1.57	10.95	3.24	4.49	19.64	8.28
2005	小叶锦鸡儿	地下根	436.62	16.13	0.72	2.96	1.99	1.21	19.91	8.09
2005	差巴嘎蒿	地上绿叶	443.97	14.24	2.79	18.49	3.10	1.96	20.36	9.95
2005	差巴嘎蒿	地上绿枝	458.80	4.11	0.78	11.36	1.35	0.51	18.08	1.38
2005	差巴嘎蒿	地上立枯叶	427.16	7.34	0.58	7.45	1.32	0.81	19.47	3.43
2005	差巴嘎蒿	地上枯枝	455.95	9.42	2.19	8.47	3.26	1.68	19.73	11.01
2005	差巴嘎蒿	地下根	402.86	4.43	1.04	11.38	1.33	1.01	18.07	4.62

（3）流动沙丘辅助观测场

表4-19 流动沙丘辅助观测场群落优势植物和凋落物的元素含量与能值

年份	植物种名	采样部位	全碳(g/kg)	全氮(g/kg)	全磷(g/kg)	全钾(g/kg)	全钙(g/kg)	全镁(g/kg)	干重热值(MJ/kg)	灰分(%)
2005	沙蓬	地上绿叶	404.01	7.01	1.71	19.91	2.59	3.57	15.77	10.33
2005	沙蓬	地上绿枝	447.80	10.26	1.40	14.83	1.37	0.98	18.58	8.58
2005	沙蓬	地上立枯叶	405.13	7.57	0.79	5.12	5.18	3.55	18.57	8.48
2005	沙蓬	地上枯枝	428.77	9.68	0.67	1.59	1.10	0.60	17.16	6.18
2005	沙蓬	地下根	435.47	18.08	1.38	13.28	1.13	1.89	18.89	7.38

4.1.1.7 站区调查点家畜种类与数量

表4-20 站区调查点家畜种类与数量

年份	调查区名称	调查区经度(E)	调查区纬度(N)	调查区面积(hm²)	调查区人口	调查区描述	家畜种类	数量(头)	喂养方式	平均重量(kg/头)	年耗草量(kg/头)
2005	奈曼站附近大柳树村	120°42'8″~120°43'09″	42°55'33″~42°56'05″	30.4	900	以农田、固定沙丘、半流动和草场交错分布的农牧过渡区	羊	1 300	放牧	40	1 250
2005	奈曼站附近大柳树村	120°42'8″~120°43'09″	42°55'33″~42°56'06″	30.4	900	以农田、固定沙丘、半流动和草场交错分布的农牧过渡区	马	150	放牧	220	4 240

4.1.1.8 荒漠站区植被类型、面积与分布

表4-21 荒漠站区植被类型、面积与分布

年份	调查区名称	调查区经度(E)	调查区纬度(N)	调查区面积(hm²)	调查区描述	分布特征
2005	奈曼站附近铁路东面	120°42'15″~120°42'17″	42°55'35″~42°55'46″	6.81	围封的杨树林	人工种植林片分布
2005	奈曼站附近铁路东面	120°42'16″~120°42'39″	42°55'36″~42°55'37″	5.98	小叶锦鸡儿为主的固定沙丘	镶嵌斑块状分布在沙丘中
2005	奈曼站附近铁路东面	120°42'16″~120°42'17″	42°55'33″~42°55'35″	1.11	黄蒿为主的草场	分布均匀群落优势很强

4.1.1.9 群落土壤微生物生物量碳季节动态

（1）综合观测场

表4-22 综合观测场群落土壤微生物生物量碳测定

日期	采样土层深度(cm)	样方号	室内分析日期	土壤含水量(%)	土壤微生物生物量碳(mg/kg)
2006-07-08	0~10	1	2006-07-10	2.4	149.01
2006-07-08	0~10	5	2006-07-10	2.9	138.02
2006-07-08	0~10	8	2006-07-10	3.1	150.82

（2）固定沙丘辅助观测场

表 4 - 23　固定沙丘辅助观测场群落土壤微生物生物量碳测定

日　期	采样土层深度 (cm)	样方号	室内分析日期	土壤含水量 (%)	土壤微生物生物量碳 (mg/kg)
2006 - 07 - 08	0~10	4	2006 - 07 - 10	1.5	54.17
2006 - 07 - 08	0~10	7	2006 - 07 - 10	1.4	48.26
2006 - 07 - 08	0~10	9	2006 - 07 - 10	1.5	58.72

（3）流动沙丘辅助观测场

表 4 - 24　流动沙丘辅助观测场群落土壤微生物生物量碳测定

日　期	采样土层深度 (cm)	样方号	室内分析日期	土壤含水量 (%)	土壤微生物生物量碳 (mg/kg)
2006 - 07 - 08	0~10	3	2006 - 07 - 10	1.3	15.93
2006 - 07 - 08	0~10	5	2006 - 07 - 10	1.0	11.89
2006 - 07 - 08	0~10	6	2006 - 07 - 10	1.2	13.20

4.1.1.10　群落凋落物季节动态

（1）沙地综合观测场

表 4 - 25　沙地综合观测场群落凋落物回收量季节动态

样方面积：1m×1m

年份	月份	枯枝干重 (g/框)	枯叶干重 (g/框)	落果（花）干重 (g/框)	杂物干重 (g/框)
2008	4	220.15	40.23	0.00	66.56
2008	5	30.11	7.54	0.00	110.27
2008	6	8.01	3.97	0.00	28.56
2008	7	4.38	13.84	0.00	16.75
2008	8	9.92	3.61	0.00	17.40
2008	9	65.51	25.94	0.00	31.97
2007	4	108.36	244.18	1.14	10.09
2007	5	9.11	14.90	0.00	7.20
2007	6	5.00	2.34	1.01	9.09
2007	7	3.18	6.68	0.81	7.31
2007	8	1.61	10.04	0.66	5.26
2007	9	229.16	24.00	2.72	9.68
2005	5	0.51	0.95	0.01	0.67
2005	6	1.62	3.09	0.12	1.56
2005	7	8.98	7.79	0.79	12.72
2005	8	9.39	14.82	1.16	9.23
2005	9	64.30	46.03	1.30	8.72

（2）固定沙丘辅助观测场

表 4－26 固定沙丘辅助观测场群落凋落物回收量季节动态

样方面积：1m×1m

年份	月份	枯枝干重 （g/框）	枯叶干重 （g/框）	落果（花）干重 （g/框）	杂物干重 （g/框）
2008	4	106.73	16.32	0.00	9.27
2008	5	11.57	0.97	0.10	3.57
2008	6	6.57	1.48	0.00	1.35
2008	7	1.13	4.74	0.00	8.02
2008	8	7.20	0.63	0.00	3.28
2008	9	62.58	19.87	0.00	12.89
2007	4	60.43	63.66	0.56	6.69
2007	5	9.10	3.52	0.00	4.87
2007	6	2.73	3.13	0.30	5.76
2007	7	14.88	1.68	0.73	6.48
2007	8	10.27	3.33	0.40	12.09
2007	9	56.34	6.94	1.23	7.20
2005	5	0.08	0.02	0.00	0.03
2005	6	0.45	0.51	0.05	0.28
2005	7	8.33	3.31	0.30	12.41
2005	8	4.50	9.05	0.53	8.28
2005	9	23.80	14.00	0.69	7.03

（3）流动沙丘辅助观测场

表 4－27 流动沙丘辅助观测场群落凋落物回收量季节动态

样方面积：1m×1m

年份	月份	枯枝干重 （g/框）	枯叶干重 （g/框）	落果（花）干重 （g/框）	杂物干重 （g/框）
2008	4	0.83	0.05	0.00	0.02
2008	5	5.19	0.12	0.01	0.39
2008	6	0.76	0.95	0.00	0.28
2008	7	1.69	1.67	0.00	1.16
2008	8	1.35	0.04	0.00	0.12
2008	9	62.58	19.87	0.00	12.89
2007	4	2.44	1.25	0.02	0.09
2007	5	3.17	0.39	0.00	3.48
2007	6	1.93	0.41	0.09	4.07
2007	7	1.32	0.56	0.17	3.76
2007	8	1.67	0.89	0.10	6.64
2007	9	12.86	3.15	0.49	2.47
2005	5	0.01	0.02	0.00	0.02
2005	6	0.14	0.04	0.00	0.13
2005	7	0.68	0.24	0.10	1.67
2005	8	1.16	0.47	0.18	0.84
2005	9	2.66	0.92	0.35	0.57

4.1.1.11 优势植物种子产量

（1）沙地综合观测场

表 4 - 28　沙地综合观测场优势植物种子产量

年份	样方号	样方面积（m×m）	植物种名	种子产量（kg/hm²）
2005	1	1×1	黄蒿	356.04
2005	2	1×1	黄蒿	386.24
2005	3	1×1	黄蒿	302.35
2005	4	1×1	黄蒿	312.58
2005	5	1×1	黄蒿	278.55
2005	6	1×1	黄蒿	219.56
2005	7	1×1	黄蒿	285.30
2005	8	1×1	黄蒿	288.42
2005	9	1×1	黄蒿	256.80
2005	10	1×1	黄蒿	278.45

（2）固定沙丘辅助观测场

表 4 - 29　固定沙丘辅助观测场优势植物种子产量

年份	样方号	样方面积（m×m）	植物种名	种子产量（kg/hm²）
2005	1	5×5	小叶锦鸡儿	62.75
2005	3	5×5	小叶锦鸡儿	58.75
2005	4	5×5	小叶锦鸡儿	50.45
2005	5	5×5	小叶锦鸡儿	54.86
2005	6	5×5	小叶锦鸡儿	68.88
2005	7	5×5	小叶锦鸡儿	40.22
2005	9	5×5	小叶锦鸡儿	20.50
2005	1	5×5	差巴嘎蒿	80.05
2005	2	5×5	差巴嘎蒿	120.00
2005	3	5×5	差巴嘎蒿	112.45
2005	4	5×5	差巴嘎蒿	80.00
2005	5	5×5	差巴嘎蒿	119.85
2005	6	5×5	差巴嘎蒿	120.00
2005	7	5×5	差巴嘎蒿	96.41
2005	8	5×5	差巴嘎蒿	80.02
2005	9	5×5	差巴嘎蒿	68.58
2005	10	5×5	差巴嘎蒿	48.30

（3）流动沙丘辅助观测场

表 4 - 30　流动沙丘辅助观测场优势植物种子产量

年份	样方号	样方面积（m×m）	植物种名	种子产量（kg/hm²）
2005	1	1×1	沙蓬	98.20
2005	2	1×1	沙蓬	68.56
2005	3	1×1	沙蓬	75.50
2005	4	1×1	沙蓬	40.45
2005	5	1×1	沙蓬	18.75
2005	6	1×1	沙蓬	15.45
2005	7	1×1	沙蓬	20.20
2005	8	1×1	沙蓬	23.67
2005	9	1×1	沙蓬	19.80
2005	10	1×1	沙蓬	22.50

4.1.1.12 土壤有效种子库

（1）沙地综合观测场

表4-31 沙地综合观测场土壤有效种子库

年份	样方面积（m×m）	植物种名	有效种子数量（颗/m²）
2005	0.2×0.2	扁蓿豆	63.75
2005	0.2×0.2	糙隐子草	92.86
2005	0.2×0.2	虫实	364.29
2005	0.2×0.2	地锦	635.36
2005	0.2×0.2	狗尾草	731.25
2005	0.2×0.2	胡枝子	165.63
2005	0.2×0.2	虎尾草	18.75
2005	0.2×0.2	黄蒿	50.00
2005	0.2×0.2	马唐	25.00
2005	0.2×0.2	三芒草	51.79
2005	0.2×0.2	五星蒿	39.88
2005	0.2×0.2	猪毛菜	1 553.13

（2）固定沙丘辅助观测场

表4-32 固定沙丘辅助观测场土壤有效种子库

年份	样方面积（m×m）	植物种名	有效种子数量（颗/m²）
2005	0.2×0.2	差巴嘎蒿	54
2005	0.2×0.2	虫实	253
2005	0.2×0.2	地锦	373
2005	0.2×0.2	狗尾草	434
2005	0.2×0.2	画眉草	208
2005	0.2×0.2	苦荬菜	4
2005	0.2×0.2	马唐	180
2005	0.2×0.2	三芒草	209
2005	0.2×0.2	五星蒿	118
2005	0.2×0.2	猪毛菜	306

（3）流动沙丘辅助观测场

表4-33 流动沙丘辅助观测场土壤有效种子库

年份	样方面积（m×m）	植物种名	有效种子数量（颗/m²）
2005	0.2×0.2	虫实	121
2005	0.2×0.2	狗尾草	74
2005	0.2×0.2	马唐	101
2005	0.2×0.2	沙蓬	109

4.1.2 奈曼农田生物监测数据

4.1.2.1 农田作物种类与产值

（1）农田综合观测场

表 4-34　农田综合观测场作物种类与产值

作物类别：粮食作物　　作物名称：春玉米　　作物品种：郑单 958

年份	播种量 （kg/hm²）	播种面积 （hm²）	占总播比率 （%）	单产 （kg/hm²）	直接成本 （元/hm²）	产值 （元/hm²）
2005	30.00	0.27	100.0	13 281	2 250	14 077
2006（小麦）	100.00	0.27	100.0	5 140	3 700	5 180
2007	100.00	0.27	100.0	12 400	4 300	14 880
2008	100.00	0.27	100.0	12 750	4 000	15 300

（2）农田辅助观测场

表 4-35　农田辅助观测场作物种类与产值

作物类别：粮食作物　　作物名称：春玉米　　作物品种：北京德农

年份	播种量 （kg/hm²）	播种面积 （hm²）	占总播比率 （%）	单产 （kg/hm²）	直接成本 （元/hm²）	产值 （元/hm²）
2005	30.00	1.39	100.0	10 461	2 130	11 088
2006（郑单 958）	30.00	1.39	100.0	12 500	2 300	6 170
2007	100.00	1.39	100.0	12 000	4 350	14 400
2008	100.00	1.39	100.0	11 250	5 000	13 500

4.1.2.2　农田复种指数与典型地块作物轮作体系

（1）农田综合观测场

表 4-36　农田综合观测场复种指数与典型地块作物轮作体系

年份	农田类型	复种指数（%）	轮作体系	当年作物
2005	灌溉农田	100	春玉米→春玉米→春小麦	春玉米
2006	灌溉农田	200	春玉米→春玉米→春小麦	小麦—白菜
2007	灌溉农田	100	春玉米→春玉米→春小麦	春玉米
2008	灌溉农田	100	春玉米→春玉米→春小麦	春玉米

（2）农田辅助观测场

表 4-37　农田辅助观测场复种指数与典型地块作物轮作体系

年份	农田类型	复种指数（%）	轮作体系	当年作物
2005	灌溉农田	100.0	春玉米→春玉米	春玉米
2006	灌溉农田	100.0	春玉米→春玉米	春玉米
2007	灌溉农田	100.0	春玉米→春玉米	春玉米
2008	灌溉农田	100.0	春玉米→春玉米	春玉米

4.1.2.3　农田主要作物肥料投入情况

（1）农田综合观测场

表 4 - 38　农田综合观测场主要作物肥料投入情况

作物名称：春玉米（2006 年小麦铁春 1 号）

年份	肥料名称	施用时间	作物生育时期	施用方式	施用量（kg/hm²）	肥料折合纯氮量（kg/hm²）	肥料折合纯磷量（kg/hm²）	肥料折合纯钾量（kg/hm²）
2005	撒可富	2005 - 04 - 30	播种前	结合播种沟施	22.50	5.40	2.70	2.70
2005	磷酸二氢铵	2005 - 04 - 30	播种前	结合播种沟施	75.00	12.75	12.75	—
2005	农家肥	2005 - 04 - 30	播种前	结合播种沟施	2 000.00	—	—	—
2005	玉米专用肥	2005 - 05 - 27	拔节	点施	75.00	9.00	6.00	3.75
2005	尿素	2005 - 05 - 27	拔节	点施	100.00	46.00	—	—
2006	磷酸二氢铵	2006 - 03 - 30	播种前	沟施	276.00	15.95	20.85	
2006	尿素	2006 - 06 - 05	拔节后期	撒施	227.00	106.28	—	
2006	尿素	2006 - 06 - 25	成熟期	撒施	227.00	106.28	—	
2007	撒可富	2007 - 05 - 03	播种前	结合播种沟施	20.00	4.80	2.40	
2007	磷酸二氢铵	2007 - 05 - 03	播种前	结合播种沟施	75.00	4.33	5.67	
2007	玉米专用肥	2007 - 06 - 23	拔节	撒施后畜耕培土	65.00	98.69	—	
2007	尿素	2007 - 06 - 23	拔节	撒施后畜耕培土	120.00	54.85	—	
2008	尿素	2008 - 05 - 02	播种前	结合播种沟施	20.00	9.14	—	
2008	复合肥	2008 - 05 - 02	播种前	结合播种沟施	60.00	5.40	3.60	6.00
2008	尿素	2008 - 07 - 08	拔节	撒施后畜耕培土	40.00	18.28	—	
2008	复合肥	2008 - 07 - 08	拔节	撒施后畜耕培土	120.00	10.80	7.20	12.00

（2）农田辅助观测场

表 4 - 39　农田辅助观测场主要作物肥料投入情况

作物名称：春玉米

年份	肥料名称	施用时间	作物生育时期	施用方式	施用量（kg/hm²）	肥料折合纯氮量（kg/hm²）	肥料折合纯磷量（kg/hm²）	肥料折合纯钾量（kg/hm²）
2005	撒可富	2005 - 04 - 28	播种前	结合播种沟施	20.00	4.80	2.40	2.40
2005	磷酸二氢铵	2005 - 04 - 28	播种前	结合播种沟施	70.00	11.90	11.90	—
2005	玉米专用肥	2005 - 05 - 23	拔节	撒施后畜耕培土	70.00	8.40	5.60	
2005	尿素	2005 - 05 - 23	拔节	撒施后畜耕培土	105.00	48.30	—	
2006	撒可富	2006 - 04 - 25	播种前	结合播种沟施	22.50	5.40	2.70	2.70
2006	磷酸二氢铵	2006 - 04 - 25	播种前	结合播种沟施	75.00	12.75	12.75	—
2006	玉米专用肥	2006 - 05 - 20	拔节	撒施后畜耕培土	70.00	8.40	5.60	
2006	尿素	2006 - 05 - 20	拔节	撒施后畜耕培土	120.00	54.85	—	
2007	撒可富	2007 - 05 - 03	播种前	结合播种沟施	21.00	5.04	2.52	
2007	磷酸二氢铵	2007 - 05 - 03	播种前	结合播种沟施	80.00	13.60	13.60	
2007	玉米专用肥	2007 - 06 - 30	拔节	撒施后畜耕培土	75.00	9.00	6.00	
2007	尿素	2007 - 06 - 30	拔节	撒施后畜耕培土	110.00	50.28	—	
2008	尿素	2008 - 05 - 07	播种前	结合播种沟施	80.00	36.57	—	
2008	尿素	2008 - 07 - 09	拔节	撒施后畜耕培土	120.00	54.85	—	

4.1.2.4　农田灌溉制度

（1）农田综合观测场

表4-40 农田综合观测场灌溉制度

年份	作物名称	灌溉时间	作物生育时期	灌溉水源	灌溉方式	灌溉量（mm）
2005	玉米	2005-04-25	播种前	井水	畦灌	85.0
2005	玉米	2005-05-24	苗期	井水	畦灌	37.0
2005	玉米	2005-07-18	拔节	井水	畦灌	40.0
2005	玉米	2005-08-28	灌浆	井水	畦灌	40.0
2006	小麦	2006-04-05	播种前	井水	畦灌	82.0
2006	小麦	2006-06-05	拔节	井水	畦灌	60.0
2006	小麦	2006-06-15	出穗期	井水	畦灌	60.0
2006	小麦	2006-06-25	成熟期	井水	畦灌	60.0
2007	玉米	2007-04-30	播种前	井水	畦灌	60.0
2007	玉米	2007-05-06	苗期	井水	畦灌	55.0
2007	玉米	2007-06-13	苗期	井水	畦灌	52.5
2007	玉米	2007-07-03	拔节	井水	畦灌	52.5
2007	玉米	2007-08-21	灌浆	井水	畦灌	55.0
2007	玉米	2007-09-03	成熟期	井水	畦灌	60.0
2008	玉米	2008-05-09	播种前	井水	畦灌	45.0
2008	玉米	2008-06-27	苗期	井水	畦灌	45.0
2008	玉米	2008-07-23	拔节	井水	畦灌	45.0
2008	玉米	2008-08-19	灌浆	井水	畦灌	45.0
2008	玉米	2008-09-04	成熟期	井水	畦灌	45.0

（2）农田辅助观测场

表4-41 农田辅助观测场灌溉制度

年份	作物名称	灌溉时间	作物生育时期	灌溉水源	灌溉方式	灌溉量（mm）
2005	玉米	2005-04-23	播种前	井水	畦灌	90.0
2005	玉米	2005-05-27	苗期	井水	畦灌	39.0
2005	玉米	2005-07-16	拔节	井水	畦灌	43.0
2005	玉米	2005-08-25	灌浆	井水	畦灌	40.0
2006	玉米	2006-05-15	播种前	井水	畦灌	90.0
2006	玉米	2006-07-02	苗期	井水	畦灌	50.0
2006	玉米	2006-07-17	拔节	井水	畦灌	46.0
2006	玉米	2006-08-02	灌浆	井水	畦灌	40.0
2007	玉米	2007-05-03	播种前	井水	畦灌	75.0
2007	玉米	2007-05-26	苗期	井水	畦灌	60.0
2007	玉米	2007-06-18	苗期	井水	畦灌	60.0
2007	玉米	2007-07-04	拔节	井水	畦灌	52.5
2007	玉米	2007-07-28	灌浆	井水	畦灌	50.0
2007	玉米	2007-08-22	成熟期	井水	畦灌	60.0
2008	玉米	2008-05-06	播种前	井水	畦灌	60.0
2008	玉米	2008-06-28	苗期	井水	畦灌	60.0
2008	玉米	2008-07-25	拔节	井水	畦灌	60.0
2008	玉米	2008-08-16	灌浆	井水	畦灌	60.0
2008	玉米	2008-09-06	成熟期	井水	畦灌	60.0

4.1.2.5 玉米生育动态

（1）农田综合观测场

表 4 - 42　农田综合观测场玉米生育动态

作物品种：郑单 958

年份	播种期	出苗期	五叶期	拔节期	抽雄期	吐丝期	成熟期	收获期
2005	2005 - 04 - 30	2005 - 05 - 15	2005 - 05 - 30	2005 - 06 - 27	2005 - 07 - 20	2005 - 07 - 27	2005 - 09 - 15	2005 - 09 - 20
2007	2007 - 05 - 03	2007 - 05 - 23	2007 - 06 - 08	2007 - 07 - 16	2007 - 08 - 05	2007 - 08 - 10	2007 - 09 - 20	2007 - 10 - 08
2008	2008 - 05 - 05	2008 - 05 - 22	2008 - 06 - 12	2008 - 07 - 07	2008 - 08 - 05	2008 - 08 - 19	2008 - 09 - 20	2008 - 10 - 14

（2）农田辅助观测场

表 4 - 43　农田辅助观测场玉米生育动态

作物品种：北京德农

年份	播种期	出苗期	五叶期	拔节期	抽雄期	吐丝期	成熟期	收获期
2005	2005 - 04 - 26	2005 - 05 - 13	2005 - 05 - 28	2005 - 06 - 27	2005 - 07 - 22	2005 - 07 - 30	2005 - 09 - 17	2005 - 09 - 22
2006	2006 - 05 - 17	2006 - 05 - 28	2006 - 06 - 05	2006 - 07 - 15	2006 - 08 - 01	2006 - 08 - 07	2006 - 09 - 21	2006 - 10 - 07
2007	2007 - 05 - 07	2007 - 05 - 28	2007 - 06 - 09	2007 - 07 - 14	2007 - 08 - 06	2007 - 08 - 11	2007 - 09 - 21	2007 - 10 - 07
2008	2008 - 05 - 08	2008 - 05 - 24	2008 - 06 - 14	2008 - 07 - 08	2008 - 08 - 06	2008 - 08 - 20	2008 - 09 - 21	2008 - 09 - 28

4.1.2.6　小麦生育动态

（1）农田综合观测场

表 4 - 44　农田综合观测场小麦生育动态

作物品种：铁春 1 号

年份	播种期	出苗期	三叶期	分蘖期	返青期	拔节期	抽穗期	蜡熟期	收获期
2006	2006 - 04 - 07	2006 - 04 - 17	2006 - 04 - 22	2006 - 05 - 05	—	2006 - 05 - 27	2006 - 06 - 13	2006 - 06 - 28	2006 - 07 - 14

4.1.2.7　作物叶面积与生物量动态

（1）农田综合观测场

表 4 - 45　综合观测场作物叶面积与生物量动态

作物名称：春玉米　作物品种：郑单 958（2006 年小麦铁春 1 号）

年份	月份	作物生育时期	密度（株或穴/m²）	群体高度（cm）	叶面积指数	调查株（穴）数	每株（穴）分蘖茎数	地上部总鲜重（g/m²）	茎干重（g/m²）	叶干重（g/m²）	地上部总干重（g/m²）
2005	6	五叶期	14	11.45	0.26	6	1.00	107.25	3.36	11.51	14.86
2005	7	拔节期	8	138.95	3.67	6	1.00	3 127.65	163.84	225.27	389.11
2005	7	抽穗期	8	252.85	6.28	6	1.00	7 326.33	483.95	650.51	1 164.26
2005	9	收获期	8	259.67	4.83	6	1.00	8 748.33	670.11	648.85	2 836.62
2006	5	分蘖期	445	22.50	0.43	20	2.25	651.50	41.15	7.15	22.02
2006	6	拔节期	370	49.17	2.38	20	1.00	1 132.13	105.73	92.00	197.73
2006	6	抽穗期	435	74.17	3.18	20	1.00	2 334.63	387.38	140.68	528.07
2006	6	成熟期	400	72.00	4.83	20	1.00	3 223.82	383.77	133.67	517.43
2007	6	五叶期	11	26.30	0.11	6	—	50.41	2.55	5.59	8.13
2007	7	拔节期	9	225.20	6.21	6	—	6 916.74	512.78	380.73	900.86
2007	7	拔节期	11	270.80	6.84	6	—	10 555.89	1 152.46	526.38	1 826.43
2007	8	吐丝期	10	276.80	6.29	6	—	10 677.81	1 042.59	489.98	2 529.23
2007	9	成熟期	9	273.40	4.03	6	—	9 882.99	1 085.93	477.53	3 873.04
2008	6	五叶期	13	28	0.28	6	—	121.14	—	—	9.97

（续）

年份	月份	作物生育时期	密度（株或穴/m²）	群体高度（cm）	叶面积指数	调查株（穴）数	每株（穴）分蘖茎数	地上部总鲜重（g/m²）	茎干重（g/m²）	叶干重（g/m²）	地上部总干重（g/m²）
2008	7	拔节期	11	164	5.12	6	—	5 093.97	363.35	292.17	655.52
2008	7	拔节期	11	268	5.81	6	—	5 966.72	663.80	421.25	1 085.04
2008	8	吐丝期	10	280	7.08	6	—	10 707.54	1 030.40	462.27	2 423.11
2008	9	成熟期	11	276	3.46	6	—	8 475.53	841.66	463.67	3 412.87

（2）农田辅助观测场

表4-46　农田辅助观测场作物叶面积与生物量动态

作物名称：春玉米　　作物品种：北京德农

年份	月份	作物生育时期	密度（株或穴/m²）	群体高度（cm）	叶面积指数	调查株（穴）数	每株（穴）分蘖茎数	地上部总鲜重（g/m²）	茎干重（g/m²）	叶干重（g/m²）	地上部总干重（g/m²）
2005	6	五叶期	13	10.68	0.28	6	1.00	112.31	3.30	11.99	15.29
2005	7	拔节期	8	138.83	3.71	6	1.00	3 296.49	163.59	235.23	398.82
2005	7	抽穗期	8	247.33	5.75	6	1.00	6 772.83	446.95	600.95	1 072.38
2005	9	收获期	8	261.28	4.74	6	1.00	8 607.73	665.18	637.82	2 819.77
2006	6	五叶期	10	24.00	0.18	6	1.00	50.53	2.38	3.85	6.23
2006	7	拔节期	9	190.17	5.21	6	1.00	6 454.00	251.80	554.38	806.18
2006	8	抽穗期	8	269.33	5.75	6	1.00	8 438.05	1 039.78	462.90	1 502.68
2006	8	吐丝期	8	266.00	6.79	6	1.00	9 876.65	1 460.13	538.63	2 185.50
2006	9	成熟期	8	278.35	5.53	6	1.00	10 477.75	1 308.22	473.63	3 370.92
2006	10	收获期	8	243.00	3.82	6	1.00	10 116.53	1 395.62	503.85	3 902.12
2007	6	五叶期	10	21.30	0.11	6	—	50.53	2.38	3.85	6.23
2007	7	拔节期	10	210.20	6.49	6	—	6 362.81	436.80	373.34	809.13
2007	7	拔节期	10	265.00	6.30	6	—	8 899.22	1 278.58	474.62	1 807.36
2007	7	吐丝期	10	271.80	6.20	6	—	10 431.33	1 148.63	442.77	2 647.72
2007	9	成熟期	10	263.00	4.06	6	—	10 228.89	1 126.01	456.05	3 869.81
2008	6	五叶期	14	25.00	0.23	6	—	106.51	—	—	9.52
2008	7	拔节期	11	157.00	5.00	6	—	3 940.34	256.96	288.81	545.77
2008	7	拔节期	10	271.00	6.08	6	—	6 613.11	746.85	357.87	1 104.73
2008	8	吐丝期	11	269.00	5.97	6	—	9 283.29	971.62	433.05	2 084.76
2008	9	成熟期	11	258.00	3.05	6	—	8 384.30	849.77	385.29	3 312.66

4.1.2.8　耕作层作物根生物量

（1）农田综合观测场

表4-47　农田综合观测场耕作层作物根生物量

作物名称：春玉米　　作物品种：郑单958（2006年小麦铁春1号）

年份	月份	作物生育时期	样方面积（cm×cm）	耕作层深度（cm）	根干重（g/m²）	约占总根干重比例（%）
2005	6	五叶期	5×Φ8cm×3	20	32.22	97.70
2005	7	拔节期	5×Φ8cm×3	20	357.03	90.90
2005	7	抽穗期	5×Φ8cm×3	20	459.28	88.48
2005	9	收获期	5×Φ8cm×3	20	694.50	89.60

年份	月份	作物生育 时期	样方面积 （cm×cm）	耕作层深度 （cm）	根干重 （g/m²）	约占总根干重比例 （%）
2006	5	分蘖期	5×Φ8cm×3	20	39.31	84.33
2006	6	拔节期	5×Φ8cm×3	20	57.30	63.50
2006	6	抽穗期	5×Φ8cm×3	20	76.57	70.17
2006	6	成熟期	5×Φ8cm×3	20	78.27	70.50
2007	6	五叶期	5×Φ8cm×3	20	40.91	100.00
2007	7	拔节期	5×Φ8cm×3	20	688.42	95.54
2007	7	拔节期	5×Φ8cm×3	20	1 063.84	96.07
2007	8	抽穗期	5×Φ8cm×3	20	947.23	91.95
2007	9	收获期	5×Φ8cm×3	20	1 212.35	92.00
2008	6	五叶期	5×Φ8cm×3	20	9.48	100.00
2008	7	拔节期	5×Φ8cm×3	20	518.02	100.00
2008	7	拔节期	5×Φ8cm×3	20	565.60	89.20
2008	8	吐丝期	5×Φ8cm×3	20	764.65	91.88

（2）农田辅助观测场

表 4－48　辅助观测场耕作层作物根生物量

作物名称：春玉米　　作物品种：北京德农

年份	月份	作物生育 时期	样方面积 （cm×cm）	耕作层深度 （cm）	根干重 （g/m²）	约占总根干重比例 （%）
2005	6	五叶期	5×Φ8cm×3	20	30.88	97.65
2005	7	拔节期	5×Φ8cm×3	20	346.56	92.82
2005	7	抽穗期	5×Φ8cm×3	20	442.84	88.35
2005	9	收获期	5×Φ8cm×3	20	679.33	89.17
2006	6	五叶期	5×Φ8cm×3	20	32.17	99.00
2006	7	拔节期	5×Φ8cm×3	20	489.17	97.17
2006	8	抽穗期	5×Φ8cm×3	20	643.14	96.33
2006	8	吐丝期	5×Φ8cm×3	20	587.91	90.00
2006	9	成熟期	5×Φ8cm×3	20	624.99	89.33
2006	10	收获期	5×Φ8cm×3	20	762.45	91.17
2007	6	五叶期	5×Φ8cm×3	20	44.67	100.00
2007	7	拔节期	5×Φ8cm×3	20	716.73	96.99
2007	7	拔节期	5×Φ8cm×3	20	993.45	94.70
2007	8	抽穗期	5×Φ8cm×3	20	1 111.55	93.48
2007	9	收获期	5×Φ8cm×3	20	1 297.72	94.84
2008	6	五叶期	5×Φ8cm×3	20	4.00	100.00
2008	7	拔节期	5×Φ8cm×3	20	501.98	100.00
2008	7	拔节期	5×Φ8cm×3	20	631.65	91.87
2008	8	吐丝期	5×Φ8cm×3	20	784.20	91.25

4.1.2.9　作物根系分布

（1）农田综合观测场

表 4-49　农田综合观测场作物根系分布

作物名称：春玉米　　　作物品种：郑单 958 （2006 年小麦铁春 1 号）

年份	月份	作物生育时期	0～10cm 根干重 (g/m²)	10～20cm 根干重 (g/m²)	20～30cm 根干重 (g/m²)	30～40cm 根干重 (g/m²)	40～60cm 根干重 (g/m²)	60～80cm 根干重 (g/m²)	80～100cm 根干重 (g/m²)
2005	6	五叶期	28.38	3.84	1.20	—	—	—	—
2005	7	拔节期	333.66	23.37	13.05	13.19	9.21	—	—
2005	7	抽穗期	423.60	35.77	23.67	20.13	15.41	—	—
2005	9	收获期	610.11	54.11	36.92	25.67	16.58	—	—
2006	5	分蘖期	34.06	5.24	3.78	3.35	—	—	—
2006	6	拔节期	57.30	—	14.52	5.13	9.62	1.34	—
2006	6	抽穗期	65.32	11.25	9.95	5.25	10.45	6.15	0.48
2006	6	成熟期	65.77	12.50	8.71	6.69	6.80	5.97	4.71
2007	6	五叶期	25.03	2.18	—	—	—	—	—
2007	7	拔节期	368.53	33.74	18.29	—	—	—	—
2007	7	拔节期	671.96	26.22	16.63	10.80	—	—	—
2007	8	抽穗期	602.07	30.11	21.77	14.96	15.96	—	—
2007	9	收获期	741.05	38.28	14.71	11.17	21.17	11.02	7.78
2008	6	五叶期	9.46	—	—	—	—	—	—
2008	7	拔节期	495.62	22.39	—	—	—	—	—
2008	7	拔节期	517.35	48.27	47.11	20.07	—	—	—
2008	8	吐丝期	717.72	46.94	25.21	15.76	25.71	—	—

（2）农田辅助观测场

表 4-50　农田辅助观测场作物根系分布

作物名称：春玉米　　　作物品种：北京德农

年份	月份	作物生育时期	0～10cm 根干重 (g/m²)	10～20cm 根干重 (g/m²)	20～30cm 根干重 (g/m²)	30～40cm 根干重 (g/m²)	40～60cm 根干重 (g/m²)	60～80cm 根干重 (g/m²)	80～100cm 根干重 (g/m²)
2005	6	五叶期	27.00	3.36	1.48	—	—	—	—
2005	7	拔节期	325.00	26.65	15.19	13.83	9.40	—	—
2005	7	抽穗期	438.84	34.97	24.33	19.09	13.35	—	—
2005	9	收获期	581.50	50.03	36.15	23.93	15.88	—	—
2006	6	五叶期	31	2	—	—	—	—	—
2006	7	拔节期	462	27	8	5	—	—	—
2006	8	抽穗期	605	38	7	6	9	—	—
2006	8	吐丝期	553	35	17	21	35	—	—
2006	9	成熟期	596	29	12	21	25	13	—
2006	10	收获期	730	33	15	13	13	26	6
2007	6	五叶期	26.30	3.24	—	—	—	—	—
2007	7	拔节期	455.47	25.30	14.15	—	—	—	—
2007	7	拔节期	587.83	32.36	19.79	13.79	—	—	—
2007	8	抽穗期	737.45	32.26	17.89	15.44	19.72	—	—
2007	9	收获期	804.36	32.99	13.20	9.62	15.78	5.31	3.72
2008	6	五叶期	3.98	—	—	—	—	—	—
2008	7	拔节期	405.55	13.10	—	—	—	—	—
2008	7	拔节期	591.00	40.64	25.71	30.85	—	—	—
2008	8	吐丝期	716.23	68.01	27.87	17.25	29.03	—	—

4.1.2.10 作物收获期植株性状与产量

（1）农田综合观测场

表 4-51 农田综合观测场玉米收获期植株性状与产量

作物品种：郑单958

年份	调查株数	密度（株/m²）	株高（cm）	结穗高度（cm）	穗数（穗/m²）	穗行数	行粒数	百粒重（g）	地上部总干重（g/株）	籽粒干重（g/株）	产量（kg/hm²）
2005	6	8	259.67	113.53	8	15.67	38.90	28.40	315.62	147.08	13 281
2007	6	9	262.60	115.20	9	15.20	39.80	34.68	—	—	—
2008	6	11	271.00	122.83	11	14.50	34.83	31.74	325.72	166.41	—

表 4-52 农田综合观测场小麦收获期植株性状与产量

作物品种：铁春1号

年份	调查株数	株高（cm）	单株总茎数	单株总穗数	每穗小穗数	每穗结实小穗数	每穗粒数	千粒重（g）	地上部总干重（g/株）	籽粒干重（g/株）
2006	30	72.0	1.0	1.0	14.7	12.3	32.2	30.3	1.5	0.87

（2）农田辅助观测场

表 4-53 农田辅助观测场玉米收获期植株性状与产量

作物品种：北京德农

年份	调查株数	密度（株/m²）	株高（cm）	结穗高度（cm）	穗数（穗/m²）	穗行数	行粒数	百粒重（g）	地上部总干重（g/株）	籽粒干重（g/株）	产量（kg/hm²）
2005	6	8	261	110	8.2	15.6	32.7	26.7	345.0	128.03	1 046
2006	6	9	260	127	9.0	15.3	32.7	26.7	390.2	172.70	1 465
2007	6	9	272	120	9.0	15.3	38.2	33.4	384.8	182.0	—
2008	6	11	255	120	—	14.6	36.6	31.4	255.50	120.33	13 200

4.1.2.11 作物矿质元素含量与能值

（1）农田综合观测场

表 4-54 农田综合观测场作物矿质元素含量与能值

作物名称：春玉米　作物品种：郑单958

年份	采样部位	全碳(mg/kg)	全氮(mg/kg)	全磷(mg/kg)	全钾(mg/kg)	全硫(mg/kg)	全钙(mg/kg)	全镁(mg/kg)	全铁(mg/kg)	全锰(mg/kg)	全铜(mg/kg)	全锌(mg/kg)	全钼(mg/kg)	全硼(mg/kg)	全硅(mg/kg)	干重热值(MJ/kg)	灰分(%)
2005	叶片	397.20	17.25	1.42	10.58	—	20.34	9.42	0.37	97.51	15.35	16.82	—	—	—	16.89	10.50
2005	茎干	420.93	4.77	0.50	12.62	—	6.27	2.01	0.10	13.71	5.76	7.38	—	—	—	17.31	3.16
2005	籽粒	428.52	12.15	1.57	3.42	—	0.36	1.06	0.06	4.26	4.05	14.95	—	—	—	17.61	1.19
2007	叶片	—	12.19	2.87	0.04	—	0.00	0.01	0.03	6.31	0.47	31.29	1.88	18.03	0.01	17.50	1.31
2007	茎干	—	14.82	1.36	0.07	—	0.11	0.14	0.36	115.63	6.65	27.89	4.49	53.89	0.17	15.85	—
2007	籽粒	—	6.60	1.00	0.16	—	0.02	0.04	0.18	41.18	5.58	30.44	4.51	—	0.06	17.11	5.68

（2）农田辅助观测场

表 4 - 55　辅助观测场农田作物矿质元素含量与能值

作物名称：春玉米　　作物品种：郑单金娃娃

年份	采样部位	全碳 (mg/kg)	全氮 (mg/kg)	全磷 (mg/kg)	全钾 (mg/kg)	全钙 (mg/kg)	全镁 (mg/kg)	全铁 (mg/kg)	全锰 (mg/kg)	全铜 (mg/kg)	全锌 (mg/kg)	全钼 (mg/kg)	全硼 (mg/kg)	全硅 (mg/kg)	干重热值 (MJ/kg)	灰分 (%)
2005	叶片	411.81	15.09	1.26	8.36	20.58	6.74	0.37	66.88	11.75	19.20	—	—	—	17.26	8.83
2005	茎干	417.15	4.75	0.51	7.83	6.90	2.33	0.10	14.83	4.28	7.48	—	—	—	16.64	2.87
2005	籽粒	422.02	11.96	2.09	3.34	0.36	1.11	0.09	5.76	5.77	14.97	—	—	—	17.53	1.17
2007	叶片	—	12.92	2.47	0.04	0.00	0.01	0.03	8.78	0.49	30.70	1.84	16.43	0.06	17.55	1.87
2007	茎干	—	17.69	1.69	0.10	0.09	0.10	0.33	83.38	7.95	30.19	5.13	—	0.05	16.58	—
2007	籽粒	—	6.23	1.00	0.13	0.02	0.04	0.18	33.89	4.18	29.79	3.63	—	0.05	16.73	4.89

4.1.2.12　分析方法

表 4 - 56　分析方法

名　称	分析项目名称	分析方法名称	参照国标名称
农田作物矿质元素含量与能值	全碳（g/kg）	重铬酸钾—硫酸氧化法	GB 7857—87
农田作物矿质元素含量与能值	全氮（g/kg）	凯氏定氮法	GB 7173—87
农田作物矿质元素含量与能值	全磷（g/kg）	酸消解钼蓝比色法	GB 7852—87
农田作物矿质元素含量与能值	全钾（g/kg）	酸消解火焰光度法	GB 7854—87
农田作物矿质元素含量与能值	全钙（g/kg）	酸消解原子吸收分光光度法	GB 7873—87
农田作物矿质元素含量与能值	全镁（g/kg）	酸消解原子吸收分光光度法	GB 7873—87
农田作物矿质元素含量与能值	全铁（g/kg）	硝酸—高氯酸湿法消解	GB 7873—87
农田作物矿质元素含量与能值	全锰（mg/kg）	硝酸—高氯酸湿法消解	GB 7873—87
农田作物矿质元素含量与能值	全铜（mg/kg）	硝酸—高氯酸湿法消解	GB 7873—87
农田作物矿质元素含量与能值	全锌（mg/kg）	硝酸微波消解，原子吸收分光光度法	GB 7887—87
农田作物矿质元素含量与能值	全钼（mg/kg）	硝酸微波消解，原子吸收分光光度法	GB 7891—87
农田作物矿质元素含量与能值	全硼（mg/kg）	硝酸微波消解，原子吸收分光光度法	GB 7890—87
农田作物矿质元素含量与能值	全硅（g/kg）	硝酸微波消解，原子吸收分光光度法	GB 7887—87
农田作物矿质元素含量与能值	干重热值（MJ/kg）	2800 绝热式热量计燃烧法测定	GB 7885—87
农田作物矿质元素含量与能值	灰分（%）	2800 绝热式热量计燃烧法测定	GB 7885—87

4.2　土壤监测数据

4.2.1　奈曼荒漠土壤监测数据

4.2.1.1　土壤交换量

表 4 - 57　荒漠土壤交换量

观测场名称	土壤类型	母质	年份	采样深度 (cm)	交换性钾离子 [mmol/kg (K⁺)]	交换性钠离子 [mmol/kg (Na⁺)]	阳离子交换量 [mmol/kg (+)]
沙地综合观测场	草甸风沙土	冲积物	2005	0～10	0.30	0.07	54.63
			2005	10～20	0.12	0.08	53.60

(续)

观测场名称	土壤类型	母质	年份	采样深度 （cm）	交换性 钾离子 [mmol/kg （K⁺）]	交换性 钠离子 [mmol/kg （Na⁺）]	阳离子 交换量 [mmol/kg （＋）]
固定沙丘辅助观测场	风沙土	冲积物	2005	0～10	0.12	0.06	27.55
			2005	10～20	0.08	0.06	22.72
流动沙丘辅助观测场	风沙土	冲积物	2005	0～10	0.09	0.07	19.28
			2005	10～20	0.08	0.07	18.93

4.2.1.2 土壤养分
（1）沙地综合观测场

表 4-58 沙地综合观测场土壤养分

土壤类型：草甸风沙土　　母质：冲积物

年份	采样深度 （cm）	土壤有机质 （g/kg）	全氮 （g/kg）	全磷 （g/kg）	全钾 （g/kg）	速效氮（水 解氮（mg/kg）	有效磷 （mg/kg）	速效钾 （mg/kg）	缓效钾 （mg/kg）	pH （H₂O）
2008	0～10	5.11	0.32	—	—	25.16	5.57	120.50	—	8.58
2008	10～20	4.28	0.27	—	—	22.20	4.16	104.06	—	8.59
2007	0～10	5.37	0.30	—	—	24.19	9.19	151.62	391.86	8.42
2007	10～20	2.74	0.24	—	—	15.86	6.06	62.45	326.43	8.70
2006	0～10	6.27	0.67	—	—	26.07	11.84	191.67	—	—
2006	10～20	2.82	0.36	—	—	12.25	4.01	86.67	—	—
2005	0～10	5.72	0.44	0.33	27.5	18.7	12.5	135	440	8.1
2005	10～20	3.58	0.32	0.34	27.5	12.5	6.9	83.3	341.7	8.4
2005	20～40	2.96	0.27	0.36	27.5	—	—	—	—	—
2005	40～60	2.81	0.26	0.40	27.5	—	—	—	—	—
2005	60～100	3.65	0.30	0.47	26.7	—	—	—	—	—

（2）沙地辅助观测场

表 4-59 固定沙丘辅助观测场土壤养分

土壤类型：风沙土　　母质：冲积物

年份	采样深度 （cm）	土壤有机质 （g/kg）	全氮 （g/kg）	全磷 （g/kg）	全钾 （g/kg）	速效氮（水 解氮（mg/kg）	有效磷 （mg/kg）	速效钾 （mg/kg）	缓效钾 （mg/kg）	pH （H₂O）
2008	0～10	1.08	0.07	—	—	6.84	3.83	63.89	—	7.59
2008	10～20	1.20	0.07	—	—	5.86	3.92	65.27	—	7.56
2007	0～10	1.37	0.11	—	—	8.80	8.85	64.23	217.29	7.53
2007	10～20	0.75	0.06	—	—	6.53	7.70	40.82	173.10	7.40
2006	0～10	1.67	0.19	—	—	8.97	11.02	111.67	—	—
2006	10～20	0.98	0.15	—	—	5.83	6.30	95	—	—
2005	0～10	2.04	0.18	0.15	27.5	10.5	13.2	65	218.3	7.4
2005	10～20	1.27	0.12	0.09	26.7	8.4	10.2	51.7	173.3	7.2
2005	20～40	0.94	0.11	0.08	27.5	—	—	—	—	—
2005	40～60	0.67	0.09	0.08	27.5	—	—	—	—	—
2005	60～100	0.65	0.09	0.08	26.7	—	—	—	—	—

表 4 - 60 流动沙丘辅助观测场土壤养分

土壤类型：风沙土　　母质：冲积物

年份	采样深度 (cm)	土壤有机质 (g/kg)	全氮 (g/kg)	全磷 (g/kg)	全钾 (g/kg)	速效氮（水解氮）(mg/kg)	有效磷 (mg/kg)	速效钾 (mg/kg)	缓效钾 (mg/kg)	pH (H₂O)
2008	0~10	0.54	0.03	—	—	5.22	3.84	56.22	—	7.67
2008	10~20	0.63	0.03	—	—	5.48	4.44	53.11	—	7.65
2007	0~10	0.35	0.04	—	—	4.96	6.90	42.83	165.80	7.32
2007	10~20	0.77	0.04	—	—	4.73	5.41	47.51	170.4	7.28
2006	0~10	0.43	0.12	—	—	6.9	8.63	100	—	—
2006	10~20	0.52	0.11	—	—	6.63	7.92	100	—	—
2005	0~10	0.55	0.08	0.08	26.7	10.2	9.9	61.7	171.7	7.2
2005	10~20	0.64	0.08	0.08	27.5	8.2	9.2	56.7	176.7	7.0
2005	20~40	0.51	0.08	0.08	27.5	—	—	—	—	
2005	40~60	0.56	0.09	0.08	27.5	—	—	—	—	
2005	60~100	0.41	0.08	0.08	27.5	—	—	—	—	

4.2.1.3 土壤矿质全量

（1）沙地综合观测场

表 4 - 61 沙地综合观测场土壤矿质全量

土壤类型：草甸风沙土　　母质：冲积物

年份	采样深度 (cm)	SiO₂ (%)	Fe₂O₃ (%)	MnO (%)	TiO₂ (%)	Al₂O₃ (%)	CaO (%)	MgO (%)	K₂O (%)	Na₂O (%)	P₂O₅ (%)	LOI（烧失量,%)	S (g/kg)
2005	0~10	82.09	1.32	0.03	0.28	8.25	0.95	0.41	2.83	1.75	0.056	1.78	0.126
2005	10~20	80.09	1.47	0.04	0.35	9.22	1.31	0.55	2.87	1.90	0.058	1.74	0.126
2005	20~40	78.08	1.79	0.04	0.41	9.98	1.59	0.65	2.89	2.13	0.058	1.94	0.112
2005	40~60	75.28	2.06	0.05	0.48	11.34	1.98	0.87	2.95	2.42	0.067	2.24	0.112
2005	60~100	74.28	2.43	0.05	0.50	11.31	2.11	0.92	2.87	2.30	0.070	2.99	0.124

（2）沙地辅助观测场

表 4 - 62 固定沙丘辅助观测场土壤矿质全量

土壤类型：风沙土　　母质：冲积物

年份	采样深度 (cm)	SiO₂ (%)	Fe₂O₃ (%)	MnO (%)	TiO₂ (%)	Al₂O₃ (%)	CaO (%)	MgO (%)	K₂O (%)	Na₂O (%)	P₂O₅ (%)	LOI（烧失量,%)	S (g/kg)
2005	0~10	84.70	0.90	0.02	0.20	7.46	0.79	0.27	2.91	1.30	0.022	0.99	0.067
2005	10~20	85.45	0.90	0.03	0.22	7.21	0.62	0.24	2.82	1.74	0.019	0.71	0.061
2005	20~40	86.71	0.68	0.02	0.13	6.87	0.55	0.18	3.03	1.11	0.019	0.60	0.062
2005	40~60	87.31	0.66	0.02	0.12	6.70	0.60	0.17	2.87	1.04	0.019	0.61	0.061
2005	60~100	86.33	0.82	0.03	0.21	7.05	0.47	0.18	2.89	1.21	0.020	0.59	0.062

表 4－63　流动沙丘辅助观测场土壤矿质全量

土壤类型：风沙土　　母质：冲积物

年份	采样深度 (cm)	SiO₂ (%)	Fe₂O₃ (%)	MnO (%)	TiO₂ (%)	Al₂O₃ (%)	CaO (%)	MgO (%)	K₂O (%)	Na₂O (%)	P₂O₅ (%)	LOI（烧 失量,%)	S (g/kg)
2005	0～10	88.30	0.54	0.02	0.09	6.01	0.34	0.12	2.72	1.12	0.020	0.54	0.087
2005	10～20	88.03	0.53	0.02	0.10	6.06	0.35	0.11	2.71	1.20	0.019	0.54	0.088
2005	20～40	88.17	0.58	0.02	0.09	6.06	0.34	0.11	2.76	1.20	0.019	0.54	0.086
2005	40～60	88.34	0.54	0.02	0.09	6.06	0.33	0.11	2.76	1.20	0.020	0.44	0.082
2005	60～100	88.51	0.72	0.04	0.09	5.95	0.33	0.10	2.68	1.20	0.021	0.50	0.083

4.2.1.4　土壤微量元素和重金属元素

（1）沙地综合观测场

表 4－64　沙地综合观测场土壤微量元素和重金属元素

土壤类型：草甸风沙土　　母质：冲积物　　　　　　　　　　　　　　　　　　单位：mg/kg

年份	采样深度 (cm)	全硼 (B)	全钼 (Mo)	全锰 (Mn)	全锌 (Zn)	全铜 (Cu)	全铁 (Fe)	镉 (Cd)	铅 (Pb)	铬 (Cr)	镍 (Ni)	汞 (Hg)	砷 (As)	硒 (Se)
2005	0～10	32.7	0.985	369.3	32.62	9.30	9248.0	0.071	19.59	30.52	11.27	0.028	4.73	0.052
2005	10～20	49.2	0.494	361.9	30.51	8.49	10267.5	0.064	19.04	28.37	12.49	0.018	4.69	0.044
2005	20～40	39.4	0.459	345.4	36.20	8.76	12543.5	0.052	18.22	28.03	12.32	0.016	4.46	0.035
2005	40～60	34.0	0.338	358.1	32.09	8.65	14421.8	0.053	16.50	30.53	12.19	0.016	4.73	0.028
2005	60～100	39.1	0.345	380.2	34.36	11.60	16536.8	0.062	15.03	34.04	13.36	0.017	5.74	0.036

（2）沙地辅助观测场

表 4－65　固定沙丘辅助观测场土壤微量元素和重金属元素

土壤类型：风沙土　　母质：冲积物　　　　　　　　　　　　　　　　　　　单位：mg/kg

年份	采样深度 (cm)	全硼 (B)	全钼 (Mo)	全锰 (Mn)	全锌 (Zn)	全铜 (Cu)	全铁 (Fe)	镉 (Cd)	铅 (Pb)	铬 (Cr)	镍 (Ni)	汞 (Hg)	砷 (As)	硒 (Se)
2005	0～10	14.92	0.297	184.9	27.65	6.53	6317.5	0.125	15.68	13.36	6.48	0.29	3.78	0.046
2005	10～20	12.40	0.272	200.5	21.04	6.65	6287.2	0.078	16.08	14.93	5.73	0.18	2.34	0.038
2005	20～40	8.56	0.312	180.7	19.28	3.92	4782.4	0.110	15.06	9.20	3.48	0.11	2.46	0.039
2005	40～60	14.46	0.295	158.8	17.30	3.49	4614.9	0.069	15.59	9.79	1.98	0.08	2.76	0.042
2005	60～100	9.02	0.342	224.6	19.15	3.55	5746.5	0.067	14.06	10.44	3.59	0.074	2.20	0.039

表 4－66　流动沙丘辅助观测场土壤微量元素和重金属元素

土壤类型：风沙土　　母质：冲积物　　　　　　　　　　　　　　　　　　　单位：mg/kg

年份	采样深度 (cm)	全硼 (B)	全钼 (Mo)	全锰 (Mn)	全锌 (Zn)	全铜 (Cu)	全铁 (Fe)	镉 (Cd)	铅 (Pb)	铬 (Cr)	镍 (Ni)	汞 (Hg)	砷 (As)	硒 (Se)
2005	0～10	7.57	0.199	263.8	20.94	5.18	3831.3	0.039	12.17	9.21	2.89	0.009	1.92	0.016
2005	10～20	9.63	0.226	288.4	17.26	4.55	4239.6	0.036	14.13	11.24	3.25	0.010	2.11	0.015
2005	20～40	6.00	0.262	195.3	14.22	4.32	4281.2	0.031	13.36	8.11	3.00	0.010	2.07	0.018
2005	40～60	8.47	0.247	228.6	13.61	3.71	4155.2	0.031	11.39	10.00	2.45	0.010	2.03	0.014
2005	60～100	4.97	0.238	220.0	16.02	4.96	5267.0	0.035	12.10	7.59	2.92	0.010	2.02	0.014

4.2.1.5 土壤速效微量元素

（1）沙地综合观测场

表 4-67　沙地综合观测场土壤速效微量元素

土壤类型：草甸风沙土　　母质：冲积物

年份	采样深度 （cm）	有效铁 （mg/kg）	有效铜 （mg/kg）	有效钼 （mg/kg）	有效锰* （mg/kg）	有效锰** （mg/kg）	有效锌 （mg/kg）	有效硫 （mg/kg）
2005	0～10	3.12	0.41	0.084	2.27	48.27	0.37	3.73
2005	10～20	3.66	0.40	0.080	2.63	57.28	0.17	3.54

＊DTPA 浸提—ICP 法；＊＊乙酸铵—对苯二酚浸提—原子吸收法

（2）沙地辅助观测场

表 4-68　固定沙丘辅助观测场土壤速效微量元素

土壤类型：风沙土　　母质：冲积物

年份	采样深度 （cm）	有效铁 （mg/kg）	有效铜 （mg/kg）	有效钼 （mg/kg）	有效锰* （mg/kg）	有效锰** （mg/kg）	有效锌 （mg/kg）	有效硫 （mg/kg）
2005	0～10	3.06	0.30	0.068	1.69	19.70	0.21	3.31
2005	10～20	2.73	0.25	0.082	1.60	15.79	0.15	2.39

＊DTPA 浸提—ICP 法；＊＊乙酸铵—对苯二酚浸提—原子吸收法

表 4-69　流动沙丘辅助观测场土壤速效微量元素

土壤类型：风沙土　　母质：冲积物

年份	采样深度 （cm）	有效铁 （mg/kg）	有效铜 （mg/kg）	有效钼 （mg/kg）	有效锰* （mg/kg）	有效锰** （mg/kg）	有效锌 （mg/kg）	有效硫 （mg/kg）
2005	0～10	2.98	0.23	0.074	1.43	14.45	0.20	3.47
2005	0～20	2.66	0.25	0.078	1.34	14.94	0.19	3.29

＊DTPA 浸提—ICP 法；＊＊乙酸铵—对苯二酚浸提—原子吸收法

4.2.1.6 土壤机械组成

（1）沙地综合观测场

表 4-70　沙地综合观测场土壤机械组成

土壤类型：草甸风沙土　　母质：冲积物

年份	采样深度（cm）	2～0.05mm（%）	0.05～0.002mm（%）	<0.002mm（%）	土壤质地名称
2005	0～10	83.39	12.86	2.83	砂　土
2005	10～20	80.42	15.94	2.97	壤砂土
2005	20～40	87.16	9.13	3.11	砂　土
2005	40～60	81.62	15.05	2.76	砂　土
2005	60～100	76.54	20.08	2.88	壤砂土

（2）沙地辅助观测场

表 4 - 71　固定沙丘辅助观测场土壤机械组成

土壤类型：风沙土　　母质：冲积物

年份	采样深度（cm）	2～0.05mm（%）	0.05～0.002mm（%）	<0.002mm（%）	土壤质地名称
2005	0～10	91.44	5.67	2.14	砂土
2005	10～20	94.47	2.73	2.41	砂土
2005	20～40	95.57	1.39	2.40	砂土
2005	40～60	95.77	0.98	2.25	砂土
2005	60～100	95.64	0.93	2.41	砂土

表 4 - 72　流动沙丘辅助观测场土壤机械组成

土壤类型：风沙土　　母质：冲积物

年份	采样深度（cm）	2～0.05mm（%）	0.05～0.002mm（%）	<0.002mm（%）	土壤质地名称
2005	0～10	95.97	0.90	2.09	砂土
2005	10～20	96.35	0.52	2.28	砂土
2005	20～40	96.16	0.57	2.28	砂土
2005	40～60	96.24	0.45	2.20	砂土
2005	60～100	96.22	0.47	2.41	砂土

4.2.1.7　土壤容重

（1）沙地综合观测场

表 4 - 73　沙地综合观测场土壤容重

土壤类型：草甸风沙土　　母质：冲积物

年份	采样深度（cm）	土壤容重平均值（g/cm³）	均方差
2005	0～10	1.47	0.03
2005	10～20	1.53	0.05
2005	20～40	1.42	0.03
2005	40～60	1.35	0.04
2005	60～100	1.32	0.02

（2）沙地辅助观测场

表 4 - 74　固定沙丘辅助观测场土壤容重

土壤类型：风沙土　　母质：冲积物

年份	采样深度（cm）	土壤容重平均值（g/cm³）	均方差
2005	0～10	1.59	0.01
2005	10～20	1.60	0.01
2005	20～40	1.58	0.02
2005	40～60	1.57	0.02
2005	60～100	1.60	0.03

表 4-75　流动沙丘辅助观测场土壤容重

土壤类型：风沙土　　母质：冲积物

年份	采样深度（cm）	土壤容重平均值（g/cm³）	均方差
2005	0～10	1.64	0.02
2005	10～20	1.65	0.03
2005	20～40	1.62	0.04
2005	40～60	1.64	0.02
2005	60～100	1.63	0.03

4.2.1.8　土壤理化分析方法

表 4-76　土壤理化分析方法

名称	分析项目名称	分析方法名称	参照国标名称
土壤交换量	交换性钾离子	乙酸铵—氢氧化铵交换—火焰光度法	GB 7866-87
土壤交换量	交换性钠离子	乙酸铵—氢氧化铵交换—火焰光度法	GB 7866-87
土壤交换量	阳离子交换量	乙酸铵-EDTA 快速法（提取液 pH 8.5）	GB 7863-87
土壤养分	土壤有机质	重铬酸钾氧化法	LY/T 1237—1999（GB 7857-87）
土壤养分	全氮	凯式法	NY/T 53-87（GB 7173-87）
土壤养分	全磷	硫酸—高氯酸消煮—钼锑抗比色法	LY/T 1232—1999（GB 7852-87）
土壤养分	全钾	酸熔火焰/原子吸收	LY/T 1234—1999（GB 7854-87）
土壤养分	水解氮	碱扩散法	LY/T 1229—1999（GB/T 7849-87）
土壤养分	有效磷	碳酸氢钠浸提—钼锑抗比色法	NY/T 148-90（GB 12297-90）
土壤养分	速效钾	乙酸铵浸提—火焰光度法	LY/T 1236—1999（GB 7856-87）
土壤养分	缓效钾	硝酸浸提—火焰光度法	LY/T 1235—1999（GB 7855-87）
土壤养分	pH	水土比=2.5：1，电位法	LY/T 1239—1999（GB 7859-87）
土壤矿质全量	Si	偏硼酸锂熔融-ICP-AES 法	GB 7873—1987
土壤矿质全量	Fe	偏硼酸锂熔融-ICP-AES 法	GB 7873—1987
土壤矿质全量	Mn	偏硼酸锂熔融-ICP-AES 法	GB 7873—1987
土壤矿质全量	Ti	偏硼酸锂熔融-ICP-AES 法	GB 7873—1987
土壤矿质全量	Al	偏硼酸锂熔融-ICP-AES 法	GB 7873—1987
土壤矿质全量	Ca	偏硼酸锂熔融-ICP-AES 法	GB 7873—1987
土壤矿质全量	Mg	偏硼酸锂熔融-ICP-AES 法	GB 7873—1987
土壤矿质全量	K	偏硼酸锂熔融-ICP-AES 法	GB 7873—1987
土壤矿质全量	Na	偏硼酸锂熔融-ICP-AES 法	GB 7873—1987
土壤矿质全量	S	燃烧碘量法	GB 7887—1987
土壤微量元素和重金属元素	全硼	碳酸钠熔融—姜黄素比色法	GB 7890—1987
土壤微量元素和重金属元素	全钼	氢氟酸—高氯酸—硝酸消煮-ICP-MS 法	GB 7887—1987
土壤微量元素和重金属元素	全锰	氢氟酸—高氯酸—硝酸消煮-ICP-AES 法	GB 7887—1987
土壤微量元素和重金属元素	全锌	氢氟酸—高氯酸—硝酸消煮-ICP-AES 法	GB 7887—1987
土壤微量元素和重金属元素	全铜	氢氟酸—高氯酸—硝酸消煮-ICP-AES 法	GB 7887—1987
土壤微量元素和重金属元素	全铁	氢氟酸-高氯酸-硝酸消煮-ICP-AES 法	GB 7887—1987
土壤微量元素和重金属元素	硒	1：1王水消煮氢化物发生原子荧光光谱法	ISO 11466
土壤微量元素和重金属元素	镉	原子吸收分光光度法	GB/T 17141—1997
土壤微量元素和重金属元素	铅	盐酸—硝酸—氢氟酸—高氯酸消煮-ICP-AES 法	GB/T 17141—1997
土壤微量元素和重金属元素	铬	盐酸—硝酸—氢氟酸—高氯酸消煮-ICP 法	GB/T 17137—1997

（续）

名　　称	分析项目名称	分析方法名称	参照国标名称
土壤微量元素和重金属元素	镍	盐酸—硝酸—氢氟酸—高氯酸消煮-ICP法	GB/T 17139—1997
土壤微量元素和重金属元素	汞	1∶1王水消煮冷原子荧光吸收法	ISO 11466
土壤微量元素和重金属元素	砷	1∶1王水消煮氢化物发生原子荧光光谱法	ISO 11466
土壤速效微量元素	有效铁	DTPA 浸提	GB 7881—1987
土壤速效微量元素	有效铜	DTPA 浸提	GB 7879—1987
土壤速效微量元素	有效钼	DTPA 浸提	GB 7878—1987
土壤速效微量元素	有效硫	DTPA 浸提	LY-T 1265—1999
土壤速效微量元素	有效锰	DTPA 浸提	GB 7883—1987
土壤速效微量元素	有效锰	中性乙酸铵—对苯二酚浸提	GB 7883—1987
土壤速效微量元素	有效锌	DTPA 浸提	GB 7680—1987
土壤机械组成	土壤机械组成	吸管法	GB 7845—1987
土壤容重	土壤容重	环刀法	GB/T 50123—1999

4.2.2　奈曼农田土壤监测数据

4.2.2.1　土壤交换量

表4-77　农田土壤交换量

观测场名称	土壤类型	母质	年份	作物	采样深度 （cm）	交换性 钾离子 [mmol/kg （K+）]	交换性 钠离子 [mmol/kg （Na+）]	阳离子 交换量 [mmol/kg （+）]
农田综合观测场	草甸风沙土	冲积物	2005	玉米	0～10	0.57	0.18	90.12
			2005	玉米	10～20	0.18	0.22	82.17
农田辅助观测场	草甸风沙土	冲积物	2005	玉米	0～10	0.22	0.13	84.78
			2005	玉米	10～20	0.16	0.14	75.77
旱作农田	草甸风沙土	冲积物	2005	大豆	0～10	0.18	0.09	58.77
			2005	大豆	10～20	0.13	0.10	71.37

4.2.2.2　土壤养分
（1）农田综合观测场

表4-78　农田综合观测场土壤养分

土壤类型：草甸风沙土　　母质：冲积物

年份	作物	采样深度 （cm）	土壤有机质 （g/kg）	全氮 （g/kg）	全磷 （g/kg）	全钾 （g/kg）	速效氮 （mg/kg）	有效磷 （mg/kg）	速效钾 （mg/kg）	缓效钾 （mg/kg）	水溶液提 pH（H₂O）
2008	玉米	0～20	8.03	0.46	—	—	38.92	15.16	93.28	—	8.69
2007	玉米	0～20	9.90	0.60	—	—	43.70	16.20	122.2	624.50	8.50
2006	小麦	0～20	8.31	0.77	—	—	33.25	24.67	128.33	—	8.50
2005	玉米	0～10	11.34	0.78	0.93	27.5	—	—	—	—	—
2005	玉米	10～20	7.10	0.51	0.62	27.5	—	—	—	—	—
2005	玉米	20～40	8.30	0.58	0.72	27.5	—	—	—	—	—
2005	玉米	40～60	7.80	0.55	0.75	26.67	—	—	—	—	—
2005	玉米	60～100	4.38	0.36	0.50	27.5	—	—	—	—	—
2005	玉米	0～20	10.02	0.75	—	—	28.62	36.91	165	593.33	8.57

（2）其他观测场

表 4 - 79　农田辅助观测场土壤养分

土壤类型：草甸风沙土　　母质：冲积物

年份	作物	采样深度 (cm)	土壤有机质 (g/kg)	全氮 (g/kg)	全磷 (g/kg)	全钾 (g/kg)	速效氮 (mg/kg)	有效磷 (mg/kg)	速效钾 (mg/kg)	缓效钾 (mg/kg)	水溶液提 pH（H_2O）
2008	玉米	0～20	5.93	0.36	—	—	32.92	12.80	77.55	—	8.68
2007	玉米	0～20	7.41	0.39	—	—	29.80	12.29	61.78	532.36	8.62
2006	玉米	0～20	4.84	0.55	—	—	28.88	14.09	85.00	—	—
2005	玉米	0～10	7.05	0.55	0.70	28.33	—	—	—	—	—
2005	玉米	10～20	4.36	0.37	0.45	28.33	—	—	—	—	—
2005	玉米	20～40	3.63	0.34	0.36	28.33	—	—	—	—	—
2005	玉米	40～60	3.94	0.36	0.46	28.33	—	—	—	—	—
2005	玉米	60～100	4.06	0.37	0.47	28.33	—	—	—	—	—
2005	玉米	0～20	6.69	0.52	—	—	25.72	22.33	88.33	461.67	8.50

表 4 - 80　旱作农田土壤养分

土壤类型：草甸风沙土　　母质：冲积物

年份	作物	采样深度 (cm)	土壤有机质 (g/kg)	全氮 (g/kg)	全磷 (g/kg)	全钾 (g/kg)	速效氮 (mg/kg)	有效磷 (mg/kg)	速效钾 (mg/kg)	缓效钾 (mg/kg)	水溶液提 pH（H_2O）
2008	撂荒	0～20	5.97	0.36	—	—	30.28	6.60	95.88	—	8.72
2007	撂荒	0～20	4.96	0.32	—	—	21.69	6.91	49.52	436.44	8.55
2006	荞麦	0～20	4.94	0.53	—	—	20.65	8.82	91.67	—	—
2005	大豆	0～10	6.08	0.45	0.43	27.50	—	—	—	—	—
2005	大豆	10～20	4.47	0.36	0.36	27.50	—	—	—	—	—
2005	大豆	20～40	4.13	0.35	0.44	27.50	—	—	—	—	—
2005	大豆	40～60	1.58	0.15	0.24	28.33	—	—	—	—	—
2005	大豆	60～100	2.20	0.20	0.31	28.33	—	—	—	—	—
2005	大豆	0～20	5.99	0.48	—	—	20.60	16.27	81.67	385.00	8.17

4.2.2.3　土壤矿质全量

（1）农田综合观测场

表 4 - 81　农田综合观测场土壤矿质全量

土壤类型：草甸风沙土　　母质：冲积物

年份	作物	采样深度 (cm)	SiO_2 (%)	Fe_2O_3 (%)	MnO (%)	TiO_2 (%)	Al_2O_3 (%)	CaO (%)	MgO (%)	K_2O (%)	Na_2O (%)	P_2O_5 (%)	LOI (烧失量,%)	S (g/kg)
2005	玉米	0～10	70.67	2.77	0.06	0.58	11.99	2.33	1.02	2.90	2.58	0.104	3.89	0.106
2005	玉米	10～20	69.40	3.18	0.06	0.61	12.49	2.70	1.16	2.85	2.64	0.071	4.52	0.084
2005	玉米	20～40	64.49	3.34	0.06	0.61	12.15	2.87	1.23	2.60	2.22	0.078	5.16	0.118
2005	玉米	40～60	68.80	3.90	0.07	0.70	13.72	3.37	1.44	2.82	2.34	0.082	5.34	0.175
2005	玉米	60～100	70.05	2.60	0.05	0.55	11.82	2.28	0.95	2.83	2.40	0.058	3.23	0.168

（2）其他观测场

表 4-82 农田辅助观测场土壤矿质全量

土壤类型：草甸风沙土　　母质：冲积物

年份	作物	采样深度 (cm)	SiO₂ (%)	Fe₂O₃ (%)	MnO (%)	TiO₂ (%)	Al₂O₃ (%)	CaO (%)	MgO (%)	K₂O (%)	Na₂O (%)	P₂O₅ (%)	LOI (烧失量,%)	S (g/kg)
2005	玉米	0~10	76.32	2.04	0.05	0.45	10.57	1.79	0.67	2.89	2.18	0.10	2.93	0.14
2005	玉米	10~20	77.09	1.83	0.04	0.41	10.20	1.80	0.58	2.87	2.14	0.06	2.55	0.12
2005	玉米	20~40	79.98	1.43	0.04	0.34	9.28	1.46	0.42	2.85	1.92	0.05	2.00	0.12
2005	玉米	40~60	78.61	1.61	0.04	0.38	9.73	1.75	0.50	2.88	2.06	0.06	2.25	0.13
2005	玉米	60~100	77.06	1.73	0.05	0.42	10.11	1.97	0.59	2.94	2.18	0.07	2.62	0.14

表 4-83 旱作农田土壤矿质全量

土壤类型：草甸风沙土　　母质：冲积物

年份	作物	采样深度 (cm)	SiO₂ (%)	Fe₂O₃ (%)	MnO (%)	TiO₂ (%)	Al₂O₃ (%)	CaO (%)	MgO (%)	K₂O (%)	Na₂O (%)	P₂O₅ (%)	LOI (烧失量,%)	S (g/kg)
2005	大豆	0~10	80.91	1.30	0.03	0.33	10.57	1.79	0.67	2.89	2.18	0.10	2.93	0.14
2005	大豆	10~20	79.04	1.65	0.04	0.41	10.20	1.80	0.58	2.87	2.14	0.06	2.55	0.12
2005	大豆	20~40	75.79	2.13	0.05	0.34	9.28	1.46	0.42	2.85	1.92	0.05	2.00	0.12
2005	大豆	40~60	82.65	1.61	0.03	0.38	9.73	1.75	0.50	2.88	2.06	0.06	2.25	0.13
2005	大豆	60~100	80.34	2.15	0.03	0.42	10.11	1.97	0.59	2.94	2.18	0.07	2.62	0.15

4.2.2.4 土壤微量元素和重金属元素

（1）农田综合观测场

表 4-84 农田综合观测场土壤微量元素和重金属元素

土壤类型：草甸风沙土　　母质：冲积物　　　　　　　　　　　　　　单位：mg/kg

年份	作物	采样深度 (cm)	全硼 (B)	全钼 (Mo)	全锰 (Mn)	全锌 (Zn)	全铜 (Cu)	全铁 (Fe)	硒 (Se)	镉 (Cd)	铅 (Pb)	铬 (Cr)	镍 (Ni)	汞 (Hg)	砷 (As)
2005	玉米	0~10	38.312	0.423	447.734	43.204	12.736	19 837.778	0.063	0.074	20.092	39.424	21.885	0.022	5.766
2005	玉米	10~20	37.446	0.532	432.587	42.917	12.410	19 703.383	0.055	0.060	20.008	37.167	16.262	0.020	5.428
2005	玉米	20~40	32.761	0.633	488.725	47.077	17.221	23 233.012	0.082	0.070	19.956	37.949	18.925	0.018	8.681
2005	玉米	40~60	38.225	0.713	442.996	43.885	14.807	21 437.216	0.060	0.074	21.245	41.436	21.343	0.019	7.189
2005	玉米	60~100	34.650	0.438	474.672	49.551	14.915	22 695.978	0.043	0.060	20.861	35.544	15.436	0.016	5.176

（2）其他观测场

表 4-85 农田辅助观测场土壤微量元素和重金属元素

土壤类型：草甸风沙土　　母质：冲积物　　　　　　　　　　　　　　单位：mg/kg

年份	作物	采样深度 (cm)	全硼 (B)	全钼 (Mo)	全锰 (Mn)	全锌 (Zn)	全铜 (Cu)	全铁 (Fe)	硒 (Se)	镉 (Cd)	铅 (Pb)	铬 (Cr)	镍 (Ni)	汞 (Hg)	砷 (As)
2005	玉米	0~10	26.0	0.353	374.8	38.29	14.65	14 300.9	0.051	0.078	18.97	35.93	14.47	0.021	3.90

（续）

年份	作物	采样深度 (cm)	全硼 (B)	全钼 (Mo)	全锰 (Mn)	全锌 (Zn)	全铜 (Cu)	全铁 (Fe)	硒 (Se)	镉 (Cd)	铅 (Pb)	铬 (Cr)	镍 (Ni)	汞 (Hg)	砷 (As)
2005	玉米	10～20	22.3	0.467	332.4	33.99	13.15	12 801.8	0.047	0.049	18.20	35.10	13.13	0.012	3.42
2005	玉米	20～40	23.0	0.597	339.5	33.79	12.42	10 017.8	0.072	0.056	18.53	29.70	12.33	0.012	3.42
2005	玉米	40～60	18.3	0.430	345.9	33.56	12.38	11 231.3	0.044	0.049	18.53	32.33	11.97	0.015	3.13
2005	玉米	60～100	23.0	0.488	371.1	33.58	12.84	12 087.9	0.041	0.044	18.50	30.47	11.83	0.013	3.43

表 4-86　旱作农田土壤微量元素和重金属元素

土壤类型：草甸风沙土　　母质：冲积物　　　　　　　　　　　　　　　　　单位：mg/kg

年份	作物	采样深度 (cm)	全硼 (B)	全钼 (Mo)	全锰 (Mn)	全锌 (Zn)	全铜 (Cu)	全铁 (Fe)	硒 (Se)	镉 (Cd)	铅 (Pb)	铬 (Cr)	镍 (Ni)	汞 (Hg)	砷 (As)
2005	大豆	0～10	19.0	0.432	603.4	41.09	13.82	11 116.0	0.048	0.065	17.50	36.57	12.27	0.014	3.39
2005	大豆	10～20	19.3	0.697	423.2	42.36	14.51	13 842.3	0.047	0.044	17.30	34.37	12.37	0.011	3.37
2005	大豆	20～40	24.7	0.456	360.2	33.22	11.07	14 895.8	0.040	0.045	17.07	33.90	13.37	0.010	3.87
2005	大豆	40～60	22.2	0.479	360.4	29.39	10.07	11 229.2	0.023	0.048	16.03	34.53	10.93	0.007	2.91
2005	大豆	60～100	18.3	0.454	385.0	32.19	10.71	15 013.3	0.028	0.042	17.17	33.83	12.30	0.009	3.35

4.2.2.5　土壤速效微量元素

（1）农田综合观测场

表 4-87　农田综合观测场土壤速效微量元素

土壤类型：草甸风沙土　　母质：冲积物

年份	作物	采样深度 (cm)	有效铁 (mg/kg)	有效铜 (mg/kg)	有效钼 (mg/kg)	有效锰* (mg/kg)	有效锰** (mg/kg)	有效锌 (mg/kg)	有效硫 (mg/kg)
2005	玉米	0～10	6.78	0.67	0.070	5.06	70.87	0.68	6.29
2005	玉米	0～20	7.79	0.65	0.063	4.00	82.18	0.30	5.38

* DTPA 浸提—ICP 法；** 乙酸铵—对苯二酚浸提—原子吸收法

（2）其他观测场

表 4-88　农田辅助观测场土壤速效微量元素

土壤类型：草甸风沙土　　母质：冲积物

年份	作物	采样深度 (cm)	有效铁 (mg/kg)	有效铜 (mg/kg)	有效钼 (mg/kg)	有效锰* (mg/kg)	有效锰** (mg/kg)	有效锌 (mg/kg)	有效硫 (mg/kg)
2005	玉米	0～10	6.40	0.57	0.070	6.67	74.40	0.55	4.63
2005	玉米	0～20	6.47	0.54	0.070	5.68	70.70	0.4	5.00

* DTPA 浸提—ICP 法；** 乙酸铵—对苯二酚浸提—原子吸收法

表 4－89 旱作农田土壤速效微量元素

土壤类型：草甸风沙土　　母质：冲积物

年份	作物	采样深度 （cm）	有效铁 （mg/kg）	有效铜 （mg/kg）	有效钼 （mg/kg）	有效锰* （mg/kg）	有效锰** （mg/kg）	有效锌 （mg/kg）	有效硫 （mg/kg）
2005	大豆	0～10	4.19	0.39	0.067	2.64	43.61	0.42	3.06
2005	大豆	0～20	4.36	0.55	0.063	3.25	54.62	0.31	3.04

* DTPA 浸提—ICP 法；** 乙酸铵—对苯二酚浸提—原子吸收法

4.2.2.6 土壤机械组成

（1）农田综合观测场

表 4－90 农田综合观测场土壤机械组成

土壤类型：草甸风沙土　　母质：冲积物

年份	作物	采样深度（cm）	2～0.05mm（%）	0.05～0.002mm（%）	＜0.002mm（%）	土壤质地名称
2005	玉米	0～10	60.61	35.63	3.08	砂壤
2005	玉米	10～20	59.21	37.28	2.97	砂壤
2005	玉米	20～40	58.80	38.31	2.66	砂壤
2005	玉米	40～60	54.29	42.10	2.81	砂壤
2005	玉米	60～80	61.21	34.83	2.91	砂壤

（2）其他观测场

表 4－91 农田辅助观测场土壤机械组成

土壤类型：草甸风沙土　　母质：冲积物

年份	作物	采样深度（cm）	2～0.05mm（%）	0.05～0.002mm（%）	＜0.002mm（%）	土壤质地名称
2005	玉米	0～10	63.23	33.09	3.09	砂壤
2005	玉米	10～20	66.74	28.64	2.86	砂壤
2005	玉米	20～40	72.23	23.39	3.05	壤砂土
2005	玉米	40～60	75.09	21.00	2.80	壤砂土
2005	玉米	60～80	73.75	22.86	2.41	砂壤

表 4－92 旱作农田土壤机械组成

土壤类型：草甸风沙土　　母质：冲积物

年份	作物	采样深度（cm）	2～0.05mm（%）	0.05～0.002mm（%）	＜0.002mm（%）	土壤质地名称
2005	大豆	0～10	81.59	14.46	2.92	壤砂土
2005	大豆	10～20	82.34	14.08	3.02	壤砂土
2005	大豆	20～40	58.97	37.91	2.47	砂壤
2005	大豆	40～60	83.99	12.62	2.73	砂壤
2005	大豆	60～80	67.80	28.52	2.70	砂壤

4.2.2.7　土壤容重

（1）农田综合观测场

表 4-93　农田综合观测场土壤容重

土壤类型：草甸风沙土　　　母质：冲积物

年份	作物	采样深度（cm）	土壤容重平均值（g/cm³）	均方差
2005	玉米	0~10	1.42	0.05
2005	玉米	10~20	1.46	0.06
2005	玉米	0~10	1.45	0.05
2005	玉米	10~20	1.46	0.08
2005	玉米	20~40	1.40	0.05
2005	玉米	40~60	1.40	0.04
2005	玉米	60~100	1.47	0.04

（2）其他观测场

表 4-94　农田辅助观测场土壤容重

土壤类型：草甸风沙土　　　母质：冲积物

年份	作物	采样深度（cm）	土壤容重平均值（g/cm³）	均方差
2005	玉米	0~10	1.38	0.03
2005	玉米	10~20	1.47	0.02
2005	玉米	0~10	1.45	0.02
2005	玉米	10~20	1.48	0.02
2005	玉米	20~40	1.52	0.02
2005	玉米	40~60	1.53	0.03
2005	玉米	60~100	1.51	0.03

表 4-95　旱作农田生物土壤采样地

土壤类型：草甸风沙土　　　母质：冲积物

年份	作物	采样深度（cm）	土壤容重平均值（g/cm³）	均方差
2005	大豆	0~10	1.55	0.08
2005	大豆	10~20	1.49	0.05
2005	大豆	0~10	1.54	0.08
2005	大豆	10~20	1.51	0.07
2005	大豆	20~40	1.41	0.06
2005	大豆	40~60	1.54	0.09
2005	大豆	60~100	1.49	0.05

4.2.2.8　长期采样地空间变异调查

（1）农田综合观测场

表 4-96　农田综合观测场长期采样地空间变异调查

年份	植被（作物）	采样深度（cm）	土壤有机质（g/kg）	全氮（g/kg）	速效氮（碱解氮）（mg/kg）	有效磷（mg/kg）	速效钾（mg/kg）	缓效钾（mg/kg）	水溶液提 pH
2005	玉米	0~20	10.02	0.75	28.62	36.91	165.00	593.33	8.57

（续）

年份	植被 （作物）	采样深度 （cm）	土壤有机质 （g/kg）	全氮 （g/kg）	速效氮 （碱解氮） （mg/kg）	有效磷 （mg/kg）	速效钾 （mg/kg）	缓效钾 （mg/kg）	水溶液 提 pH
2006	小麦	0～20	8.31	0.77	33.25	24.67	128.33	—	—
2007	玉米	0～20	9.90	0.61	43.72	16.23	122.19	624.51	8.50
2008	玉米	0～20	8.03	0.46	38.92	15.16	93.28	—	8.48

（2）其他观测场

表 4－97 农田辅助观测场生物土壤长期采样地

年份	植被 （作物）	采样深度 （cm）	土壤有机质 （g/kg）	全氮 （g/kg）	速效氮 （碱解氮） （mg/kg）	有效磷 （mg/kg）	速效钾 （mg/kg）	缓效钾 （mg/kg）	水溶液 提 pH
2005	玉米	0～20	6.69	0.52	25.72	22.33	88.33	8.57	461.67
2006	玉米	0～20	4.84	0.55	28.88	14.09	85.00	—	—
2007	玉米	0～20	7.41	0.37	29.80	12.29	61.78	532.36	8.62
2008	玉米	0～20	5.93	0.36	32.92	12.80	77.55	—	8.53

表 4－98 旱作农田生物土壤采样地

土壤类型：草甸风沙土　　母质：冲积物

年份	植被 （作物）	采样深度 （cm）	土壤有机质 （g/kg）	全氮 （g/kg）	速效氮 （碱解氮） （mg/kg）	有效磷 （mg/kg）	速效钾 （mg/kg）	缓效钾 （mg/kg）	水溶液 提 pH
2005	大豆	0～20	5.99	0.48	20.60	16.27	81.67	385.00	8.17
2006	荞麦	0～20	4.94	0.53	20.65	8.82	91.67	—	—
2007	撂荒	0～20	4.96	0.32	21.69	6.91	49.52	436.44	8.55
2008	撂荒	0～20	5.97	0.36	30.28	6.60	95.88	—	8.52

4.3 水分监测数据

4.3.1 土壤含水量

4.3.1.1 综合观测场

表 4－99 农田综合观测场土壤含水量

单位：%

年份	月份	10 cm	20 cm	30 cm	40 cm	50 cm	60 cm	70 cm	80 cm	90 cm	100 cm	110 cm	120 cm	130 cm	140 cm	150 cm	160 cm
2005	4	21.4	25.9	30.8	28.1	26.6	25.1	25.8	27.5	26.1	23.3	19.3	20.8	25.4	26.5	29.6	29.8
2005	5	19.5	24.2	28.4	27.0	25.7	23.3	24.1	25.6	23.4	22.1	20.5	23.1	27.5	29.9	30.5	31.4
2005	6	21.6	24.3	28.1	27.0	26.1	23.7	24.5	26.3	24.6	23.9	23.1	26.6	30.7	33.0	33.0	33.4
2005	7	16.0	19.0	23.2	25.2	24.7	22.6	23.3	25.1	23.9	22.6	22.1	25.4	29.3	31.5	33.1	32.2
2005	8	17.9	19.4	19.4	21.0	21.7	22.1	22.6	22.2	20.0	18.9	21.1	24.3	29.2	31.5	29.2
2005	9	14.0	18.0	20.7	20.7	21.8	21.3	21.9	23.4	24.5	21.5	20.7	22.0	24.6	27.2	33.0	33.5

（续）

年份	月份	10 cm	20 cm	30 cm	40 cm	50 cm	60 cm	70 cm	80 cm	90 cm	100 cm	110 cm	120 cm	130 cm	140 cm	150 cm	160 cm
2006	4	9.2	10.4	11.3	12.4	13.2	12.9	12.3	12.5	12.0	10.7	10.1	10.0	10.9	12.4	13.2	13.7
2006	5	9.7	12.4	14.2	15.2	14.2	12.8	13.3	13.1	11.4	10.8	10.6	12.8	15.8	17.2	17.9	18.4
2006	6	13.1	15.1	16.0	17.3	17.4	16.0	15.9	16.3	14.9	13.8	13.9	16.0	19.2	21.0	22.1	22.9
2006	7	17.6	20.8	22.2	23.1	23.5	23.0	21.3	20.8	21.0	19.6	19.1	19.6	21.8	23.9	25.6	26.4
2006	8	11.6	15.0	16.7	18.6	20.1	19.3	17.3	17.0	16.8	15.2	14.8	15.4	18.2	21.0	22.0	23.0
2006	9	7.7	10.2	12.0	13.8	15.3	16.0	15.4	14.7	14.5	14.0	13.2	13.3	15.1	18.2	20.1	21.7
2007	4	10.4	12.8	14.9	17.1	17.8	16.9	15.9	15.9	14.4	13.1	12.9	14.4	17.3	20.0	20.8	22.1
2007	5	12.0	15.6	17.6	19.5	20.7	19.4	17.4	17.6	17.6	15.7	15.1	15.1	18.3	21.1	21.6	22.6
2007	6	11.4	14.9	16.5	19.1	20.2	19.0	17.4	17.7	17.6	15.9	15.6	16.2	18.5	21.0	22.2	22.9
2007	7	13.3	16.6	18.2	20.0	20.5	19.4	18.5	19.0	18.9	17.8	17.3	18.2	21.1	22.9	24.0	24.0
2007	8	13.0	15.7	16.4	17.5	18.4	18.2	17.5	17.1	17.2	16.1	15.8	16.7	19.6	22.4	24.0	24.1
2007	9	9.1	11.7	13.0	14.8	16.5	16.5	15.6	15.9	16.3	14.7	14.0	14.5	17.7	20.9	22.7	23.1
2008	4	11.4	14.6	16.7	17.9	18.0	16.8	16.9	16.7	15.0	14.3	14.0	16.2	18.2	19.5	21.4	21.6
2008	5	12.0	15.0	16.8	18.3	19.1	18.7	17.5	16.8	16.5	15.1	14.5	15.3	17.9	19.5	21.5	22.5
2008	6	10.6	14.3	16.3	18.4	19.9	19.5	17.7	17.4	17.3	15.3	14.7	15.0	17.7	20.3	21.8	22.5
2008	7	12.6	15.8	17.1	18.7	19.9	19.2	17.7	17.2	16.8	15.4	15.2	16.2	19.2	21.7	23.5	23.6
2008	8	13.2	15.7	16.9	18.5	19.3	18.3	17.1	17.0	16.3	15.2	14.9	16.2	19.4	21.9	23.0	23.4
2008	9	15.0	18.6	20.4	21.4	21.1	18.9	17.5	17.7	16.5	15.6	15.3	17.2	19.7	21.9	23.6	23.3

表 4-100　农田综合观测场储水量

年份	月份	0~20cm 储水量（mm）	0~160cm 储水量（mm）
2005	4	47.3	412.0
2005	5	43.7	406.2
2005	6	45.9	429.9
2005	7	35.1	399.4
2005	8	37.4	362.7
2005	9	32.0	368.8
2006	4	19.6	187.0
2006	5	22.1	219.8
2006	6	28.2	270.8
2006	7	38.4	349.2
2006	8	26.6	281.9
2006	9	17.9	235.1
2007	4	23.3	256.5
2007	5	27.6	286.9
2007	6	26.3	286.1
2007	7	29.9	309.8
2007	8	28.7	290.0
2007	9	20.9	257.0
2008	4	26.0	269.2

（续）

年份	月份	0～20cm 储水量（mm）	0～160cm 储水量（mm）
2008	5	27.1	276.6
2008	6	24.9	278.6
2008	7	28.3	289.7
2008	8	28.9	286.4
2008	9	33.6	303.6

表 4－101　农田综合观测场灌溉量记录

日　期	作物名称	灌溉水源	灌溉方式	灌溉量（mm）
2005－04－25	春小麦	井水	漫灌	62.5
2005－05－24	春小麦	井水	漫灌	40.0
2005－07－18	荞麦	井水	漫灌	50.0
2005－08－28	荞麦	井水	漫灌	50.0
2006－04－01	春小麦	井水	漫灌	120.0
2006－04－06	春小麦	井水	漫灌	90.0
2006－05－05	春小麦	井水	漫灌	75.0
2006－06－03	春小麦	井水	漫灌	75.0
2006－06－16	春小麦	井水	漫灌	75.0
2006－06－25	春小麦	井水	漫灌	75.0
2006－07－05	春小麦	井水	漫灌	90.0
2007－04－30	玉米	井水	漫灌	45.0
2007－05－06	玉米	井水	漫灌	45.0
2007－06－13	玉米	井水	漫灌	43.5
2007－07－03	玉米	井水	漫灌	43.5
2007－08－21	玉米	井水	漫灌	45.0
2007－09－03	玉米	井水	漫灌	60.0
2008－05－06	玉米	井水	漫灌	22.5
2008－06－23	玉米	井水	漫灌	22.5
2008－07－25	玉米	井水	漫灌	22.6
2008－08－16	玉米	井水	漫灌	22.5
2008－09－04	玉米	井水	漫灌	22.5

表 4－102　农田综合观测场烘干法土壤含水量

单位：%

日期	0～10 cm	10～20 cm	20～30 cm	30～40 cm	40～50 cm	50～60 cm	60～70 cm	70～80 cm	80～90 cm	90～100 cm	100～110 cm	110～120 cm	120～130 cm	130～140 cm	140～150 cm	150～160 cm	160～170 cm	170～180 cm
2005－06－16	13.1	14.1	16.6	16.3	18.5	20.8	16.8	17.9	17.7	17.7	17.0	16.7	17.0	19.3	19.1	19.3	18.4	20.6
2005－07－15	8.7	9.5	12.4	16.3	19.3	18.7	16.1	16.9	16.8	16.0	15.9	16.2	13.9	14.9	20.5	24.0	24.0	23.2
2005－08－14	15.6	15.0	14.5	16.0	18.8	18.2	16.2	16.6	16.8	16.0	12.9	13.1	15.3	18.6	21.9	21.8	—	—
2005－08－25	9.4	10.6	11.0	11.9	12.3	13.8	15.4	14.5	15.8	11.6	11.9	12.3	14.0	19.0	20.2	22.0	—	—

（续）

日期	0~10 cm	10~20 cm	20~30 cm	30~40 cm	40~50 cm	50~60 cm	60~70 cm	70~80 cm	80~90 cm	90~100 cm	100~110 cm	110~120 cm	120~130 cm	130~140 cm	140~150 cm	150~160 cm	160~170 cm	170~180 cm
2005-09-03	10.7	12.6	12.6	12.0	14.1	15.1	14.4	15.4	17.5	15.1	13.8	13.9	13.9	14.3	21.3	21.4	—	—
2006-05-05	5.8	7.3	8.6	9.1	8.0	7.7	7.9	6.8	5.3	4.7	5.8	8.1	9.0	10.0	10.8	11.2	14.2	17.1
2006-07-06	15.6	16.5	18.3	18.9	19.4	19.4	18.2	17.3	17.8	16.4	16.0	16.8	17.9	18.9	19.8	20.6	20.8	25.4
2006-09-05	4.6	6.0	9.2	10.1	11.0	12.4	13.0	11.1	11.2	11.3	10.3	10.1	10.2	12.0	14.3	16.0	19.3	18.1
2007-05-05	10.2	11.1	13.1	15.5	16.4	15.5	12.8	12.4	12.1	10.6	9.5	9.6	12.7	14.1	15.7	15.4	21.9	23.2
2007-07-05	10.1	11.8	13.4	13.1	15.5	14.5	13.7	13.0	13.8	11.5	11.2	11.3	11.8	14.1	14.7	16.9	22.9	22.2
2007-09-02	7.5	7.6	8.5	11.0	12.7	12.8	12.5	12.8	13.1	11.0	11.4	10.7	13.4	14.4	16.2	16.6	22.3	22.0
2008-05-27	8.3	9.3	8.9	10.3	12.7	13.8	16.8	14.5	11.4	13.5	10.7	8.2	8.7	13.7	14.2	14.2	16.1	13.6
2008-09-15	13.6	13.6	14.2	14.4	21.6	20.9	15.8	14.7	16.9	15.6	13.0	13.5	13.1	17.1	20.4	21.7	22.4	24.6
2008-09-27	9.9	12.1	11.3	19.9	19.8	15.8	17.6	16.7	13.1	15.1	11.0	11.4	12.5	14.7	21.6	17.7	21.0	18.9

备注：干土质量含水量（%）

表4-103　沙地综合观测场土壤含水量

单位：%

年份	月份	10 cm	20 cm	30 cm	40 cm	50 cm	60 cm	70 cm	80 cm	90 cm	100 cm	110 cm	120 cm	130 cm	140 cm
2005	5	3.5	6.6	8.2	7.7	6.0	5.1	4.7	4.9	5.0	5.0	5.0	5.0	5.0	5.0
2005	6	5.0	6.9	7.8	7.2	5.9	5.2	5.0	5.2	5.3	5.2	5.2	5.4	5.7	5.3
2005	7	3.7	5.7	6.8	7.3	7.3	6.6	5.6	4.9	4.7	4.8	4.9	5.2	5.8	
2005	8	4.0	4.9	5.1	5.2	5.2	5.3	5.2	4.9	4.8	4.9	4.9	4.9	5.2	5.7
2005	9	2.1	3.2	4.0	4.4	4.6	4.7	4.7	4.8	4.7	4.8	4.9	4.9	5.2	5.8
2006	4	4.0	5.4	5.8	5.9	5.8	5.3	5.0	5.1	5.3	5.5	5.2	4.9	5.1	5.7
2006	5	3.3	5.0	4.9	4.5	4.3	4.4	4.4	4.4	4.6	4.7	4.8	5.0	5.5	6.0
2006	6	3.8	7.1	8.1	7.4	5.8	4.6	3.3	4.3	3.8	4.8	5.1	5.2	5.3	5.9
2006	7	2.3	4.9	6.6	7.4	6.7	5.4	4.8	4.6	4.6	4.6	4.9	5.0	5.3	5.8
2006	8	2.4	5.2	6.7	7.0	6.4	5.3	4.8	4.5	4.5	4.7	4.8	5.0	5.2	5.9
2006	9	2.4	3.9	4.7	5.1	5.2	5.0	4.6	4.4	4.5	4.7	4.9	5.0	5.4	6.1
2007	4	1.8	3.1	4.1	4.6	4.8	4.6	4.5	4.4	4.4	4.7	4.7	4.9	5.2	6.0
2007	5	1.3	2.6	3.8	4.4	4.7	4.6	4.5	4.4	4.5	4.7	4.7	4.9	5.2	5.8
2007	6	2.6	4.8	5.0	4.9	4.7	4.6	4.5	4.5	4.6	4.7	4.8	4.9	5.3	5.8
2007	7	3.1	7.2	10.6	11.9	11.9	10.8	10.7	10.5	9.3	7.9	6.8	6.0	5.6	6.0
2007	8	4.7	8.3	10.1	10.2	9.5	9.0	8.8	9.2	8.9	8.5	8.0	7.5	7.5	7.7
2007	9	1.2	2.9	4.4	5.3	5.7	5.9	6.1	6.2	6.4	6.4	6.3	6.4	6.5	6.6
2008	4	4.6	6.1	5.5	5.2	5.2	5.1	5.4	5.7	5.7	5.7	5.7	5.8	6.0	7.0
2008	5	2.7	4.3	5.1	5.3	5.4	5.6	5.8	5.8	5.6	5.5	5.6	5.7	5.8	6.0
2008	6	2.3	3.5	4.6	5.7	6.4	6.8	7.3	6.9	6.0	5.9	6.0	6.1	6.3	6.2
2008	7	2.2	4.1	5.6	6.7	7.0	6.3	5.5	5.2	4.8	4.8	4.9	5.0	5.0	5.2
2008	8	2.4	3.7	4.1	4.6	4.8	5.0	5.5	5.3	4.7	4.4	4.6	4.8	5.0	5.1
2008	9	3.8	5.5	5.5	4.9	4.9	4.9	5.3	5.1	4.7	4.4	4.5	4.6	5.0	5.0

表4-104 沙地综合观测场储水量

年份	月份	0~20cm 储水量（mm）	0~140cm 储水量（mm）
2005	5	10.2	76.7
2005	6	11.8	80.3
2005	7	9.4	78.1
2005	8	8.9	70.2
2005	9	5.3	62.8
2006	4	9.4	73.9
2006	5	8.4	65.8
2006	6	10.9	74.3
2006	7	7.2	72.9
2006	8	7.6	72.5
2006	9	6.3	65.8
2007	4	5.0	61.8
2007	5	3.9	60.1
2007	6	7.4	65.6
2007	7	10.3	118.0
2007	8	13.0	117.7
2007	9	4.1	76.4
2008	4	10.7	78.9
2008	5	7.0	74.0
2008	6	5.9	80.0
2008	7	6.3	72.2
2008	8	6.1	64.0
2008	9	9.4	68.1

表4-105 沙地综合观测场烘干法土壤含水量

单位：%

日期	0~10 cm	10~20 cm	20~30 cm	30~40 cm	40~50 cm	50~60 cm	60~70 cm	70~80 cm	80~90 cm	90~100 cm	100~110 cm	110~120 cm	120~130 cm	130~140 cm	140~150 cm	150~160 cm	160~170 cm	170~180 cm
2005-06-15	5.5	5.6	5.8	4.5	3.6	3.1	3.0	3.5	3.9	4.1	3.9	3.7	3.5	3.0	2.7	3.5	4.1	3.5
2005-06-20	7.0	4.4	3.1	3.4	3.6	3.9	3.6	3.1	3.1	2.7	3.0	3.2	3.5	3.4	3.8	3.9	8.3	12.9
2005-06-30	8.3	8.6	13.6	9.2	8.1	4.8	3.4	3.7	3.5	3.6	3.3	3.1	3.1	3.6	3.5	3.9	6.3	5.7
2005-07-16	1.9	3.0	5.0	4.9	5.1	5.2	4.8	3.5	3.4	3.1	2.3	2.3	2.7	2.6	3.1	3.3	7.0	8.5
2005-08-15	5.8	4.7	4.2	3.8	3.9	4.2	4.4	4.5	4.1	3.8	3.6	3.9	3.7	3.7	4.0	5.1	11.5	11.5
2005-08-26	1.7	2.1	3.0	3.1	3.1	4.4	3.1	3.3	3.2	3.0	2.6	3.0	3.2	3.2	3.5	3.6	4.3	10.8
2006-05-05	2.4	3.2	3.3	3.1	3.2	3.3	3.2	3.2	3.2	3.4	3.7	3.7	4.6	4.2	6.3	10.8	12.7	13.8
2006-07-06	2.8	4.5	6.1	6.0	5.8	4.3	4.0	3.4	3.1	3.2	3.7	4.0	4.1	4.4	5.3	10.3	12.7	14.3
2006-09-05	1.7	2.4	3.4	3.8	3.8	3.6	3.7	3.3	3.5	3.6	3.6	3.6	3.9	4.6	6.9	10.9	13.0	13.4
2007-05-05	0.9	1.7	2.2	2.7	3.2	3.3	3.2	3.5	3.4	3.4	3.4	3.4	3.7	4.1	5.3	12.2	10.7	11.9
2007-07-05	0.8	1.4	2.0	2.6	2.9	3.2	3.3	3.1	3.1	3.2	3.5	3.5	4.2	4.2	3.9	4.8	4.2	10.0
2007-09-02	1.1	1.9	3.3	4.3	4.5	4.5	5.0	5.5	5.4	5.5	5.1	5.2	5.0	5.1	4.3	5.1	4.7	7.7
2008-05-27	2.3	1.6	1.8	2.4	3.0	5.9	2.1	2.2	2.4	2.4	2.4	2.5	2.5	2.3	2.3	2.3	2.7	3.2
2008-09-15	3.6	3.7	3.7	3.2	3.1	3.4	3.3	3.3	3.4	3.6	3.3	3.9	2.7	2.8	2.9	3.4	3.1	3.4
2008-09-27	1.3	1.9	2.1	2.6	2.7	3.0	2.8	3.1	3.4	4.4	2.0	2.2	2.3	2.5	2.6	2.7	2.6	3.7

备注：干土质量含水量

4.3.1.2 其他观测场

表 4 - 106　综合气象要素观测场土壤含水量

单位：%

年份	月份	10 cm	20 cm	30 cm	40 cm	50 cm	60 cm	70 cm	80 cm	90 cm	100 cm	110 cm	120 cm	130 cm	140 cm	150 cm	160 cm
2005	6	11.9	13.6	13.8	13.0	12.5	9.4	7.6	5.2	5.6	6.1	6.0	5.3	4.7	4.7	5.0	5.2
2005	7	9.5	10.6	11.5	12.6	15.0	11.8	8.4	5.4	5.6	6.3	6.5	5.3	4.8	4.9	5.1	5.2
2005	8	10.6	10.5	9.6	9.9	12.1	10.4	8.1	5.4	5.8	6.4	6.6	5.7	4.8	4.9	5.1	5.1
2005	9	4.8	5.6	6.2	6.9	7.3	7.4	7.7	6.0	6.5	6.5	6.5	6.9	7.4	7.6	8.1	8.9
2006	4	5.7	5.8	5.8	6.1	6.5	6.3	6.0	2.6	2.9	3.0	3.2	3.1	3.2	5.1	6.2	7.4
2006	5	6.8	6.6	6.7	7.4	7.0	6.4	6.4	3.7	4.0	4.2	3.5	3.0	3.3	3.5	3.7	4.5
2006	6	6.5	6.3	6.5	7.2	7.4	6.8	6.4	3.4	3.7	4.1	3.9	3.4	3.1	3.3	3.7	4.0
2006	7	5.3	5.7	6.0	6.4	7.0	7.1	6.4	3.1	3.4	3.9	4.2	3.8	3.2	3.2	3.6	3.9
2006	8	6.4	7.5	8.0	7.8	7.8	7.2	6.1	2.5	2.8	3.4	3.7	3.4	3.0	2.9	3.5	3.8
2006	9	4.7	5.3	6.1	6.6	7.2	7.3	6.7	2.9	2.7	3.0	3.2	3.6	3.2	3.0	3.3	3.4
2007	4	5.5	5.9	6.2	6.5	7.1	7.3	6.6	3.5	3.4	3.3	3.2	3.1	2.9	2.9	2.8	2.9
2007	5	4.9	6.1	6.9	7.2	7.7	7.1	6.3	2.6	2.7	3.1	3.3	3.2	2.8	3.0	3.5	3.7
2007	6	6.6	7.2	7.1	7.2	7.8	7.1	6.1	2.6	2.8	3.1	3.2	2.8	2.8	3.0	3.2	3.5
2007	7	9.2	11.2	12.9	13.9	15.0	13.5	9.9	7.3	7.2	7.0	7.5	6.4	4.3	3.5	3.6	4.0
2007	8	7.2	9.4	10.3	11.2	14.7	13.9	10.2	7.0	6.4	6.2	6.3	5.8	4.1	3.5	3.3	3.3
2007	9	4.8	5.7	6.7	7.8	10.3	11.4	9.1	5.4	4.9	5.3	5.8	5.5	3.7	3.4	3.6	3.6
2008	4	6.4	7.3	7.4	7.8	9.8	11.2	8.7	7.0	4.2	4.2	4.2	3.8	2.9	3.0	3.4	3.7
2008	5	5.5	6.3	6.9	7.9	9.3	9.7	7.9	7.0	4.1	4.2	4.1	3.5	3.2	3.3	3.5	3.5
2008	6	5.3	5.6	6.1	6.7	7.8	8.3	7.0	6.3	3.2	3.5	3.9	3.6	3.0	3.0	3.5	3.7
2008	7	6.8	8.0	7.7	6.8	7.3	7.0	6.2	5.7	2.3	2.4	2.7	2.8	2.5	2.6	3.1	3.6
2008	8	5.6	5.8	6.0	6.5	6.9	6.4	5.7	5.4	1.9	2.0	2.2	2.2	2.2	2.4	2.7	3.2
2008	9	6.7	6.1	6.2	6.5	6.5	6.2	5.6	5.5	1.9	1.9	2.0	2.0	2.1	2.3	2.7	3.3

表 4 - 107　综合气象要素观测场储水量

年份	月份	0～20cm 储水量（mm）	0～160cm 储水量（mm）
2005	6	25.6	129.7
2005	7	20.1	128.5
2005	8	21.0	121.2
2005	9	10.4	110.2
2006	4	11.5	79.0
2006	5	13.3	80.6
2006	6	12.8	79.8
2006	7	11.0	76.1
2006	8	13.9	79.6
2006	9	10.0	72.1
2007	4	11.4	73.0
2007	5	11.0	74.0
2007	6	13.9	76.3
2007	7	20.4	136.5

（续）

年份	月份	0～20cm 储水量（mm）	0～160cm 储水量（mm）
2007	8	16.6	122.8
2007	9	10.5	97.0
2008	4	13.7	95.1
2008	5	11.8	90.0
2008	6	10.9	80.6
2008	7	14.8	77.4
2008	8	11.4	67.1
2008	9	12.8	67.6

表4-108 固定沙丘辅助观测场土壤含水量

单位：%

年份	月份	10cm	20cm	30cm	40cm	50cm	60cm	70cm	80cm	90cm	100cm	110cm	120cm	130cm	140cm	150cm	160cm	170cm
2005	7	3.5	4.4	4.8	4.8	5.0	5.2	5.3	5.0	4.6	4.3	4.3	4.3	4.3	4.4	4.4	4.5	4.6
2005	8	3.8	4.8	4.9	4.6	4.5	4.5	4.5	4.3	4.0	4.0	3.9	4.0	4.2	4.2	4.2	4.2	4.3
2005	9	2.2	3.0	3.5	3.9	4.1	4.3	4.2	4.1	3.8	3.8	3.8	3.9	4.1	4.1	4.1	4.1	4.2
2006	4	2.7	2.9	2.9	2.9	3.0	3.0	3.0	3.0	2.9	2.9	2.9	3.0	3.0	3.1	3.1	3.1	3.2
2006	5	2.7	3.1	3.0	2.9	3.0	3.0	3.0	3.0	2.9	2.9	2.9	3.0	3.1	3.1	3.1	3.1	3.2
2006	6	2.9	4.0	4.4	4.3	3.7	3.3	3.1	3.1	3.1	3.1	3.2	3.3	3.3	3.6	4.2	5.6	6.4
2006	7	2.5	3.4	4.0	4.3	4.0	3.6	3.3	3.3	3.3	3.3	3.4	3.4	3.5	3.7	4.5	6.7	7.8
2006	8	2.5	3.5	4.0	4.1	3.9	3.5	3.4	3.2	3.3	3.3	3.4	3.4	3.5	3.7	4.5	6.7	7.9
2006	9	2.5	3.0	3.3	3.4	3.5	3.4	3.3	3.2	3.2	3.3	3.4	3.4	3.6	3.8	4.7	6.8	8.4
2007	4	1.5	1.9	2.2	2.4	2.5	2.5	2.5	2.3	2.3	2.2	2.1	2.2	2.3	2.4	2.4	2.5	2.7
2007	5	1.3	1.9	2.1	2.3	2.4	2.4	2.4	2.3	2.2	2.2	2.2	2.1	2.3	2.4	2.5	2.5	2.6
2007	6	2.0	2.6	2.5	2.3	2.3	2.3	2.2	2.2	2.2	2.1	2.1	2.1	2.2	2.3	2.4	2.5	2.5
2007	7	2.1	3.4	3.7	3.8	3.9	4.1	4.2	3.9	3.7	3.6	3.6	3.7	3.8	3.9	3.7	3.5	3.4
2007	8	2.7	4.2	4.3	4.1	3.9	3.7	3.5	3.2	3.1	3.0	3.0	3.0	3.2	3.3	3.4	3.4	3.4
2007	9	1.2	1.8	2.2	2.4	2.7	2.9	2.8	2.7	2.6	2.6	2.5	2.8	3.0	3.1	3.1	3.1	3.1
2008	4	3.1	2.9	2.5	2.5	2.5	2.5	2.5	2.4	2.3	2.3	2.3	2.5	2.5	2.6	2.7	2.7	2.7
2008	5	1.8	2.3	2.3	2.3	2.4	2.4	2.4	2.3	2.2	2.2	2.3	2.4	2.5	2.5	2.6	2.6	2.6
2008	6	1.7	1.9	2.1	2.3	2.4	2.5	2.4	2.4	2.4	2.4	2.4	2.5	2.6	2.7	2.7	2.8	2.8
2008	7	3.1	4.9	5.6	6.1	6.5	6.1	5.5	5.4	5.3	4.7	4.5	4.6	5.5	6.4	6.9	6.9	7.2
2008	8	1.8	2.1	2.2	2.2	2.2	2.2	2.2	2.1	2.0	2.0	2.0	2.0	2.1	2.2	2.2	2.2	2.2
2008	9	1.7	2.2	2.1	2.1	2.1	2.1	2.1	2.0	2.0	2.0	2.0	2.0	2.0	2.1	2.2	2.2	2.2

表4-109 固定沙丘辅助观测场储水量

年份	月份	0～20cm 储水量（mm）	0～170cm 储水量（mm）
2005	7	7.8	77.4
2005	8	8.6	73.0
2005	9	5.2	65.2

（续）

年份	月份	0～20cm 储水量（mm）	0～170cm 储水量（mm）
2006	4	5.6	50.6
2006	5	5.8	50.8
2006	6	6.9	64.6
2006	7	5.8	67.8
2006	8	6.0	67.8
2006	9	5.5	66.3
2007	4	3.5	38.9
2007	5	3.2	38.0
2007	6	4.6	38.6
2007	7	5.5	62.2
2007	8	7.0	58.5
2007	9	3.1	44.1
2008	4	6.0	42.9
2008	5	4.1	39.7
2008	6	3.6	40.9
2008	7	8.0	95.4
2008	8	3.9	36.0
2008	9	3.9	35.1

表 4-110　固定沙丘辅助观测场烘干法土壤含水量

单位：%

日期	0～10 cm	10～20 cm	20～30 cm	30～40 cm	40～50 cm	50～60 cm	60～70 cm	70～80 cm	80～90 cm	90～100 cm	100～110 cm	110～120 cm	120～130 cm	130～140 cm	140～150 cm	150～160 cm	160～170 cm	170～180 cm
2005-07-06	2.6	3.5	3.2	3.7	3.3	3.8	4.0	4.4	3.8	3.0	3.3	3.2	3.0	2.5	2.5	3.2	3.4	3.3
2005-07-16	1.9	2.8	2.6	2.8	2.8	2.9	2.9	3.0	2.6	2.6	2.6	2.6	2.9	2.7	2.6	2.7	3.3	3.1
2005-07-29	4.8	5.4	3.6	2.5	2.5	2.9	2.9	2.7	2.4	2.3	2.7	2.7	2.8	3.0	3.0	3.3	3.3	3.5
2005-08-15	5.3	4.3	4.4	3.7	3.3	2.8	2.7	2.6	2.4	2.5	2.1	2.2	2.0	1.7	2.1	2.2	2.4	2.8
2005-08-26	1.8	2.1	2.5	2.4	2.5	2.3	2.5	2.0	1.9	2.3	2.4	2.0	2.2	3.1	2.9	2.4	2.5	2.3
2006-05-05	1.9	2.0	1.8	1.9	2.0	1.8	1.9	2.0	1.6	1.5	1.6	1.7	1.9	1.8	1.9	2.0	1.9	2.0
2006-07-06	1.7	2.6	2.8	3.1	2.8	2.3	2.2	2.2	2.1	2.2	2.1	2.5	2.5	2.6	3.2	4.6	5.1	5.4
2006-09-05	1.7	1.9	2.0	2.1	2.3	2.4	2.4	2.3	2.4	2.3	2.2	2.0	2.3	2.5	2.9	4.7	5.2	5.4
2007-05-05	1.0	1.3	1.3	1.4	1.6	1.7	1.7	1.5	1.5	1.4	1.4	1.4	1.4	1.6	1.7	1.6	1.5	1.5
2007-07-05	0.8	1.0	1.2	1.3	1.4	1.5	1.4	1.5	1.4	1.4	1.4	1.4	1.5	1.5	1.5	1.6	0.9	1.0
2007-09-02	0.7	1.3	1.5	1.7	1.9	2.1	2.1	2.0	1.9	1.8	1.7	1.8	1.9	2.1	2.1	2.3	2.7	2.5
2008-05-27	2.7	0.9	0.8	0.8	0.8	0.9	1.0	0.9	0.9	0.9	0.9	1.0	1.1	1.2	1.1	1.3	1.4	1.4
2008-09-15	1.7	1.8	1.9	1.2	1.1	1.0	1.0	1.0	0.8	0.9	0.9	0.8	1.0	0.9	1.0	1.1	1.0	1.2
2008-09-27	0.8	1.0	0.9	1.0	1.1	1.1	0.9	0.8	1.1	1.8	0.8	0.8	0.8	0.9	1.0	1.0	1.0	1.1

备注：干土质量含水量

4.3.2　地表水、地下水水质状况

表 4-111 农田综合观测场地下水水质状况

单位：mg/L

采样点名称	日期	pH	钙离子 (Ca²⁺)	镁离子 (Mg²⁺)	钾离子 (K⁺)	钠离子 (Na⁺)	碳酸根离子 (CO₃²⁻)	重碳酸根离子 (HCO₃⁻)	氯化物 (Cl⁻)	硫酸根离子 (SO₄²⁻)	磷酸根离子 (PO₄³⁻)	硝酸根 (NO₃⁻)	矿化度	化学需氧量	水中溶解氧 (DO)	总氮 (N)	总磷 (P)
农田综合观测场地下水水质观测点	2005-07-11	7.0	86.773	18.640	4.100	38.500	痕量	407.796	12.114	40.005	0.012	0.643	390.000	4.700	0.510	0.470	未检出
农田综合观测场地下水水质观测点	2005-08-13	7.1	88.297	19.930	4.600	39.300	痕量	399.058	16.803	39.748	0.014	0.587	420.000	5.000	0.470	0.490	未检出
农田综合观测场地下水水质观测点	2006-04-25	7.0	75.400	14.700	2.600	31.900	7.037	297.665	12.800	37.656	0.077	0.249	230.000	3.800	1.230	0.542	0.160
农田综合观测场地下水水质观测点	2006-08-20	7.0	116.000	19.600	4.900	43.800	痕量	406.428	4.570	102.607	0.030	1.250	254.000	4.100	2.250	0.713	0.150
农田综合观测场地下水水质观测点	2007-04-22	6.8	56.070	20.500	9.290	50.450	未检出	304.700	23.400	39.130	0.158	0.092	525.300	4.030	1.720	0.967	0.463
农田综合观测场地下水水质观测点	2007-08-12	7.0	109.000	22.700	13.333	56.900	未检出	420.333	6.143	119.333	0.012	1.447	713.500	4.100	1.700	0.594	0.190
农田综合观测场地下水水质观测点	2008-04-30	6.9	92.041	16.467	1.953	25.867	0.000	319.485	3.967	77.900	<DL	0.383	491.333	12.900	0.330	0.673	0.020
农田综合观测场地下水水质观测点	2008-08-29	7.0	17.142	22.100	1.550	26.500	0.000	275.065	7.934	116.456	<DL	0.580	502.367	34.733	0.420	0.622	0.040

表 4-112 沙地综合观测场地下水水质状况

单位：mg/L

采样点名称	日期	pH	钙离子 (Ca²⁺)	镁离子 (Mg²⁺)	钾离子 (K⁺)	钠离子 (Na⁺)	碳酸根离子 (CO₃²⁻)	重碳酸根离子 (HCO₃⁻)	氯化物 (Cl⁻)	硫酸根离子 (SO₄²⁻)	磷酸根离子 (PO₄³⁻)	硝酸根 (NO₃⁻)	矿化度	化学需氧量	水中溶解氧 (DO)	总氮 (N)	总磷 (P)
沙地综合观测场地下水水质观测点	2005-07-11	7.2	103.808	11.360	3.900	33.200	痕量	343.714	8.792	61.074	0.031	26.687	510.000	2.400	0.490	5.900	0.030
沙地综合观测场地下水水质观测点	2005-08-13	7.2	97.175	12.620	4.200	33.600	痕量	337.888	9.769	62.102	0.059	28.012	480.000	2.500	0.460	6.200	0.020
沙地综合观测场地下水水质观测点	2006-04-25	7.1	75.400	21.000	5.200	34.900	5.630	296.234	19.100	68.344	0.111	16.327	340.000	3.900	2.680	5.210	0.710
沙地综合观测场地下水水质观测点	2006-08-21	7.3	99.600	11.700	5.600	38.500	痕量	329.149	4.370	61.967	0.093	21.224	471.000	2.300	3.460	3.040	0.680
沙地综合观测场地下水水质观测点	2007-04-22	7.1	89.200	9.710	7.920	37.060	未检出	301.700	1.770	103.300	0.163	3.157	558.300	2.030	1.040	4.737	0.193
沙地综合观测场地下水水质观测点	2007-08-12	7.1	80.133	6.570	14.267	50.533	未检出	309.000	6.507	52.867	1.671	16.367	470.167	2.000	1.520	3.860	0.030
沙地综合观测场地下水水质观测点	2008-04-29	7.2	73.843	3.400	1.830	24.833	0.000	252.854	2.479	53.400	<DL	3.133	490.000	36.633	0.220	4.452	0.070
沙地综合观测场地下水水质观测点	2008-08-27	7.1	32.438	6.120	1.697	25.200	0.000	187.932	7.272	71.289	<DL	17.624	478.633	26.000	0.360	4.810	0.037

表 4 - 113　教来河流动地表水监测点水质状况

单位：mg/L

采样点名称	日　期	pH	钙离子(Ca²⁺)	镁离子(Mg²⁺)	钾离子(K⁺)	钠离子(Na⁺)	碳酸根离子(CO_3^{2-})	重碳酸根离子(HCO_3^-)	氯化物(Cl^-)	硫酸根离子(SO_4^{2-})	磷酸根离子(PO_4^{3-})	硝酸根(NO_3^-)	矿化度	化学需氧量	水中溶解氧(DO)	总氮(N)	总磷(P)
教来河水质监测点	2005 - 05 - 01	7.8	46.713	20.890	4.100	43.700	痕量	358.278	33.606	40.005	0.018	0.201	380.000	10.200	0.510	1.310	0.110
教来河水质监测点	2005 - 08 - 12	7.6	49.805	22.850	4.300	44.000	痕量	355.365	35.951	38.339	0.020	0.120	400.000	10.400	0.420	1.210	0.130
教来河水质监测点	2006 - 04 - 23	8.4	60.100	26.200	4.400	48.500	12.667	307.683	29.000	46.944	0.033	0.216	600.000	5.700	0.560	1.150	0.290
教来河水质监测点	2006 - 08 - 21	8.0	53.300	28.900	8.200	71.600	9.852	357.771	13.000	60.854	0.025	2.432	598.000	18.400	0.330	1.070	0.310
教来河水质监测点	2007 - 04 - 22	8.2	63.200	24.900	8.310	54.290	未检出	371.700	14.400	39.070	0.005	0.078	594.700	5.570	2.860	0.930	0.363
教来河水质监测点	2007 - 08 - 12	7.9	56.633	24.400	16.833	80.567	未检出	356.000	11.000	81.267	0.218	0.693	649.000	17.733	1.730	0.693	0.253
教来河水质监测点	2008 - 04 - 29	8.2	65.404	30.833	2.900	63.833	0.000	410.034	18.842	47.122	<DL	0.427	511.667	33.033	0.310	0.925	0.050
教来河水质监测点	2008 - 08 - 30	断流	—	—	—	—	—	—	—	—	—	—	—	—	—	—	—

表 4 - 114　老哈河流动地表水监测点水质状况

单位：mg/L

采样点名称	日　期	pH	钙离子(Ca²⁺)	镁离子(Mg²⁺)	钾离子(K⁺)	钠离子(Na⁺)	碳酸根离子(CO_3^{2-})	重碳酸根离子(HCO_3^-)	氯化物(Cl^-)	硫酸根离子(SO_4^{2-})	磷酸根离子(PO_4^{3-})	硝酸根(NO_3^-)	矿化度	化学需氧量	水中溶解氧(DO)	总氮(N)	总磷(P)
老哈河水质监测点	2005 - 07 - 09	7.9	44.927	17.540	5.600	43.800	痕量	320.411	38.686	27.158	0.352	1.165	300.000	6.900	0.530	0.840	0.150
老哈河水质监测点	2005 - 08 - 13	8.0	57.733	18.610	5.900	48.000	痕量	314.586	37.123	25.103	0.206	1.024	360.000	7.200	0.380	1.100	0.180
老哈河水质监测点	2006 - 04 - 24	8.5	42.500	15.600	4.200	29.400	9.852	237.560	19.900	31.707	0.206	2.073	420.000	4.800	1.940	0.990	0.640
老哈河水质监测点	2006 - 08 - 21	8.2	58.500	24.400	4.600	56.700	11.260	300.528	30.900	39.561	0.135	2.557	626.000	5.300	1.150	1.260	0.640
老哈河水质监测点	2007 - 04 - 23	8.3	56.070	20.500	9.290	50.450	未检出	304.700	23.400	39.130	0.158	0.092	525.300	4.030	3.780	0.967	0.463
老哈河水质监测点	2007 - 08 - 08	8.3	44.333	17.667	14.033	60.167	未检出	289.667	23.733	25.100	0.041	0.490	421.833	5.500	1.950	0.904	0.240
老哈河水质监测点	2008 - 04 - 29	8.3	63.031	12.033	2.417	27.267	0.000	230.644	15.206	25.956	0.090	0.660	427.333	34.633	0.220	0.913	0.120
老哈河水质监测点	2008 - 08 - 31	8.6	29.274	11.033	1.987	27.067	10.082	167.431	15.537	15.122	<DL	0.400	403.433	33.333	0.170	1.014	0.090

表 4－115 舍力虎水库静止地表水监测点水质状况

单位：mg/L

采样点名称	日 期	pH	钙离子 (Ca²⁺)	镁离子 (Mg²⁺)	钾离子 (K⁺)	钠离子 (Na⁺)	碳酸根 离子 (CO₃²⁻)	重碳酸 根离子 (HCO₃⁻)	氯化物 (Cl⁻)	硫酸根 离子 (SO₄²⁻)	磷酸根 离子 (PO₄³⁻)	硝酸根 (NO₃⁻)	矿化度	化学需 氧量	水中 溶解氧 (DO)	总氮 (N)	总磷 (P)
静止地表水水质监测点	2005－05－01	8.0	19.896	16.080	5.300	80.900	5.730	326.237	37.905	75.462	0.144	2.410	300.000	7.300	0.500	1.830	0.040
静止地表水水质监测点	2005－08－12	8.5	27.334	16.170	5.400	82.300	6.194	297.109	38.296	64.671	0.211	2.590	280.000	7.400	0.460	1.940	0.060
静止地表水水质监测点	2006－04－23	8.4	37.000	17.000	4.900	86.000	18.297	267.613	31.500	47.971	0.074	0.311	570.000	5.600	0.550	0.510	0.220
静止地表水水质监测点	2006－08－19	8.6	23.600	20.100	5.000	93.700	8.445	271.906	32.200	50.946	0.090	1.757	368.000	6.100	0.620	0.990	0.220
静止地表水水质监测点	2007－04－22	8.6	30.530	24.800	9.260	110.700	13.070	318.300	45.130	64.730	0.058	0.058	633.300	4.770	3.040	1.033	0.310
静止地表水水质监测点	2007－08－10	8.6	25.000	21.567	16.633	62.300	6.170	298.333	53.800	71.733	0.241	1.770	647.167	6.367	1.910	0.359	0.267
静止地表水水质监测点	2008－04－30	8.7	31.647	26.500	1.967	164.000	12.602	398.929	70.080	58.511	0.073	0.750	601.333	48.200	0.290	0.970	0.257
静止地表水水质监测点	2008－08－27	9.0	26.109	26.500	1.937	201.667	15.123	316.068	91.236	66.178	0.073	0.400	682.767	69.467	0.730	1.133	0.250

表 4－116 灌溉地下水监测点水质状况

单位：mg/L

采样点名称	日 期	pH	钙离子 (Ca²⁺)	镁离子 (Mg²⁺)	钾离子 (K⁺)	钠离子 (Na⁺)	碳酸根 离子 (CO₃²⁻)	重碳酸 根离子 (HCO₃⁻)	氯化物 (Cl⁻)	硫酸根 离子 (SO₄²⁻)	磷酸根 离子 (PO₄³⁻)	硝酸根 (NO₃⁻)	矿化度	化学需 氧量	水中 溶解氧 (DO)	总氮 (N)	总磷 (P)
奈曼灌溉地下水水质监测点	2005－08－02	6.9	68.904	13.730	5.500	21.000	痕量	247.591	12.895	56.706	0.249	0.314	250.000	1.600	0.290	1.370	0.070
奈曼灌溉地下水水质监测点	2005－08－23	6.9	46.573	13.150	5.500	19.400	痕量	188.000	13.970	63.200	0.280	0.230	230.000	1.400	0.230	1.650	0.090
奈曼灌溉地下水水质监测点	2006－04－25	7.0	52.900	10.200	2.900	18.500	痕量	218.956	13.900	55.461	0.068	0.676	360.000	1.900	0.750	0.615	0.340
奈曼灌溉地下水水质监测点	2006－08－20	7.1	55.900	11.100	5.200	19.600	痕量	201.783	3.770	46.238	0.090	1.182	552.000	1.700	3.430	0.594	0.350
奈曼灌溉地下水水质监测点	2007－04－22	7.0	61.530	10.270	8.020	23.870	未检出	221.700	3.030	47.200	0.097	0.107	426.300	1.670	1.760	0.643	0.167
奈曼灌溉地下水水质监测点	2007－08－12	7.0	51.833	12.967	13.933	36.067	未检出	257.333	3.547	46.033	0.123	0.813	373.333	1.767	1.700	0.594	0.150
奈曼灌溉地下水水质监测点	2008－04－30	7.0	65.932	10.700	2.953	14.833	0.000	210.143	1.983	43.067	<DL	0.970	234.000	18.000	0.210	0.615	0.220
奈曼灌溉地下水水质监测点	2008－08－29	7.2	38.768	9.190	2.863	15.733	0.000	170.848	4.628	57.122	<DL	0.310	308.467	16.400	0.270	0.679	0.137

4.3.3 地下水位记录

表 4-117 农田综合观测场地下水位记录

样地名称：气象要素观测场地下水位观测点　　植被名称：黄蒿＋达乌里胡枝子＋狗尾　　地面高程：349m

日 期	地下水埋深（m）	日 期	地下水埋深（m）
2005-01-05	5.64	2005-08-25	5.90
2005-01-10	5.63	2005-08-30	6.06
2005-01-15	5.65	2005-09-05	6.05
2005-01-20	5.67	2005-09-10	6.02
2005-01-25	5.67	2005-09-15	6.00
2005-01-30	5.67	2005-09-20	5.96
2005-02-05	5.67	2005-09-25	5.95
2005-02-10	5.67	2005-09-30	5.92
2005-02-15	5.68	2005-10-05	5.91
2005-02-20	5.68	2005-10-15	5.94
2005-02-25	5.68	2005-10-20	5.96
2005-03-01	5.68	2005-10-25	6.01
2005-03-05	5.68	2005-10-30	5.93
2005-03-10	5.68	2005-11-05	5.94
2005-03-15	5.68	2005-11-10	5.94
2005-03-20	5.68	2005-11-15	5.89
2005-03-25	5.68	2005-11-20	5.80
2005-03-30	5.71	2005-11-25	5.80
2005-04-05	5.72	2005-11-30	5.78
2005-04-10	5.74	2005-12-05	5.86
2005-04-15	5.79	2005-12-10	5.86
2005-04-20	5.80	2005-12-15	5.86
2005-04-25	5.83	2005-12-20	5.86
2005-04-30	5.90	2005-12-25	5.85
2005-05-01	5.93	2006-12-30	5.85
2005-05-05	5.96	2006-01-05	5.85
2005-05-10	5.96	2006-01-10	5.85
2005-05-15	5.95	2006-01-15	5.85
2005-05-20	5.94	2006-01-20	5.85
2005-05-25	5.93	2006-01-25	5.85
2005-05-30	5.93	2006-01-30	5.85
2005-06-01	5.87	2006-02-05	5.85
2005-06-05	5.87	2006-02-10	5.85
2005-06-10	5.83	2006-02-15	5.85
2005-06-15	5.93	2006-02-20	5.85
2005-06-20	5.93	2006-02-25	5.85
2005-06-25	5.94	2006-03-01	5.85
2005-07-01	5.84	2006-03-05	5.85
2005-07-05	5.84	2006-03-15	5.85
2005-07-10	5.84	2006-03-20	5.85
2005-07-15	5.88	2006-03-25	5.88
2005-07-20	6.05	2006-03-30	5.90
2005-07-25	5.95	2006-04-05	5.92
2005-07-30	5.93	2006-04-10	5.95
2005-08-05	5.91	2006-04-15	5.93
2005-08-10	5.87	2006-04-20	5.98
2005-08-15	5.87	2006-04-25	5.99
2005-08-20	5.86	2006-04-30	6.10

（续）

日　　期	地下水埋深（m）	日　　期	地下水埋深（m）
2006 - 05 - 05	6.10	2007 - 01 - 20	6.10
2006 - 05 - 10	6.10	2007 - 01 - 25	6.11
2006 - 05 - 15	6.10	2007 - 01 - 30	6.12
2006 - 05 - 20	6.15	2007 - 02 - 05	6.12
2006 - 05 - 25	6.10	2007 - 02 - 10	6.11
2006 - 05 - 30	6.06	2007 - 02 - 15	6.12
2006 - 06 - 05	6.10	2007 - 02 - 20	6.12
2006 - 06 - 10	6.12	2007 - 02 - 25	6.12
2006 - 06 - 15	6.15	2007 - 02 - 30	6.12
2006 - 06 - 20	6.25	2007 - 03 - 05	6.12
2006 - 06 - 25	6.23	2007 - 03 - 10	6.12
2006 - 06 - 30	6.14	2007 - 03 - 15	6.13
2006 - 07 - 05	6.23	2007 - 03 - 20	6.13
2006 - 07 - 10	6.24	2007 - 03 - 25	6.13
2006 - 07 - 15	6.21	2007 - 03 - 30	6.13
2006 - 07 - 20	6.37	2007 - 04 - 05	6.13
2006 - 07 - 25	6.31	2007 - 04 - 10	6.13
2006 - 07 - 30	6.27	2007 - 04 - 15	6.15
2006 - 08 - 05	6.30	2007 - 04 - 20	6.20
2006 - 08 - 10	6.29	2007 - 04 - 25	6.22
2006 - 08 - 15	6.29	2007 - 04 - 30	6.30
2006 - 08 - 20	6.35	2007 - 05 - 05	6.41
2006 - 08 - 25	6.33	2007 - 05 - 10	6.35
2006 - 08 - 30	6.41	2007 - 05 - 15	6.38
2006 - 09 - 05	6.28	2007 - 05 - 20	6.37
2006 - 09 - 10	6.24	2007 - 05 - 25	6.46
2006 - 09 - 15	6.24	2007 - 05 - 30	6.35
2006 - 09 - 20	6.25	2007 - 06 - 05	6.36
2006 - 09 - 25	6.21	2007 - 06 - 10	6.42
2006 - 09 - 30	6.20	2007 - 06 - 15	6.46
2006 - 10 - 05	6.19	2007 - 06 - 20	6.55
2006 - 10 - 10	6.19	2007 - 06 - 25	6.57
2006 - 10 - 15	6.20	2007 - 06 - 30	6.52
2006 - 10 - 20	6.17	2007 - 07 - 05	6.54
2006 - 10 - 25	6.24	2007 - 07 - 10	6.47
2006 - 10 - 30	6.20	2007 - 07 - 15	6.40
2006 - 11 - 05	6.25	2007 - 07 - 20	6.36
2006 - 11 - 10	6.22	2007 - 07 - 25	6.45
2006 - 11 - 15	6.19	2007 - 07 - 30	6.66
2006 - 11 - 20	6.16	2007 - 08 - 05	6.50
2006 - 11 - 25	6.15	2007 - 08 - 10	6.39
2006 - 11 - 30	6.14	2007 - 08 - 15	6.44
2006 - 12 - 05	6.14	2007 - 08 - 20	6.49
2006 - 12 - 10	6.13	2007 - 08 - 25	6.56
2006 - 12 - 15	6.13	2007 - 08 - 30	6.55
2006 - 12 - 20	6.12	2007 - 09 - 05	6.58
2006 - 12 - 25	6.12	2007 - 09 - 10	6.57
2006 - 12 - 30	6.12	2007 - 09 - 15	6.52
2007 - 01 - 05	6.12	2007 - 09 - 20	6.49
2007 - 01 - 10	6.20	2007 - 09 - 25	6.45
2007 - 01 - 15	6.12		

（续）

日 期	地下水埋深（m）	日 期	地下水埋深（m）
2007 - 09 - 30	6.44	2008 - 05 - 05	6.60
2007 - 10 - 05	6.43	2008 - 05 - 10	6.54
2007 - 10 - 10	6.41	2008 - 05 - 15	6.51
2007 - 10 - 15	6.40	2008 - 05 - 20	6.54
2007 - 10 - 20	6.38	2008 - 05 - 25	6.54
2007 - 10 - 25	6.42	2008 - 05 - 30	6.53
2007 - 10 - 30	6.42	2008 - 06 - 05	6.50
2007 - 11 - 05	6.39	2008 - 06 - 10	6.55
2007 - 11 - 10	6.36	2008 - 06 - 15	6.67
2007 - 11 - 15	6.36	2008 - 06 - 20	—
2007 - 11 - 20	6.30	2008 - 06 - 25	6.76
2007 - 11 - 25	6.34	2008 - 06 - 30	6.70
2007 - 11 - 30	6.33	2008 - 07 - 05	6.63
2007 - 12 - 05	6.32	2008 - 07 - 10	6.56
2007 - 12 - 10	6.32	2008 - 07 - 15	6.58
2007 - 12 - 15	6.31	2008 - 07 - 20	6.74
2007 - 12 - 20	6.31	2008 - 07 - 25	6.75
2007 - 12 - 25	6.30	2008 - 07 - 30	6.66
2007 - 12 - 30	6.30	2008 - 08 - 05	6.69
2008 - 01 - 05	6.29	2008 - 08 - 10	6.77
2008 - 01 - 10	6.29	2008 - 08 - 15	6.78
2008 - 01 - 15	6.29	2008 - 08 - 20	6.73
2008 - 01 - 20	6.29	2008 - 08 - 25	6.75
2008 - 01 - 25	6.28	2008 - 08 - 30	6.71
2008 - 01 - 05	6.29	2008 - 09 - 05	6.68
2008 - 01 - 10	6.29	2008 - 09 - 10	6.71
2008 - 01 - 15	6.29	2008 - 09 - 15	6.72
2008 - 01 - 20	6.29	2008 - 09 - 20	6.69
2008 - 01 - 25	6.28	2008 - 09 - 25	6.67
2008 - 01 - 30	6.28	2008 - 09 - 30	6.68
2008 - 02 - 05	6.28	2008 - 10 - 05	6.65
2008 - 02 - 10	6.28	2008 - 10 - 10	6.64
2008 - 02 - 15	6.28	2008 - 10 - 15	6.68
2008 - 02 - 20	6.28	2008 - 10 - 20	6.71
2008 - 02 - 25	6.28	2008 - 10 - 25	6.62
2008 - 03 - 01	6.27	2008 - 10 - 30	6.63
2008 - 03 - 05	6.27	2008 - 11 - 05	6.79
2008 - 03 - 10	6.27	2008 - 11 - 10	6.74
2008 - 03 - 15	6.28	2008 - 11 - 15	6.62
2008 - 03 - 20	6.27	2008 - 11 - 20	6.61
2008 - 03 - 25	6.28	2008 - 11 - 25	6.59
2008 - 03 - 30	6.29	2008 - 11 - 30	6.58
2008 - 04 - 05	6.32	2008 - 12 - 05	6.57
2008 - 04 - 10	6.30	2008 - 12 - 10	6.56
2008 - 04 - 15	6.29	2008 - 12 - 15	6.56
2008 - 04 - 20	6.35	2008 - 12 - 20	6.56
2008 - 04 - 25	6.37	2008 - 12 - 25	6.56
2008 - 04 - 30	6.47	2008 - 12 - 30	6.55

表 4 - 118　沙地综合观测场地下水位记录

样地名称：沙地综合观测场地下水位观测点　　　　地面高程：353m

日　　期	植被名称	地下水埋深（m）
2005 - 06 - 05	黄蒿＋冷蒿	7.63
2005 - 06 - 15	黄蒿＋冷蒿	7.62
2005 - 06 - 25	黄蒿＋冷蒿	7.64
2005 - 07 - 01	黄蒿＋冷蒿	7.64
2005 - 07 - 11	黄蒿＋冷蒿	7.65
2005 - 07 - 16	黄蒿＋冷蒿	7.65
2005 - 07 - 25	黄蒿＋冷蒿	7.68
2005 - 08 - 05	黄蒿＋冷蒿	7.69
2005 - 08 - 15	黄蒿＋冷蒿	7.70
2005 - 08 - 25	黄蒿＋冷蒿	7.70
2005 - 09 - 04	黄蒿＋冷蒿	7.73
2006 - 04 - 25	狗尾＋糙隐子草＋芦苇	7.73
2006 - 05 - 05	狗尾＋糙隐子草＋芦苇	7.75
2006 - 05 - 15	狗尾＋糙隐子草＋芦苇	7.78
2006 - 05 - 26	狗尾＋糙隐子草＋芦苇	7.80
2006 - 06 - 05	狗尾＋糙隐子草＋芦苇	7.81
2006 - 06 - 15	狗尾＋糙隐子草＋芦苇	7.82
2006 - 06 - 25	狗尾＋糙隐子草＋芦苇	7.83
2006 - 07 - 06	狗尾＋糙隐子草＋芦苇	7.84
2006 - 07 - 15	狗尾＋糙隐子草＋芦苇	7.86
2006 - 07 - 25	狗尾＋糙隐子草＋芦苇	7.88
2006 - 08 - 05	狗尾＋糙隐子草＋芦苇	7.89
2006 - 08 - 15	狗尾＋糙隐子草＋芦苇	7.95
2006 - 08 - 21	狗尾＋糙隐子草＋芦苇	7.94
2006 - 08 - 25	狗尾＋糙隐子草＋芦苇	7.95
2006 - 09 - 05	狗尾＋糙隐子草＋芦苇	8.00
2006 - 09 - 10	狗尾＋糙隐子草＋芦苇	7.98
2007 - 04 - 25	狗尾＋糙隐子草＋芦苇＋黄蒿	7.90
2007 - 05 - 03	狗尾＋糙隐子草＋芦苇＋黄蒿	8.00
2007 - 05 - 15	狗尾＋糙隐子草＋芦苇＋黄蒿	8.05
2007 - 05 - 25	狗尾＋糙隐子草＋芦苇＋黄蒿	8.06
2007 - 06 - 05	狗尾＋糙隐子草＋芦苇＋黄蒿	8.07
2007 - 06 - 16	狗尾＋糙隐子草＋芦苇＋黄蒿	8.08
2007 - 06 - 25	狗尾＋糙隐子草＋芦苇＋黄蒿	8.11
2007 - 07 - 05	狗尾＋糙隐子草＋芦苇＋黄蒿	8.12
2007 - 07 - 15	狗尾＋糙隐子草＋芦苇＋黄蒿	8.18
2007 - 07 - 25	狗尾＋糙隐子草＋芦苇＋黄蒿	8.15
2007 - 08 - 06	狗尾＋糙隐子草＋芦苇＋黄蒿	8.18
2007 - 08 - 15	狗尾＋糙隐子草＋芦苇＋黄蒿	8.19
2007 - 08 - 25	狗尾＋糙隐子草＋芦苇＋黄蒿	8.20
2007 - 09 - 05	狗尾＋糙隐子草＋芦苇＋黄蒿	8.22
2007 - 09 - 15	狗尾＋糙隐子草＋芦苇＋黄蒿	8.25
2007 - 09 - 25	狗尾＋糙隐子草＋芦苇＋黄蒿	8.24
2007 - 10 - 05	狗尾＋糙隐子草＋芦苇＋黄蒿	8.24

（续）

日　期	植被名称	地下水埋深（m）
2007 - 10 - 15	狗尾＋糙隐子草＋芦苇＋黄蒿	8.23
2007 - 10 - 25	狗尾＋糙隐子草＋芦苇＋黄蒿	8.20
2007 - 11 - 05	狗尾＋糙隐子草＋芦苇＋黄蒿	8.18
2007 - 11 - 15	狗尾＋糙隐子草＋芦苇＋黄蒿	8.18
2007 - 11 - 25	狗尾＋糙隐子草＋芦苇＋黄蒿	8.17
2007 - 12 - 05	狗尾＋糙隐子草＋芦苇＋黄蒿	8.17
2007 - 12 - 15	狗尾＋糙隐子草＋芦苇＋黄蒿	8.14
2007 - 12 - 25	狗尾＋糙隐子草＋芦苇＋黄蒿	8.13
2008 - 01 - 05	狗尾＋糙隐子草＋芦苇＋黄蒿	8.12
2008 - 01 - 15	狗尾＋糙隐子草＋芦苇＋黄蒿	8.12
2008 - 01 - 25	狗尾＋糙隐子草＋芦苇＋黄蒿	8.11
2008 - 01 - 05	狗尾＋糙隐子草＋芦苇＋黄蒿	8.12
2008 - 01 - 15	狗尾＋糙隐子草＋芦苇＋黄蒿	8.12
2008 - 01 - 25	狗尾＋糙隐子草＋芦苇＋黄蒿	8.11
2008 - 03 - 05	狗尾＋糙隐子草＋芦苇＋黄蒿	8.10
2008 - 03 - 15	狗尾＋糙隐子草＋芦苇＋黄蒿	8.10
2008 - 03 - 25	狗尾＋糙隐子草＋芦苇＋黄蒿	8.08
2008 - 04 - 05	狗尾＋糙隐子草＋芦苇＋黄蒿	8.08
2008 - 04 - 15	狗尾＋糙隐子草＋芦苇＋黄蒿	8.08
2008 - 04 - 25	狗尾＋糙隐子草＋芦苇＋黄蒿	8.07
2008 - 05 - 05	狗尾＋糙隐子草＋芦苇＋黄蒿	8.13
2008 - 05 - 15	狗尾＋糙隐子草＋芦苇＋黄蒿	8.16
2008 - 05 - 22	狗尾＋糙隐子草＋芦苇＋黄蒿	8.26
2008 - 06 - 05	狗尾＋糙隐子草＋芦苇＋黄蒿	8.26
2008 - 06 - 16	狗尾＋糙隐子草＋芦苇＋黄蒿	8.27
2008 - 06 - 25	狗尾＋糙隐子草＋芦苇＋黄蒿	8.27
2008 - 07 - 06	狗尾＋糙隐子草＋芦苇＋黄蒿	8.30
2008 - 07 - 16	狗尾＋糙隐子草＋芦苇＋黄蒿	8.31
2008 - 07 - 26	狗尾＋糙隐子草＋芦苇＋黄蒿	8.32
2008 - 08 - 05	狗尾＋糙隐子草＋芦苇＋黄蒿	8.50
2008 - 08 - 15	狗尾＋糙隐子草＋芦苇＋黄蒿	8.60
2008 - 08 - 25	狗尾＋糙隐子草＋芦苇＋黄蒿	8.62
2008 - 09 - 05	狗尾＋糙隐子草＋芦苇＋黄蒿	8.65
2008 - 09 - 15	狗尾＋糙隐子草＋芦苇＋黄蒿	8.65
2008 - 09 - 26	狗尾＋糙隐子草＋芦苇＋黄蒿	8.65
2008 - 10 - 06	狗尾＋糙隐子草＋芦苇＋黄蒿	8.63
2008 - 10 - 16	狗尾＋糙隐子草＋芦苇＋黄蒿	8.62
2008 - 10 - 26	狗尾＋糙隐子草＋芦苇＋黄蒿	8.61
2008 - 11 - 06	狗尾＋糙隐子草＋芦苇＋黄蒿	8.60
2008 - 11 - 16	狗尾＋糙隐子草＋芦苇＋黄蒿	8.59
2008 - 11 - 25	狗尾＋糙隐子草＋芦苇＋黄蒿	8.58
2008 - 12 - 05	狗尾＋糙隐子草＋芦苇＋黄蒿	8.57
2008 - 12 - 15	狗尾＋糙隐子草＋芦苇＋黄蒿	8.56
2008 - 12 - 25	狗尾＋糙隐子草＋芦苇＋黄蒿	8.55

4.3.4　农田蒸散量

综合观测场

表 4 - 119　农田综合观测场蒸散量

观测土层厚度：160cm

日　期	植被名称	平均日蒸散量（mm/d）
2005 - 04 - 30	玉米	0.00
2005 - 05 - 05	玉米	1.73
2005 - 05 - 06	玉米	2.40
2005 - 05 - 12	玉米	1.42
2005 - 05 - 15	玉米	1.37
2005 - 05 - 23	玉米	1.20
2005 - 05 - 25	玉米	1.90
2005 - 06 - 02	玉米	1.60
2005 - 06 - 05	玉米	1.04
2005 - 06 - 06	玉米	1.78
2005 - 06 - 09	玉米	1.88
2005 - 06 - 11	玉米	1.60
2005 - 06 - 15	玉米	5.90
2005 - 06 - 20	玉米	6.05
2005 - 06 - 25	玉米	2.31
2005 - 06 - 30	玉米	4.60
2005 - 07 - 05	玉米	4.87
2005 - 07 - 09	玉米	5.35
2005 - 07 - 15	玉米	4.64
2005 - 07 - 25	玉米	7.77
2005 - 07 - 29	玉米	2.02
2005 - 08 - 05	玉米	5.71
2005 - 08 - 14	玉米	2.96
2005 - 08 - 25	玉米	3.62
2005 - 09 - 03	玉米	3.62
2005 - 09 - 13	玉米	2.73
2006 - 04 - 17	春小麦	0.00
2006 - 04 - 26	春小麦	0.83
2006 - 05 - 05	春小麦	2.11
2006 - 05 - 10	春小麦	2.34
2006 - 05 - 15	春小麦	2.87
2006 - 05 - 25	春小麦	2.80
2006 - 06 - 05	春小麦	3.92
2006 - 06 - 15	春小麦	3.49
2006 - 06 - 25	春小麦	5.20
2006 - 07 - 02	春小麦	6.39
2006 - 07 - 06	春小麦	7.21
2006 - 07 - 14	春小麦	6.68
2006 - 07 - 25	荞麦	7.33

（续）

日　期	植被名称	平均日蒸散量（mm/d）
2006 - 08 - 05	荞麦	2.74
2006 - 08 - 10	荞麦	3.83
2006 - 08 - 15	荞麦	1.50
2006 - 08 - 25	荞麦	2.46
2006 - 08 - 27	荞麦	4.74
2006 - 09 - 05	荞麦	4.66
2006 - 09 - 12	荞麦	3.02
2007 - 04 - 15	玉米	0.00
2007 - 04 - 25	玉米	0.66
2007 - 05 - 06	玉米	1.42
2007 - 05 - 15	玉米	3.72
2007 - 05 - 25	玉米	2.40
2007 - 06 - 01	玉米	3.51
2007 - 06 - 05	玉米	0.58
2007 - 06 - 15	玉米	5.32
2007 - 06 - 25	玉米	0.21
2007 - 07 - 05	玉米	4.70
2007 - 07 - 13	玉米	—
2007 - 07 - 15	玉米	7.61
2007 - 07 - 18	玉米	1.78
2007 - 07 - 25	玉米	3.90
2007 - 08 - 01	玉米	6.09
2007 - 08 - 06	玉米	1.22
2007 - 08 - 10	玉米	5.84
2007 - 08 - 16	玉米	3.09
2007 - 08 - 25	玉米	5.12
2007 - 09 - 02	玉米	3.12
2007 - 09 - 15	玉米	5.11
2007 - 09 - 26	玉米	0.51
2008 - 04 - 28	玉米	—
2008 - 05 - 06	玉米	2.40
2008 - 05 - 22	玉米	0.81
2008 - 05 - 27	玉米	—
2008 - 06 - 05	玉米	2.68
2008 - 06 - 18	玉米	1.92
2008 - 06 - 25	玉米	2.81
2008 - 07 - 06	玉米	1.61
2008 - 07 - 16	玉米	3.12
2008 - 07 - 18	玉米	5.23
2008 - 07 - 25	玉米	1.07
2008 - 08 - 05	玉米	5.27
2008 - 08 - 15	玉米	—
2008 - 08 - 25	玉米	4.23
2008 - 08 - 27	玉米	14.88
2008 - 08 - 31	玉米	2.83
2008 - 09 - 05	玉米	1.96
2008 - 09 - 16	玉米	1.72

4.3.5 土壤水分常数

4.3.5.1 综合观测场

表 4 - 120 农田综合观测场土壤水分常数

土壤类型：沙壤土

年份	采样层次（cm）	土壤质地	土壤完全持水量（%）	土壤田间持水量（%）	土壤凋萎含水量（%）	土壤孔隙度（%）	容重（g/cm³）	水分特征曲线方程	备注
2005	5~15	沙壤土	30.02	27.56	3.97	47.00	1.40	$\theta = 33.137 - 5.793\Psi m$，$R^2 = 0.094\,8$	Ψm：厘米水柱对数值，即 PF
2005	15~25	沙壤土	34.63	30.90	3.97	44.61	1.47	$\theta = 33.137 - 5.793\Psi m$，$R^2 = 0.094\,8$	Ψm：厘米水柱对数值，即 PF
2005	25~35	沙壤土	31.63	31.06	3.97	48.96	1.35	$\theta = 33.137 - 5.793\Psi m$，$R^2 = 0.094\,8$	Ψm：厘米水柱对数值，即 PF
2005	35~45	沙壤土	35.10	31.13	—	49.50	1.34	$\theta = 33.137 - 5.793\Psi m$，$R^2 = 0.094\,8$	Ψm：厘米水柱对数值，即 PF
2005	45~55	沙壤土	37.01	32.52	—	48.95	1.35	$\theta = 33.137 - 5.793\Psi m$，$R^2 = 0.094\,8$	Ψm：厘米水柱对数值，即 PF
2005	55~65	沙壤土	35.17	30.16	—	48.62	1.36	$\theta = 48.574 - 8.724\,1\Psi m$，$R^2 = 0.959\,6$	Ψm：厘米水柱对数值，即 PF
2005	65~75	沙壤土	32.58	29.31	—	47.20	1.40	$\theta = 48.574 - 8.724\,1\Psi m$，$R^2 = 0.959\,6$	Ψm：厘米水柱对数值，即 PF
2005	75~85	沙壤土	35.15	31.14	—	45.54	1.44	$\theta = 48.574 - 8.724\,1\Psi m$，$R^2 = 0.959\,6$	Ψm：厘米水柱对数值，即 PF
2005	85~95	沙壤土	32.71	30.29	—	45.72	1.44	$\theta = 48.574 - 8.724\,1\Psi m$，$R^2 = 0.959\,6$	Ψm：厘米水柱对数值，即 PF
2005	95~105	沙壤土	31.10	27.61	—	44.24	1.48	$\theta = 48.574 - 8.724\,1\Psi m$，$R^2 = 0.959\,6$	Ψm：厘米水柱对数值，即 PF
2005	105~115	沙壤土	32.96	28.96	—	44.72	1.46	$\theta = 48.574 - 8.724\,1\Psi m$，$R^2 = 0.959\,6$	Ψm：厘米水柱对数值，即 PF
2005	115~125	沙壤土	35.85	30.74	—	46.66	1.41	$\theta = 48.574 - 8.724\,1\Psi m$，$R^2 = 0.959\,6$	Ψm：厘米水柱对数值，即 PF
2005	125~135	沙壤土	34.62	30.66	—	47.16	1.40	$\theta = 48.574 - 8.724\,1\Psi m$，$R^2 = 0.959\,6$	Ψm：厘米水柱对数值，即 PF
2005	135~145	沙壤土	34.62	30.26	—	46.79	1.41	$\theta = 48.574 - 8.724\,1\Psi m$，$R^2 = 0.959\,6$	Ψm：厘米水柱对数值，即 PF
2005	145~155	沙壤土	33.44	29.83	—	45.63	1.44	$\theta = 48.574 - 8.724\,1\Psi m$，$R^2 = 0.959\,6$	Ψm：厘米水柱对数值，即 PF
2005	155~165	沙壤土	31.58	28.70	—	46.06	1.43	$\theta = 48.574 - 8.724\,1\Psi m$，$R^2 = 0.959\,6$	Ψm：厘米水柱对数值，即 PF

表 4 - 121　沙地综合观测场土壤水分常数

土壤类型：沙壤土

年份	采样层次（cm）	土壤质地	土壤完全持水量（%）	土壤田间持水量（%）	土壤凋萎含水量（%）	土壤孔隙度（%）	容重（g/cm³）	水分特征曲线方程	备　注
2005	5～15	沙壤土	30.26	9.24	1.61	42.77	1.52	$\theta = 9.9386 - 2.0538\Psi m$，$R^2 = 0.9144$	Ψm：厘米水柱对数值，即 PF
2005	15～25	沙壤土	24.15	13.37	1.61	42.19	1.53	$\theta = 9.9386 - 2.0538\Psi m$，$R^2 = 0.9144$	Ψm：厘米水柱对数值，即 PF
2005	25～35	沙壤土	31.58	17.83	1.61	46.89	1.41	$\theta = 9.9386 - 2.0538\Psi m$，$R^2 = 0.9144$	Ψm：厘米水柱对数值，即 PF
2005	35～45	沙壤土	31.09	20.10	—	45.25	1.45	$\theta = 9.9386 - 2.0538\Psi m$，$R^2 = 0.9144$	Ψm：厘米水柱对数值，即 PF
2005	45～55	沙壤土	32.19	23.31	—	45.96	1.43	$\theta = 9.9386 - 2.0538\Psi m$，$R^2 = 0.9144$	Ψm：厘米水柱对数值，即 PF
2005	55～65	沙壤土	34.28	24.53	—	47.01	1.40	$\theta = 9.9386 - 2.0538\Psi m$，$R^2 = 0.9144$	Ψm：厘米水柱对数值，即 PF
2005	65～75	沙壤土	38.62	28.83	—	49.00	1.35	$\theta = 9.9386 - 2.0538\Psi m$，$R^2 = 0.9144$	Ψm：厘米水柱对数值，即 PF
2005	75～85	沙壤土	38.28	28.38	—	48.97	1.35	$\theta = 9.9386 - 2.0538\Psi m$，$R^2 = 0.9144$	Ψm：厘米水柱对数值，即 PF
2005	85～95	沙壤土	37.83	27.52	—	48.95	1.35	$\theta = 9.9386 - 2.0538\Psi m$，$R^2 = 0.9144$	Ψm：厘米水柱对数值，即 PF
2005	95～105	沙壤土	28.39	25.82	—	50.70	1.31	$\theta = 9.9386 - 2.0538\Psi m$，$R^2 = 0.9144$	Ψm：厘米水柱对数值，即 PF
2005	105～115	沙壤土	36.31	25.89	—	50.16	1.32	$\theta = 9.9386 - 2.0538\Psi m$，$R^2 = 0.9144$	Ψm：厘米水柱对数值，即 PF
2005	115～125	沙壤土	36.95	25.75	—	50.29	1.32	$\theta = 9.9386 - 2.0538\Psi m$，$R^2 = 0.9144$	Ψm：厘米水柱对数值，即 PF
2005	125～135	沙壤土	38.63	24.62	—	49.83	1.33	$\theta = 9.9386 - 2.0538\Psi m$，$R^2 = 0.9144$	Ψm：厘米水柱对数值，即 PF
2005	135～145	沙壤土	35.20	23.53	—	48.51	1.36	$\theta = 9.9386 - 2.0538\Psi m$，$R^2 = 0.9144$	Ψm：厘米水柱对数值，即 PF
2005	145～155	沙壤土	33.19	23.33	—	46.94	1.41	$\theta = 9.9386 - 2.0538\Psi m$，$R^2 = 0.9144$	Ψm：厘米水柱对数值，即 PF
2005	155～165	沙壤土	33.01	22.85	—	46.69	1.41	$\theta = 9.9386 - 2.0538\Psi m$，$R^2 = 0.9144$	Ψm：厘米水柱对数值，即 PF
2005	165～175	沙壤土	35.46	23.02	—	46.64	1.41	$\theta = 9.9386 - 2.0538\Psi m$，$R^2 = 0.9144$	Ψm：厘米水柱对数值，即 PF

4.3.5.2　其他观测场

表4-122　综合气象要素观测场土壤水分常数

土壤类型：沙壤土

年份	采样层次（cm）	土壤质地	土壤完全持水量（%）	土壤田间持水量（%）	土壤凋萎含水量（%）	土壤孔隙度（%）	容重（g/cm³）	水分特征曲线方程	备注
2005	5~15	沙壤土	31.63	29.95	2.51	50.12	1.32	$\theta=33.137-5.793\Psi m$，$R^2=0.0948$	Ψm：厘米水柱对数值，即PF
2005	15~25	沙壤土	30.97	29.78	2.51	49.26	1.34	$\theta=33.137-5.793\Psi m$，$R^2=0.0948$	Ψm：厘米水柱对数值，即PF
2005	25~35	沙壤土	30.55	29.17	2.51	49.04	1.35	$\theta=33.137-5.793\Psi m$，$R^2=0.0948$	Ψm：厘米水柱对数值，即PF
2005	35~45	沙壤土	30.56	28.96	—	48.48	1.37	$\theta=33.137-5.793\Psi m$，$R^2=0.0948$	Ψm：厘米水柱对数值，即PF
2005	45~55	沙壤土	31.92	29.45	—	48.83	1.36	$\theta=33.137-5.793\Psi m$，$R^2=0.0948$	Ψm：厘米水柱对数值，即PF
2005	55~65	沙壤土	32.69	30.43	—	48.69	1.36	$\theta=48.574-8.7241\Psi m$，$R^2=0.9596$	Ψm：厘米水柱对数值，即PF
2005	65~75	沙壤土	27.37	28.58	—	47.39	1.39	$\theta=48.574-8.7241\Psi m$，$R^2=0.9596$	Ψm：厘米水柱对数值，即PF
2005	75~85	沙壤土	25.26	23.43	—	42.64	1.52	$\theta=48.574-8.7241\Psi m$，$R^2=0.9596$	Ψm：厘米水柱对数值，即PF
2005	85~95	沙壤土	20.97	19.27	—	39.21	1.61	$\theta=48.574-8.7241\Psi m$，$R^2=0.9596$	Ψm：厘米水柱对数值，即PF
2005	95~105	沙壤土	19.61	18.21	—	37.85	1.65	$\theta=48.574-8.7241\Psi m$，$R^2=0.9596$	Ψm：厘米水柱对数值，即PF
2005	105~115	沙壤土	20.99	17.39	—	39.59	1.60	$\theta=48.574-8.7241\Psi m$，$R^2=0.9596$	Ψm：厘米水柱对数值，即PF
2005	115~125	沙壤土	20.11	17.93	—	39.39	1.61	$\theta=48.574-8.7241\Psi m$，$R^2=0.9596$	Ψm：厘米水柱对数值，即PF
2005	125~135	沙壤土	19.82	15.90	—	39.77	1.60	$\theta=48.574-8.7241\Psi m$，$R^2=0.9596$	Ψm：厘米水柱对数值，即PF
2005	135~145	沙壤土	20.69	18.94	—	38.35	1.63	$\theta=48.574-8.7241\Psi m$，$R^2=0.9596$	Ψm：厘米水柱对数值，即PF
2005	145~155	沙壤土	21.11	19.15	—	40.27	1.58	$\theta=48.574-8.7241\Psi m$，$R^2=0.9596$	Ψm：厘米水柱对数值，即PF
2005	155~165	沙壤土	21.34	19.03	—	40.68	1.57	$\theta=48.574-8.7241\Psi m$，$R^2=0.9596$	Ψm：厘米水柱对数值，即PF
2005	165~175	沙壤土	19.44	17.22	—	39.02	1.62	$\theta=48.574-8.7241\Psi m$，$R^2=0.9596$	Ψm：厘米水柱对数值，即PF

表 4-123　固定沙丘辅助观测场土壤水分常数

土壤类型：风沙土

年份	采样层次（cm）	土壤质地	土壤完全持水量（%）	土壤田间持水量（%）	土壤凋萎含水量（%）	土壤孔隙度（%）	容重（g/cm³）	水分特征曲线方程	备注
2005	5~15	风沙土	22.68	18.87	1.02	41.73	1.54	$\theta=52.634-9.937\,7\Psi m$，$R^2=0.937\,9$	Ψm：厘米水柱对数值，即 PF
2005	15~25	风沙土	21.76	18.96	1.02	41.24	1.56	$\theta=52.634-9.937\,7\Psi m$，$R^2=0.937\,9$	Ψm：厘米水柱对数值，即 PF
2005	25~35	风沙土	21.00	17.53	1.02	41.05	1.56	$\theta=52.634-9.937\,7\Psi m$，$R^2=0.937\,9$	Ψm：厘米水柱对数值，即 PF
2005	35~45	风沙土	22.61	18.09	—	41.75	1.54	$\theta=52.634-9.937\,7\Psi m$，$R^2=0.937\,9$	Ψm：厘米水柱对数值，即 PF
2005	45~55	风沙土	22.67	18.31	—	41.86	1.54	$\theta=52.634-9.937\,7\Psi m$，$R^2=0.937\,9$	Ψm：厘米水柱对数值，即 PF
2005	55~65	风沙土	22.94	18.44	—	41.99	1.54	$\theta=52.634-9.937\,7\Psi m$，$R^2=0.937\,9$	Ψm：厘米水柱对数值，即 PF
2005	65~75	风沙土	22.44	18.41	—	42.58	1.52	$\theta=52.634-9.937\,7\Psi m$，$R^2=0.937\,9$	Ψm：厘米水柱对数值，即 PF
2005	75~85	风沙土	21.90	18.03	—	42.05	1.54	$\theta=52.634-9.937\,7\Psi m$，$R^2=0.937\,9$	Ψm：厘米水柱对数值，即 PF
2005	85~95	风沙土	21.74	19.15	—	42.31	1.53	$\theta=52.634-9.937\,7\Psi m$，$R^2=0.937\,9$	Ψm：厘米水柱对数值，即 PF
2005	95~105	风沙土	22.80	18.14	—	42.13	1.53	$\theta=52.634-9.937\,7\Psi m$，$R^2=0.937\,9$	Ψm：厘米水柱对数值，即 PF
2005	105~115	风沙土	22.19	18.62	—	41.31	1.56	$\theta=52.634-9.937\,7\Psi m$，$R^2=0.937\,9$	Ψm：厘米水柱对数值，即 PF
2005	115~125	风沙土	23.01	19.30	—	42.52	1.52	$\theta=52.634-9.937\,7\Psi m$，$R^2=0.937\,9$	Ψm：厘米水柱对数值，即 PF
2005	125~135	风沙土	22.73	18.08	—	42.30	1.53	$\theta=52.634-9.937\,7\Psi m$，$R^2=0.937\,9$	Ψm：厘米水柱对数值，即 PF
2005	135~145	风沙土	20.82	17.04	—	42.00	1.54	$\theta=52.634-9.937\,7\Psi m$，$R^2=0.937\,9$	Ψm：厘米水柱对数值，即 PF
2005	145~155	风沙土	21.85	17.55	—	42.25	1.53	$\theta=52.634-9.937\,7\Psi m$，$R^2=0.937\,9$	Ψm：厘米水柱对数值，即 PF
2005	155~165	风沙土	22.65	18.04	—	41.66	1.55	$\theta=52.634-9.937\,7\Psi m$，$R^2=0.937\,9$	Ψm：厘米水柱对数值，即 PF
2005	165~175	风沙土	22.61	18.29	—	41.79	1.54	$\theta=52.634-9.937\,7\Psi m$，$R^2=0.937\,9$	Ψm：厘米水柱对数值，即 PF
2005	175~185	风沙土	22.65	19.11	—	42.26	1.53	$\theta=52.634-9.937\,7\Psi m$，$R^2=0.937\,9$	Ψm：厘米水柱对数值，即 PF

4.3.6 水面蒸发量

表 4 - 124 水面蒸发量

样地名称：综合气象要素观测场 E601 水面蒸发仪

年份	月份	月蒸发量（mm）	月均水温（℃）
2005	5	10.3（9 日开始）	16.5
2005	6	149.6	21.8
2005	7	102.8	25.6
2005	8	87.0	23.9
2005	9	109.0	18.3
2005	10	92.8（至 20 日结冻止）	11.3
2006	5	60.1（20 日开始）	18.1
2006	6	105.1	20.9
2006	7	140.0	24.8
2006	8	130.3	24.5
2006	9	100.5	17.3
2006	10	69.3（至 23 日结冻止）	11.9
2007	4	57.2（20 日开始）	12.1
2007	5	207.4	16.5
2007	6	244.5	23.2
2007	7	151.9	25.2
2007	8	146.9	24.1
2007	9	106.3	18.9
2007	10	34.8（至 12 日结冻止）	12.3
2008	5	153.3（1 日开始）	15.2
2008	6	135.1	21.5
2008	7	79.6	25.7
2008	8	74.9	23.8
2008	9	71.9（29 日止）	17.4

4.3.7 雨水水质状况

表 4 - 125 雨水水质状况

样地名称：综合气象要素观测场雨水采集器　　　　　　　　　　　　　　　　单位：mg/L

年份	月份	pH	矿化度	硫酸根	非溶性物质总含量
2005	6	6.13	36.000	8.145	0.773
2005	7	6.61	40.000	8.042	0.764
2005	8	6.76	40.000	8.214	0.777
2005	10	6.87	300.000	11.034	0.790
2006	4	7.13	580.000	4.571	0.738
2006	7	6.72	299.000	6.342	0.753
2006	10	6.34	100.000	14.129	0.776
2007	1	6.38	48.000	11.125	0.806

（续）

年份	月份	pH	矿化度	硫酸根	非溶性物质总含量
2007	4	6.22	42.000	5.629	0.784
2007	7	6.64	38.000	4.140	0.757
2007	10	6.66	32.467	13.122	0.626
2008	1	6.46	17.267	3.400	0.635
2008	4	6.41	52.800	6.233	0.624
2008	7	6.77	80.000	5.125	0.637
2008	10	6.48	93.300	7.141	0.714

4.3.8 农田蒸散量（大型蒸渗仪）

综合观测场

表 4 - 126 综合观测场农田蒸散量

单位：mm

日 期	田间状况描述	昼夜蒸散总量（mm）	日 期	田间状况描述	昼夜蒸散总量（mm）
2005 - 05 - 06	小叶锦鸡儿	3.27	2005 - 06 - 06	小叶锦鸡儿	5.93
2005 - 05 - 07	小叶锦鸡儿	5.02	2005 - 06 - 07	小叶锦鸡儿	6.49
2005 - 05 - 08	小叶锦鸡儿	3.86	2005 - 06 - 08	小叶锦鸡儿	4.95
2005 - 05 - 09	小叶锦鸡儿	2.16	2005 - 06 - 09	小叶锦鸡儿	6.52
2005 - 05 - 10	小叶锦鸡儿	4.61	2005 - 06 - 10	小叶锦鸡儿	5.13
2005 - 05 - 11	小叶锦鸡儿	3.24	2005 - 06 - 11	小叶锦鸡儿	4.36
2005 - 05 - 12	小叶锦鸡儿	3.15	2005 - 06 - 12	小叶锦鸡儿	3.63
2005 - 05 - 13	小叶锦鸡儿	6.40	2005 - 06 - 13	小叶锦鸡儿	5.74
2005 - 05 - 14	小叶锦鸡儿	6.35	2005 - 06 - 14	小叶锦鸡儿	2.43
2005 - 05 - 15	小叶锦鸡儿	4.94	2005 - 06 - 15	小叶锦鸡儿	5.91
2005 - 05 - 16	小叶锦鸡儿	5.72	2005 - 06 - 16	小叶锦鸡儿	3.05
2005 - 05 - 17	小叶锦鸡儿	5.60	2005 - 06 - 17	小叶锦鸡儿	2.79
2005 - 05 - 18	小叶锦鸡儿	5.02	2005 - 06 - 18	小叶锦鸡儿	4.19
2005 - 05 - 19	小叶锦鸡儿	6.07	2005 - 06 - 19	小叶锦鸡儿	2.51
2005 - 05 - 20	小叶锦鸡儿	5.63	2005 - 06 - 20	小叶锦鸡儿	2.71
2005 - 05 - 21	小叶锦鸡儿	4.32	2005 - 06 - 21	小叶锦鸡儿	3.58
2005 - 05 - 22	小叶锦鸡儿	5.74	2005 - 06 - 22	小叶锦鸡儿	5.83
2005 - 05 - 23	小叶锦鸡儿	4.56	2005 - 06 - 23	小叶锦鸡儿	6.90
2005 - 05 - 24	小叶锦鸡儿	7.98	2005 - 06 - 24	小叶锦鸡儿	2.98
2005 - 05 - 25	小叶锦鸡儿	3.99	2005 - 06 - 25	小叶锦鸡儿	1.93
2005 - 05 - 26	小叶锦鸡儿	8.79	2005 - 06 - 26	小叶锦鸡儿	6.71
2005 - 05 - 27	小叶锦鸡儿	7.91	2005 - 06 - 27	小叶锦鸡儿	2.81
2005 - 05 - 28	小叶锦鸡儿	6.98	2005 - 06 - 28	小叶锦鸡儿	2.60
2005 - 05 - 29	小叶锦鸡儿	7.93	2005 - 06 - 29	小叶锦鸡儿	2.38
2005 - 05 - 30	小叶锦鸡儿	8.12	2005 - 06 - 30	小叶锦鸡儿	2.81
2005 - 05 - 31	小叶锦鸡儿	8.67	2005 - 07 - 01	小叶锦鸡儿	6.46
2005 - 06 - 01	小叶锦鸡儿	6.75	2005 - 07 - 02	小叶锦鸡儿	8.72
2005 - 06 - 02	小叶锦鸡儿	6.34	2005 - 07 - 03	小叶锦鸡儿	5.26
2005 - 06 - 03	小叶锦鸡儿	5.33	2005 - 07 - 04	小叶锦鸡儿	1.82
2005 - 06 - 04	小叶锦鸡儿	6.69	2005 - 07 - 05	小叶锦鸡儿	7.94
2005 - 06 - 05	小叶锦鸡儿	3.27	2005 - 07 - 06	小叶锦鸡儿	6.58

（续）

日　　期	田间状况描述	昼夜蒸散总量（mm）	日期	田间状况描述	昼夜蒸散总量（mm）
2005 - 07 - 07	小叶锦鸡儿	6.13	2005 - 08 - 24	小叶锦鸡儿	2.38
2005 - 07 - 08	小叶锦鸡儿	2.54	2005 - 08 - 25	小叶锦鸡儿	2.68
2005 - 07 - 09	小叶锦鸡儿	1.79	2005 - 08 - 26	小叶锦鸡儿	2.71
2005 - 07 - 10	小叶锦鸡儿	5.42	2005 - 08 - 27	小叶锦鸡儿	3.27
2005 - 07 - 11	小叶锦鸡儿	7.29	2005 - 08 - 28	小叶锦鸡儿	2.31
2005 - 07 - 12	小叶锦鸡儿	4.73	2005 - 08 - 29	小叶锦鸡儿	3.62
2005 - 07 - 13	小叶锦鸡儿	5.14	2005 - 08 - 30	小叶锦鸡儿	1.70
2005 - 07 - 14	小叶锦鸡儿	6.17	2005 - 08 - 31	小叶锦鸡儿	2.33
2005 - 07 - 15	小叶锦鸡儿	3.04	2005 - 09 - 01	小叶锦鸡儿	1.56
2005 - 07 - 16	小叶锦鸡儿	4.30	2005 - 09 - 02	小叶锦鸡儿	1.81
2005 - 07 - 17	小叶锦鸡儿	5.04	2005 - 09 - 03	小叶锦鸡儿	2.14
2005 - 07 - 18	小叶锦鸡儿	3.80	2005 - 09 - 04	小叶锦鸡儿	3.25
2005 - 07 - 19	小叶锦鸡儿	1.99	2005 - 09 - 05	小叶锦鸡儿	1.64
2005 - 07 - 20	小叶锦鸡儿	2.32	2005 - 09 - 06	小叶锦鸡儿	1.39
2005 - 07 - 21	小叶锦鸡儿	2.94	2005 - 09 - 07	小叶锦鸡儿	1.65
2005 - 07 - 22	小叶锦鸡儿	3.08	2005 - 09 - 08	小叶锦鸡儿	1.43
2005 - 07 - 23	小叶锦鸡儿	2.75	2005 - 09 - 09	小叶锦鸡儿	1.27
2005 - 07 - 24	小叶锦鸡儿	3.86	2005 - 09 - 10	小叶锦鸡儿	1.36
2005 - 07 - 25	小叶锦鸡儿	1.16	2005 - 09 - 11	小叶锦鸡儿	1.06
2005 - 07 - 26	小叶锦鸡儿	1.16	2005 - 09 - 12	小叶锦鸡儿	3.49
2005 - 07 - 27	小叶锦鸡儿	2.81	2005 - 09 - 13	小叶锦鸡儿	3.80
2005 - 07 - 28	小叶锦鸡儿	5.03	2005 - 09 - 14	小叶锦鸡儿	3.36
2005 - 07 - 29	小叶锦鸡儿	1.71	2005 - 09 - 15	小叶锦鸡儿	4.81
2005 - 07 - 30	小叶锦鸡儿	4.86	2005 - 09 - 16	小叶锦鸡儿	3.01
2005 - 07 - 31	小叶锦鸡儿	3.73	2005 - 09 - 17	小叶锦鸡儿	2.93
2005 - 08 - 01	小叶锦鸡儿	1.70	2005 - 09 - 18	小叶锦鸡儿	4.03
2005 - 08 - 02	小叶锦鸡儿	2.74	2005 - 09 - 19	小叶锦鸡儿	4.10
2005 - 08 - 03	小叶锦鸡儿	2.50	2005 - 09 - 20	小叶锦鸡儿	1.85
2005 - 08 - 04	小叶锦鸡儿	4.35	2005 - 09 - 21	小叶锦鸡儿	5.08
2005 - 08 - 05	小叶锦鸡儿	3.57	2005 - 09 - 22	小叶锦鸡儿	3.25
2005 - 08 - 06	小叶锦鸡儿	2.88	2005 - 09 - 23	小叶锦鸡儿	3.51
2005 - 08 - 07	小叶锦鸡儿	4.95	2005 - 09 - 24	小叶锦鸡儿	2.24
2005 - 08 - 08	小叶锦鸡儿	4.77	2005 - 09 - 25	小叶锦鸡儿	3.54
2005 - 08 - 09	小叶锦鸡儿	5.14	2005 - 09 - 26	小叶锦鸡儿	2.33
2005 - 08 - 10	小叶锦鸡儿	3.42	2005 - 09 - 27	小叶锦鸡儿	1.65
2005 - 08 - 11	小叶锦鸡儿	3.82	2005 - 09 - 28	小叶锦鸡儿	2.53
2005 - 08 - 12	小叶锦鸡儿	6.62	2005 - 09 - 29	小叶锦鸡儿	2.58
2005 - 08 - 13	小叶锦鸡儿	2.91	2005 - 09 - 30	小叶锦鸡儿	2.37
2005 - 08 - 14	小叶锦鸡儿	5.11	2006 - 04 - 10	小叶锦鸡儿	1.29
2005 - 08 - 15	小叶锦鸡儿	6.65	2006 - 04 - 15	小叶锦鸡儿	1.41
2005 - 08 - 16	小叶锦鸡儿	1.06	2006 - 04 - 20	小叶锦鸡儿	1.36
2005 - 08 - 17	小叶锦鸡儿	1.47	2006 - 04 - 24	小叶锦鸡儿	1.29
2005 - 08 - 18	小叶锦鸡儿	3.60	2006 - 04 - 25	小叶锦鸡儿	3.88
2005 - 08 - 19	小叶锦鸡儿	6.40	2006 - 04 - 26	小叶锦鸡儿	2.44
2005 - 08 - 20	小叶锦鸡儿	4.44	2006 - 04 - 27	小叶锦鸡儿	3.16
2005 - 08 - 21	小叶锦鸡儿	3.21	2006 - 04 - 28	小叶锦鸡儿	4.36
2005 - 08 - 22	小叶锦鸡儿	2.77	2006 - 04 - 29	小叶锦鸡儿	3.27
2005 - 08 - 23	小叶锦鸡儿	1.78	2006 - 04 - 30	小叶锦鸡儿	2.78

（续）

日　期	田间状况描述	昼夜蒸散总量（mm）	日　期	田间状况描述	昼夜蒸散总量（mm）
2006 - 05 - 01	小叶锦鸡儿	3.77	2006 - 06 - 23	小叶锦鸡儿	6.89
2006 - 05 - 02	小叶锦鸡儿	4.32	2006 - 06 - 24	小叶锦鸡儿	4.70
2006 - 05 - 03	小叶锦鸡儿	2.38	2006 - 06 - 25	小叶锦鸡儿	1.22
2006 - 05 - 05	小叶锦鸡儿	3.42	2006 - 06 - 26	小叶锦鸡儿	2.93
2006 - 05 - 06	小叶锦鸡儿	3.44	2006 - 06 - 27	小叶锦鸡儿	6.26
2006 - 05 - 07	小叶锦鸡儿	3.08	2006 - 06 - 28	小叶锦鸡儿	5.79
2006 - 05 - 09	小叶锦鸡儿	2.65	2006 - 06 - 29	小叶锦鸡儿	4.13
2006 - 05 - 10	小叶锦鸡儿	3.98	2006 - 06 - 30	小叶锦鸡儿	3.60
2006 - 05 - 11	小叶锦鸡儿	4.24	2006 - 07 - 01	小叶锦鸡儿	4.63
2006 - 05 - 12	小叶锦鸡儿	4.71	2006 - 07 - 02	小叶锦鸡儿	6.15
2006 - 05 - 13	小叶锦鸡儿	0.57	2006 - 07 - 03	小叶锦鸡儿	8.56
2006 - 05 - 14	小叶锦鸡儿	4.39	2006 - 07 - 04	小叶锦鸡儿	5.55
2006 - 05 - 15	小叶锦鸡儿	4.81	2006 - 07 - 06	小叶锦鸡儿	4.17
2006 - 05 - 16	小叶锦鸡儿	—	2006 - 07 - 07	小叶锦鸡儿	8.47
2006 - 05 - 18	小叶锦鸡儿	—	2006 - 07 - 08	小叶锦鸡儿	8.15
2006 - 05 - 19	小叶锦鸡儿	—	2006 - 07 - 09	小叶锦鸡儿	5.52
2006 - 05 - 20	小叶锦鸡儿	5.82	2006 - 07 - 10	小叶锦鸡儿	1.94
2006 - 05 - 21	小叶锦鸡儿	5.78	2006 - 07 - 15	小叶锦鸡儿	3.56
2006 - 05 - 22	小叶锦鸡儿	5.73	2006 - 07 - 16	小叶锦鸡儿	4.49
2006 - 05 - 23	小叶锦鸡儿	8.44	2006 - 07 - 17	小叶锦鸡儿	3.07
2006 - 05 - 24	小叶锦鸡儿	7.72	2006 - 07 - 18	小叶锦鸡儿	3.70
2006 - 05 - 25	小叶锦鸡儿	7.10	2006 - 07 - 19	小叶锦鸡儿	2.35
2006 - 05 - 26	小叶锦鸡儿	1.73	2006 - 07 - 20	小叶锦鸡儿	2.99
2006 - 05 - 27	小叶锦鸡儿	2.12	2006 - 07 - 21	小叶锦鸡儿	3.04
2006 - 05 - 28	小叶锦鸡儿	6.71	2006 - 07 - 22	小叶锦鸡儿	0.93
2006 - 05 - 29	小叶锦鸡儿	—	2006 - 07 - 23	小叶锦鸡儿	2.25
2006 - 05 - 30	小叶锦鸡儿	—	2006 - 07 - 24	小叶锦鸡儿	2.73
2006 - 05 - 31	小叶锦鸡儿	0.98	2006 - 07 - 25	小叶锦鸡儿	2.58
2006 - 06 - 01	小叶锦鸡儿	5.85	2006 - 07 - 26	小叶锦鸡儿	2.72
2006 - 06 - 02	小叶锦鸡儿	—	2006 - 07 - 27	小叶锦鸡儿	2.03
2006 - 06 - 03	小叶锦鸡儿	—	2006 - 07 - 28	小叶锦鸡儿	3.59
2006 - 06 - 04	小叶锦鸡儿	6.41	2006 - 07 - 29	小叶锦鸡儿	4.68
2006 - 06 - 05	小叶锦鸡儿	7.57	2006 - 07 - 30	小叶锦鸡儿	8.47
2006 - 06 - 06	小叶锦鸡儿	—	2006 - 07 - 31	小叶锦鸡儿	8.40
2006 - 06 - 07	小叶锦鸡儿	6.83	2006 - 08 - 01	小叶锦鸡儿	6.47
2006 - 06 - 08	小叶锦鸡儿	7.71	2006 - 08 - 02	小叶锦鸡儿	8.08
2006 - 06 - 11	小叶锦鸡儿	5.04	2006 - 08 - 03	小叶锦鸡儿	5.56
2006 - 06 - 12	小叶锦鸡儿	8.18	2006 - 08 - 04	小叶锦鸡儿	—
2006 - 06 - 13	小叶锦鸡儿	7.05	2006 - 08 - 05	小叶锦鸡儿	2.93
2006 - 06 - 14	小叶锦鸡儿	—	2006 - 08 - 06	小叶锦鸡儿	
2006 - 06 - 15	小叶锦鸡儿	2.12	2006 - 08 - 07	小叶锦鸡儿	—
2006 - 06 - 16	小叶锦鸡儿	—	2006 - 08 - 08	小叶锦鸡儿	1.94
2006 - 06 - 17	小叶锦鸡儿	—	2006 - 08 - 09	小叶锦鸡儿	7.04
2006 - 06 - 18	小叶锦鸡儿	6.64	2006 - 08 - 10	小叶锦鸡儿	—
2006 - 06 - 19	小叶锦鸡儿	8.17	2006 - 08 - 11	小叶锦鸡儿	—
2006 - 06 - 20	小叶锦鸡儿	7.00	2006 - 08 - 12	小叶锦鸡儿	7.69
2006 - 06 - 21	小叶锦鸡儿	8.10	2006 - 08 - 13	小叶锦鸡儿	—
2006 - 06 - 22	小叶锦鸡儿	5.80	2006 - 08 - 14	小叶锦鸡儿	4.46

（续）

日 期	田间状况描述	昼夜蒸散总量（mm）	日 期	田间状况描述	昼夜蒸散总量（mm）
2006－08－15	小叶锦鸡儿	7.06	2007－05－09	小叶锦鸡儿	2.02
2006－08－16	小叶锦鸡儿	—	2007－05－10	小叶锦鸡儿	5.27
2006－08－17	小叶锦鸡儿	2.19	2007－05－11	小叶锦鸡儿	1.72
2006－08－18	小叶锦鸡儿	5.66	2007－05－12	小叶锦鸡儿	4.27
2006－08－19	小叶锦鸡儿	—	2007－05－13	小叶锦鸡儿	5.53
2006－08－20	小叶锦鸡儿	—	2007－05－14	小叶锦鸡儿	6.48
2006－08－21	小叶锦鸡儿	7.34	2007－05－15	小叶锦鸡儿	4.15
2006－08－22	小叶锦鸡儿	—	2007－05－16	小叶锦鸡儿	1.90
2006－08－23	小叶锦鸡儿	—	2007－05－17	小叶锦鸡儿	3.47
2006－08－24	小叶锦鸡儿	—	2007－05－18	小叶锦鸡儿	5.48
2006－08－25	小叶锦鸡儿	8.70	2007－05－19	小叶锦鸡儿	3.85
2006－08－26	小叶锦鸡儿	—	2007－05－20	小叶锦鸡儿	5.05
2006－08－27	小叶锦鸡儿	2.64	2007－05－21	小叶锦鸡儿	5.96
2006－08－28	小叶锦鸡儿	—	2007－05－22	小叶锦鸡儿	4.00
2006－08－29	小叶锦鸡儿	—	2007－05－23	小叶锦鸡儿	2.51
2006－08－30	小叶锦鸡儿	—	2007－05－24	小叶锦鸡儿	4.36
2006－09－01	小叶锦鸡儿	—	2007－05－25	小叶锦鸡儿	3.60
2006－09－02	小叶锦鸡儿	2.98	2007－05－26	小叶锦鸡儿	4.71
2006－09－03	小叶锦鸡儿	4.59	2007－05－27	小叶锦鸡儿	4.05
2006－09－04	小叶锦鸡儿	6.89	2007－05－28	小叶锦鸡儿	3.13
2006－09－05	小叶锦鸡儿	6.63	2007－05－29	小叶锦鸡儿	2.62
2006－09－06	小叶锦鸡儿	5.74	2007－05－30	小叶锦鸡儿	2.65
2006－09－07	小叶锦鸡儿	5.66	2007－05－31	小叶锦鸡儿	5.37
2006－09－08	小叶锦鸡儿	2.71	2007－06－01	小叶锦鸡儿	4.83
2006－09－09	小叶锦鸡儿	2.21	2007－06－02	小叶锦鸡儿	4.64
2006－09－10	小叶锦鸡儿	3.16	2007－06－03	小叶锦鸡儿	2.65
2006－09－11	小叶锦鸡儿	6.43	2007－06－04	小叶锦鸡儿	3.68
2006－09－12	小叶锦鸡儿	5.16	2007－06－05	小叶锦鸡儿	5.06
2006－09－13	小叶锦鸡儿	6.62	2007－06－06	小叶锦鸡儿	5.98
2006－09－14	小叶锦鸡儿	3.51	2007－06－07	小叶锦鸡儿	4.89
2006－09－15	小叶锦鸡儿	3.80	2007－06－08	小叶锦鸡儿	6.39
2007－04－10	小叶锦鸡儿	2.31	2007－06－09	小叶锦鸡儿	5.33
2007－04－15	小叶锦鸡儿	4.90	2007－06－10	小叶锦鸡儿	3.50
2007－04－20	小叶锦鸡儿	4.17	2007－06－11	小叶锦鸡儿	5.12
2007－04－25	小叶锦鸡儿	3.16	2007－06－12	小叶锦鸡儿	1.61
2007－04－26	小叶锦鸡儿	2.44	2007－06－13	小叶锦鸡儿	4.58
2007－04－27	小叶锦鸡儿	1.04	2007－06－14	小叶锦鸡儿	3.38
2007－04－28	小叶锦鸡儿	1.20	2007－06－15	小叶锦鸡儿	2.13
2007－04－29	小叶锦鸡儿	2.62	2007－06－16	小叶锦鸡儿	4.33
2007－04－30	小叶锦鸡儿	2.08	2007－06－17	小叶锦鸡儿	2.08
2007－05－01	小叶锦鸡儿	3.06	2007－06－18	小叶锦鸡儿	2.07
2007－05－02	小叶锦鸡儿	3.37	2007－06－19	小叶锦鸡儿	1.20
2007－05－03	小叶锦鸡儿	2.99	2007－06－20	小叶锦鸡儿	2.28
2007－05－04	小叶锦鸡儿	3.44	2007－06－21	小叶锦鸡儿	2.08
2007－05－05	小叶锦鸡儿	3.51	2007－06－22	小叶锦鸡儿	1.86
2007－05－06	小叶锦鸡儿	2.38	2007－06－23	小叶锦鸡儿	2.00
2007－05－07	小叶锦鸡儿	4.59	2007－06－24	小叶锦鸡儿	2.07
2007－05－08	小叶锦鸡儿	4.26	2007－06－25	小叶锦鸡儿	6.38

（续）

日 期	田间状况描述	昼夜蒸散总量（mm）	日 期	田间状况描述	昼夜蒸散总量（mm）
2007 - 06 - 26	小叶锦鸡儿	4.35	2007 - 08 - 13	小叶锦鸡儿	3.73
2007 - 06 - 27	小叶锦鸡儿	5.09	2007 - 08 - 14	小叶锦鸡儿	4.35
2007 - 06 - 28	小叶锦鸡儿	5.45	2007 - 08 - 15	小叶锦鸡儿	4.12
2007 - 06 - 29	小叶锦鸡儿	4.30	2007 - 08 - 16	小叶锦鸡儿	2.87
2007 - 06 - 30	小叶锦鸡儿	6.36	2007 - 08 - 17	小叶锦鸡儿	3.07
2007 - 07 - 01	小叶锦鸡儿	3.44	2007 - 08 - 18	小叶锦鸡儿	2.75
2007 - 07 - 02	小叶锦鸡儿	4.11	2007 - 08 - 19	小叶锦鸡儿	2.56
2007 - 07 - 03	小叶锦鸡儿	2.65	2007 - 08 - 20	小叶锦鸡儿	2.93
2007 - 07 - 04	小叶锦鸡儿	5.91	2007 - 08 - 21	小叶锦鸡儿	2.68
2007 - 07 - 05	小叶锦鸡儿	4.94	2007 - 08 - 22	小叶锦鸡儿	2.01
2007 - 07 - 06	小叶锦鸡儿	5.23	2007 - 08 - 23	小叶锦鸡儿	2.19
2007 - 07 - 07	小叶锦鸡儿	5.36	2007 - 08 - 24	小叶锦鸡儿	1.78
2007 - 07 - 08	小叶锦鸡儿	3.73	2007 - 08 - 25	小叶锦鸡儿	1.17
2007 - 07 - 09	小叶锦鸡儿	—	2007 - 08 - 26	小叶锦鸡儿	1.76
2007 - 07 - 10	小叶锦鸡儿	—	2007 - 08 - 27	小叶锦鸡儿	1.20
2007 - 07 - 11	小叶锦鸡儿	2.81	2007 - 08 - 28	小叶锦鸡儿	2.36
2007 - 07 - 12	小叶锦鸡儿	2.48	2007 - 08 - 29	小叶锦鸡儿	5.07
2007 - 07 - 13	小叶锦鸡儿	2.79	2007 - 08 - 30	小叶锦鸡儿	2.43
2007 - 07 - 14	小叶锦鸡儿	5.09	2007 - 08 - 31	小叶锦鸡儿	3.41
2007 - 07 - 15	小叶锦鸡儿	5.86	2007 - 09 - 01	小叶锦鸡儿	3.63
2007 - 07 - 16	小叶锦鸡儿	5.40	2007 - 09 - 02	小叶锦鸡儿	3.66
2007 - 07 - 17	小叶锦鸡儿	6.87	2007 - 09 - 03	小叶锦鸡儿	3.78
2007 - 07 - 18	小叶锦鸡儿	6.29	2007 - 09 - 04	小叶锦鸡儿	3.67
2007 - 07 - 19	小叶锦鸡儿	5.78	2007 - 09 - 05	小叶锦鸡儿	4.67
2007 - 07 - 20	小叶锦鸡儿	4.69	2007 - 09 - 06	小叶锦鸡儿	4.33
2007 - 07 - 21	小叶锦鸡儿	4.21	2007 - 09 - 07	小叶锦鸡儿	3.29
2007 - 07 - 22	小叶锦鸡儿	4.29	2007 - 09 - 08	小叶锦鸡儿	6.32
2007 - 07 - 23	小叶锦鸡儿	5.21	2007 - 09 - 09	小叶锦鸡儿	3.96
2007 - 07 - 24	小叶锦鸡儿	5.10	2007 - 09 - 10	小叶锦鸡儿	4.96
2007 - 07 - 25	小叶锦鸡儿	4.17	2007 - 09 - 11	小叶锦鸡儿	6.56
2007 - 07 - 26	小叶锦鸡儿	5.07	2007 - 09 - 12	小叶锦鸡儿	2.26
2007 - 07 - 27	小叶锦鸡儿	4.08	2007 - 09 - 13	小叶锦鸡儿	1.41
2007 - 07 - 28	小叶锦鸡儿	5.22	2007 - 09 - 14	小叶锦鸡儿	2.16
2007 - 07 - 29	小叶锦鸡儿	4.43	2008 - 04 - 10	小叶锦鸡儿	2.29
2007 - 07 - 30	小叶锦鸡儿	3.61	2008 - 04 - 15	小叶锦鸡儿	2.48
2007 - 07 - 31	小叶锦鸡儿	2.90	2008 - 04 - 20	小叶锦鸡儿	—
2007 - 08 - 01	小叶锦鸡儿	1.47	2008 - 04 - 25	小叶锦鸡儿	4.25
2007 - 08 - 02	小叶锦鸡儿	4.82	2008 - 04 - 30	小叶锦鸡儿	4.51
2007 - 08 - 03	小叶锦鸡儿	6.33	2008 - 05 - 01	小叶锦鸡儿	3.09
2007 - 08 - 04	小叶锦鸡儿	5.30	2008 - 05 - 02	小叶锦鸡儿	4.37
2007 - 08 - 05	小叶锦鸡儿	5.21	2008 - 05 - 03	小叶锦鸡儿	3.69
2007 - 08 - 06	小叶锦鸡儿	3.07	2008 - 05 - 04	小叶锦鸡儿	2.83
2007 - 08 - 07	小叶锦鸡儿	1.91	2008 - 05 - 05	小叶锦鸡儿	3.89
2007 - 08 - 08	小叶锦鸡儿	2.36	2008 - 05 - 06	小叶锦鸡儿	4.19
2007 - 08 - 09	小叶锦鸡儿	3.95	2008 - 05 - 07	小叶锦鸡儿	3.42
2007 - 08 - 10	小叶锦鸡儿	4.14	2008 - 05 - 08	小叶锦鸡儿	4.56
2007 - 08 - 11	小叶锦鸡儿	5.03	2008 - 05 - 09	小叶锦鸡儿	3.80
2007 - 08 - 12	小叶锦鸡儿	3.56	2008 - 05 - 10	小叶锦鸡儿	4.24

（续）

日 期	田间状况描述	昼夜蒸散总量（mm）	日 期	田间状况描述	昼夜蒸散总量（mm）
2008－05－11	小叶锦鸡儿	3.15	2008－06－28	小叶锦鸡儿	4.51
2008－05－12	小叶锦鸡儿	1.79	2008－06－29	小叶锦鸡儿	3.49
2008－05－13	小叶锦鸡儿	6.73	2008－06－30	小叶锦鸡儿	3.85
2008－05－14	小叶锦鸡儿	3.78	2008－07－01	小叶锦鸡儿	2.35
2008－05－15	小叶锦鸡儿	5.53	2008－07－02	小叶锦鸡儿	4.90
2008－05－16	小叶锦鸡儿	5.43	2008－07－03	小叶锦鸡儿	5.69
2008－05－17	小叶锦鸡儿	4.59	2008－07－04	小叶锦鸡儿	4.32
2008－05－18	小叶锦鸡儿	5.29	2008－07－05	小叶锦鸡儿	5.82
2008－05－19	小叶锦鸡儿	2.55	2008－07－06	小叶锦鸡儿	—
2008－05－20	小叶锦鸡儿	4.18	2008－07－07	小叶锦鸡儿	4.10
2008－05－21	小叶锦鸡儿	2.66	2008－07－08	小叶锦鸡儿	5.31
2008－05－22	小叶锦鸡儿	3.24	2008－07－09	小叶锦鸡儿	2.60
2008－05－23	小叶锦鸡儿	3.65	2008－07－10	小叶锦鸡儿	5.08
2008－05－24	小叶锦鸡儿	3.83	2008－07－11	小叶锦鸡儿	6.44
2008－05－25	小叶锦鸡儿	4.50	2008－07－12	小叶锦鸡儿	3.45
2008－05－26	小叶锦鸡儿	4.83	2008－07－13	小叶锦鸡儿	2.08
2008－05－27	小叶锦鸡儿	1.26	2008－07－14	小叶锦鸡儿	2.03
2008－05－28	小叶锦鸡儿	3.66	2008－07－15	小叶锦鸡儿	2.30
2008－05－29	小叶锦鸡儿	6.05	2008－07－16	小叶锦鸡儿	1.80
2008－05－30	小叶锦鸡儿	3.58	2008－07－17	小叶锦鸡儿	2.62
2008－05－31	小叶锦鸡儿	2.21	2008－07－18	小叶锦鸡儿	1.94
2008－06－01	小叶锦鸡儿	4.49	2008－07－19	小叶锦鸡儿	2.85
2008－06－02	小叶锦鸡儿	1.81	2008－07－20	小叶锦鸡儿	—
2008－06－03	小叶锦鸡儿	7.67	2008－07－21	小叶锦鸡儿	3.53
2008－06－04	小叶锦鸡儿	4.46	2008－07－22	小叶锦鸡儿	4.08
2008－06－05	小叶锦鸡儿	1.07	2008－07－23	小叶锦鸡儿	5.02
2008－06－06	小叶锦鸡儿	5.09	2008－07－24	小叶锦鸡儿	4.90
2008－06－07	小叶锦鸡儿	4.80	2008－07－25	小叶锦鸡儿	4.16
2008－06－08	小叶锦鸡儿	3.72	2008－07－26	小叶锦鸡儿	4.28
2008－06－09	小叶锦鸡儿	3.96	2008－07－27	小叶锦鸡儿	4.91
2008－06－10	小叶锦鸡儿	5.33	2008－07－28	小叶锦鸡儿	3.53
2008－06－11	小叶锦鸡儿	5.01	2008－07－29	小叶锦鸡儿	5.49
2008－06－12	小叶锦鸡儿	4.37	2008－07－30	小叶锦鸡儿	4.06
2008－06－13	小叶锦鸡儿	3.42	2008－07－31	小叶锦鸡儿	4.62
2008－06－14	小叶锦鸡儿	—	2008－08－01	小叶锦鸡儿	—
2008－06－15	小叶锦鸡儿	4.19	2008－08－02	小叶锦鸡儿	2.89
2008－06－16	小叶锦鸡儿	4.26	2008－08－03	小叶锦鸡儿	4.41
2008－06－17	小叶锦鸡儿	3.03	2008－08－04	小叶锦鸡儿	4.76
2008－06－18	小叶锦鸡儿	2.64	2008－08－05	小叶锦鸡儿	4.68
2008－06－19	小叶锦鸡儿	3.58	2008－08－06	小叶锦鸡儿	3.02
2008－06－20	小叶锦鸡儿	4.51	2008－08－07	小叶锦鸡儿	6.13
2008－06－21	小叶锦鸡儿	5.31	2008－08－08	小叶锦鸡儿	5.18
2008－06－22	小叶锦鸡儿	3.98	2008－08－09	小叶锦鸡儿	4.80
2008－06－23	小叶锦鸡儿	5.64	2008－08－10	小叶锦鸡儿	3.86
2008－06－24	小叶锦鸡儿	3.40	2008－08－11	小叶锦鸡儿	4.53
2008－06－25	小叶锦鸡儿	6.56	2008－08－12	小叶锦鸡儿	2.22
2008－06－26	小叶锦鸡儿	3.66	2008－08－13	小叶锦鸡儿	4.97
2008－06－27	小叶锦鸡儿	2.31	2008－08－14	小叶锦鸡儿	4.11

（续）

日　期	田间状况描述	昼夜蒸散总量（mm）	日　期	田间状况描述	昼夜蒸散总量（mm）
2008 - 08 - 15	小叶锦鸡儿	3.29	2008 - 08 - 31	小叶锦鸡儿	2.17
2008 - 08 - 16	小叶锦鸡儿	2.47	2008 - 09 - 01	小叶锦鸡儿	2.18
2008 - 08 - 17	小叶锦鸡儿	4.36	2008 - 09 - 02	小叶锦鸡儿	4.46
2008 - 08 - 18	小叶锦鸡儿	6.57	2008 - 09 - 03	小叶锦鸡儿	2.68
2008 - 08 - 19	小叶锦鸡儿	1.49	2008 - 09 - 04	小叶锦鸡儿	3.99
2008 - 08 - 20	小叶锦鸡儿	4.97	2008 - 09 - 05	小叶锦鸡儿	—
2008 - 08 - 21	小叶锦鸡儿	3.48	2008 - 09 - 06	小叶锦鸡儿	3.73
2008 - 08 - 22	小叶锦鸡儿	2.86	2008 - 09 - 07	小叶锦鸡儿	3.67
2008 - 08 - 23	小叶锦鸡儿	4.25	2008 - 09 - 08	小叶锦鸡儿	1.55
2008 - 08 - 24	小叶锦鸡儿	3.17	2008 - 09 - 09	小叶锦鸡儿	4.47
2008 - 08 - 25	小叶锦鸡儿	3.68	2008 - 09 - 10	小叶锦鸡儿	3.19
2008 - 08 - 26	小叶锦鸡儿	2.65	2008 - 09 - 11	小叶锦鸡儿	3.80
2008 - 08 - 27	小叶锦鸡儿	1.99	2008 - 09 - 12	小叶锦鸡儿	3.86
2008 - 08 - 28	小叶锦鸡儿	3.61	2008 - 09 - 13	小叶锦鸡儿	3.12
2008 - 08 - 29	小叶锦鸡儿	5.29	2008 - 09 - 14	小叶锦鸡儿	2.45
2008 - 08 - 30	小叶锦鸡儿	5.08	2008 - 09 - 15	小叶锦鸡儿	2.64

4.3.9　水质分析方法

表 4 - 127　水质分析方法

分析项目名称	分析方法名称	参照国标名称
pH	玻璃电极法	GB 6920—86
钙离子含量	EDTA 滴定法	GB 7476—87
镁离子含量	减差计算法	
钾离子含量	火焰原子吸收光谱法	GB 11904—89
钠离子含量	火焰原子吸收光谱法	GB 11904—89
碳酸根离子含量	酸碱滴定法	SL 83—94
重碳酸根离子含量	酸碱滴定法	SL 83—94
氯化物	硝酸银滴定法	GB 11896—89
硫酸根离子	重量法	GB 5750—85
磷酸根离子	磷钼蓝分光光度法	GB 8538.46—87
硝酸根	酚二磺酸分光光度法	GB 7480—87
矿化度	重量法	SL79—94
化学需氧量	酸性高锰酸钾滴定法	GB 11892—89
水中溶解氧	电化学探头法	GB 11913—89
总氮	碱性过硫酸钾消解紫外分光光度法	GB 11894—89
总磷	钼酸铵分光光度法	GB 11893—89
PH 值	玻璃电极法	GB 6920—86
矿化度	重量法	SL79—94
硫酸根离子	重量法	GB 5750—85
非溶性物质总含量	过滤干燥重量法	

4.4　气象监测数据

4.4.1　温度

表 4－128　自动观测气象要素——温度

单位：℃

年份	项目 \ 月份	1	2	3	4	5	6	7	8	9	10	11	12
2008	月平均值	−13.48	−9.01	2.86	11.75	15.13	21.16	24.15	22.10	16.79	10.24	−0.54	−8.71
	月平均最大值	−6.25	−1.06	10.17	19.04	21.99	28.00	30.81	29.24	25.41	17.88	5.58	−2.15
	月平均最小值	−19.83	−16.20	−4.15	5.32	8.48	15.48	18.52	15.81	8.80	2.36	−7.49	−15.12
	月极大值	2.50	11.40	18.90	32.70	28.70	37.40	36.00	37.60	31.00	27.30	19.30	9.70
	极大值日期	5	28	17	18	16	20	4	9	20	1	5	16
	月极小值	−27.10	−21.20	−13.90	−3.30	2.00	5.00	14.30	9.50	−0.70	−7.70	−15.00	−24.00
	极小值日期	17	18	1	11	17	2	13	24	27	29	19	21
2007	月平均值	−10.41	−3.08	−0.98	8.69	17.09	24.68	23.77	22.39	17.05	7.82	−2.09	−9.51
	月平均最大值	−2.61	5.99	5.18	15.80	24.55	32.24	30.44	29.00	25.88	15.76	4.67	−2.91
	月平均最小值	−16.83	−11.30	−6.55	1.31	9.79	16.63	17.79	15.19	9.10	0.83	−8.47	−15.08
	月极大值	2.10	15.40	17.10	32.30	30.90	40.40	39.00	35.40	31.30	29.40	13.80	4.00
	极大值日期	28	28	22	29	21	11	6	20	23	4	4	24
	月极小值	−22.20	−21.10	−18.10	−9.40	0.50	8.80	10.60	11.60	1.10	−9.50	−17.00	−20.20
	极小值日期	10	1	6	4	9	15	22	29	30	20	15	20
2006	月平均值	−11.73	−8.86	0.00	6.64	17.10	21.34	23.43	23.13	16.48	9.73	−2.46	−9.57
	月平均最大值	−4.07	−1.68	8.20	12.70	24.62	27.91	30.00	30.18	25.04	17.98	5.21	−2.08
	月平均最小值	−18.57	−16.24	−7.60	0.54	10.10	15.29	17.71	16.93	8.90	1.68	−8.75	−16.06
	月极大值	3.70	13.40	20.00	22.90	34.00	34.20	33.80	35.20	31.70	30.20	20.10	7.00
	极大值日期	26	20	17	28	16	20	20	7	13	1	3	25
	月极小值	−28.80	−26.80	−17.20	−9.10	1.80	8.50	10.1	8.80	1.00	−11.50	−18.70	−23.90
	极小值日期	17	3	6	16	6	9	25	21	9	26	24	17
2005	月平均值	—	—	—	—	—	21.45	23.75	21.89	17.20	9.31	−0.90	−13.54
	月平均最大值	—	—	—	—	—	28.52	29.91	28.59	25.72	15.39	6.64	−6.81
	月平均最小值	—	—	—	—	—	16.01	18.78	16.34	9.48	−1.84	−7.57	−19.37
	月极大值	—	—	—	—	—	34.20	38.60	35.60	33.10	25.70	21.20	1.90
	极大值日期	—	—	—	—	—	22	20	28	9	5	2	24
	月极小值	—	—	—	—	—	12.50	14.90	8.70	3.10	−9.40	−14.60	−27.90
	极小值日期	—	—	—	—	—	14	30	30	22	22	27	9

4.4.2　湿度

表 4－129　自动观测气象要素——湿度

单位：%

年份	项目 \ 月份	1	2	3	4	5	6	7	8	9	10	11	12
2008	月平均值	44	39	43	47	47	63	71	71	54	45	48	41

（续）

年份	月份 项目	1	2	3	4	5	6	7	8	9	10	11	12
2008	月平均最大值	64	59	66	73	77	87	93	93	83	66	70	56
	月平均最小值	26	20	24	24	22	37	46	43	26	21	28	25
	月极大值	83	76	97	95	97	97	96	96	96	97	94	89
2007	月平均值	53	38	50	37	39	43	68	68	62	53	51	63
	月平均最大值	73	59	76	64	65	69	94	91	92	81	73	81
	月平均最小值	31	19	29	18	18	24	42	42	30	25	29	43
	月极大值	93	95	97	97	96	91	100	100	97	97	95	92
2006	月平均值	46	41	34	41	40	57	66	67	61	45	46	53
	月平均最大值	67	61	56	69	66	82	90	92	89	75	67	73
	月平均最小值	25	24	17	24	18	33	40	39	31	21	25	32
	月极大值	87	92	93	99	94	96	96	97	97	95	93	91
2005	月平均值	—	—	—	—	—	67	75	75	58	50	44	54
	月平均最大值	—	—	—	—	—	91	93	95	87	77	66	70
	月平均最小值	—	—	—	—	—	40	51	48	28	26	23	35
	月极大值	—	—	—	—	—	97	96	97	97	96	88	91

4.4.3　气压

表 4-130　自动观测气象要素——气压

单位：hPa

年份	月份 项目	1	2	3	4	5	6	7	8	9	10	11	12
2008	月平均值	985.7	981.8	973.8	969.0	964.9	965.1	963.4	966.2	971.9	975.1	977.7	978.0
	月平均最大值	988.4	984.4	977.1	971.8	967.8	967.0	964.9	968.0	974.5	977.6	981.2	982.6
	月平均最小值	983.0	978.7	970.0	966.0	961.5	962.8	961.2	964.3	968.0	971.8	974.6	973.5
	月极大值	998.5	994.1	986.3	982.3	977.3	973.5	970.2	971.9	983.1	988.1	990.3	995.0
	极大值日期	13	17	6	11	12	10	31	29	23	31	9	21
	月极小值	970.6	962.2	960.6	954.7	952.1	956.0	953.1	957.9	958.1	965.3	960.0	961.8
	极小值日期	5	28	18	30	6	20	6	22	17	8	2	19
2007	月平均值	983.5	975.7	975.1	971.7	963.7	964.2	962.0	966.7	973.0	977.9	980.7	979.3
	月平均最大值	985.9	979.4	978.2	974.7	966.6	966.2	963.7	968.5	975.2	980.2	984.2	982.3
	月平均最小值	981.2	971.0	972.0	968.3	960.1	961.5	959.7	964.2	970.5	974.5	977.1	976.3
	月极大值	991.2	989.3	988.3	982.2	975.3	972.4	970.1	975.6	983.1	989.5	993.1	992.3
	极大值日期	22	7	3	4	10	13	29	25	22	12	15	4
	月极小值	967.5	962.0	953.8	952.2	952.2	953.0	953.3	952.9	964.4	966.8	966.2	967.5
	极小值日期	29	22	31	20	24	25	9	8	15	6	19	29
2006	月平均值	982.6	980.9	971.2	967.7	968.3	962.1	962.8	966.9	973.6	976.5	977.2	982.7
	月平均最大值	985.5	984.8	975.5	971.7	971.3	964.3	964.6	968.9	975.8	980.2	980.5	985.8
	月平均最小值	979.5	976.6	966.1	963.6	964.5	959.9	960.7	964.8	971.0	972.0	973.4	979.5
	月极大值	993.4	999.5	984.5	982.0	983.2	971.5	973.5	974.1	981.4	991.6	992.9	993.6
	极大值日期	30	3	12	12	11	3	26	29	22	25	22	7
	月极小值	967.2	960.1	956.2	943.2	958.6	948.8	952.6	960.1	958.6	964.0	959.5	969.4
	极小值日期	28	13	17	29	3	9	21	6	6	16	7	14
2005	月平均值	—	—	—	—	—	960.2	963.0	967.0	972.2	976.8	975.9	982.8

(续)

年份	项目 \ 月份	1	2	3	4	5	6	7	8	9	10	11	12
2005	月平均最大值	—	—	—	—	—	962.3	964.8	968.7	975.8	993.5	978.5	985.8
	月平均最小值	—	—	—	—	—	957.8	960.7	965.0	970.8	967.2	973.5	979.8
	月极大值	—	—	—	—	—	970.5	973.0	976.8	981.5	997.3	992.9	994.0
	极大值日期	—	—	—	—	—	4	22	22	20	21	19	30
	月极小值	—	—	—	—	—	952.0	953.2	956.3	960.8	967.2	962.0	963.3
	极小值日期	—	—	—	—	—	1	4	10	16	5	5	22

4.4.4 降水

表 4－131　自动观测气象要素——降水

单位：mm

年份	项目 \ 月份	1	2	3	4	5	6	7	8	9	10	11	12
2008	合计	0	0	15.4	24.6	28.0	26.0	74.4	51.8	7.0	10.0	6.0	0
	最高	0	0	1	2	5	5.2	7.4	14.2	1.2	2.4	1.6	0
	日最大值出现时间	0	0	24	8	27	10	5	26	10	23	13	0
2007	合计	0.2	0	6.8	8.0	53.2	0.8	178.2	40.2	12.6	16.2	0	0
	最高	0.2	0	1.2	4.2	9.4	0.4	36.2	10.6	2.6	4.4	0	0
	日最大值出现时间	5	0	21	14	31	3	9	8	12	6	0	0
2006	合计	0	1.2	1.2	12.8	35.2	68.0	44.8	69.6	28.6	7.4	1.2	0
	最高	0	0.4	0.6	3.2	7	7.6	10.4	32.2	5.6	2.6	0.6	0
	日最大值出现时间	0	25	1	18	30	13	12	7	1	21	26	0
2005	合计	—	—	—	—	—	136.4	55.8	66.8	11.8	7.8	0.2	0
	最高	—	—	—	—	—	36	8.6	15.2	3	1	0.2	0
	日最大值出现时间	—	—	—	—	—	29	8	4	29	27	28	0

4.4.5 风速

表 4－132　自动观测气象要素——风速

单位：m/s

年份	项目 \ 月份	1	2	3	4	5	6	7	8	9	10	11	12
2008	月平均风速	2.1	2.6	2.7	2.8	2.4	2.0	1.6	1.7	1.9	2.1	2.3	2.5
	月最多风向	NE	NE	NE	NE	NE	NE	NE	NE	NE	NE	NE	NE
	最大风速	7.9	12.7	11.0	11.4	10.7	8.9	5.9	6.9	8.3	10.7	12.1	12.4
	最大风风向	254	232	241	255	226	261	252	273	259	197	248	254
	最大风出现日期	1	11	15	2	29	6	3	2	25	24	2	19
	最大风出现时间	12：00	10：00	16：00	16：00	12：00	16：00	14：00	11：00	11：00	15：00	14：00	12：00
2007	月平均风速	2.2	2.5	2.8	2.7	2.7	2.1	1.4	1.6	1.4	1.9	2.2	2.1
	月最多风向	NE	NE	NE	NE	NE	NE	NE	NE	NE	NE	NE	NE
	最大风速	9.3	10.4	14.4	11.4	10.5	10.4	9.1	8.6	8.9	8.1	11.4	10.5

（续）

年份	项目\月份	1	2	3	4	5	6	7	8	9	10	11	12
2007	最大风风向	288	299	255	309	330	253	131	237	254	262	207	248
	最大风出现日期	29	14	9	3	17	4	6	24	27	7	19	30
	最大风出现时间	16：00	0：00	14：00	12：00	17：00	9：00	19：00	15：00	15：00	12：00	11：00	17：00
2006	月平均风速	2.0	3.0	3.3	3.2	2.3	2.2	1.8	1.5	1.6	1.9	2.3	1.9
	月最多风向	W	NE	NE	NE	NE	NE	NE	NE	NE	NE	WNW	NE
	最大风速	8.4	12.9	15.5	11.4	10.6	10.1	9.1	6.4	8.8	10.8	10.4	8.7
	最大风风向	310	293	248	148	127	266	324	323	298	310	303	310
	最大风出现日期	4	21	27	29	30	7	22	20	28	16	6	1
	最大风出现时间	14：00	12：00	23：00	14：00	20：00	12：00	10：00	9：00	11：00	12：00	14：00	16：00
2005	月平均风速	—	—	—	—	—	2.1	1.7	1.3	1.8	2.1	2.2	2.5
	月最多风向	NE	NE	NE	NE	NE	NE	NE	NE	S	NE	NE	NE
	最大风速	—	—	—	—	—	9.3	7.6	5.3	7.6	9.9	10.8	8.9
	最大风风向	—	—	—	—	—	141	306	205	289	297	295	298
	最大风出现日期	—	—	—	—	—	12	5	28	17	1	5	13
	最大风出现时间	—	—	—	—	—	16：00	12：00	16：00	3：00	15：00	20：00	12：00

4.4.6　地表温度

表 4 - 133　自动观测气象要素——地表温度

单位：℃

年份	项目\月份	1	2	3	4	5	6	7	8	9	10	11	12
2008	月平均值	−14.39	−6.68	4.02	14.19	19.80	27.09	30.70	27.74	20.91	11.57	−1.68	−10.63
	月平均最大值	0.86	−2.10	22.52	32.82	40.52	49.64	50.33	48.16	43.24	31.50	11.28	3.36
	月平均最小值	−22.40	−10.47	−7.05	2.83	6.97	14.45	18.70	15.63	7.38	−1.89	−10.40	−19.12
	月极大值	7.50	2.70	33.70	50.90	56.40	64.00	62.00	62.80	52.00	42.40	26.50	11.80
	极大值日期	31	27	17	15	16	20	23	9	20	1	5	16
	月极小值	−30.50	−13.70	−16.20	−4.90	0.40	4.00	13.30	9.60	−4.00	−15.70	−18.00	−25.90
	极小值日期	15	4	1	11	17	2	30	29	27	31	19	21
2007	月平均值	−12.00	−3.31	2.08	13.52	21.64	31.19	29.32	28.31	21.77	8.77	−2.82	−9.19
	月平均最大值	5.13	17.45	20.26	36.62	42.72	53.88	46.74	49.55	45.36	26.03	12.34	−1.38
	月平均最小值	−20.94	−15.69	−8.95	−1.42	7.41	15.20	17.65	15.73	7.65	−1.50	−11.69	−13.61
	月极大值	11.10	25.80	31.90	52.20	53.20	64.70	65.80	61.40	58.90	45.70	22.20	9.40
	极大值日期	29	28	27	29	21	26	6	19	1	4	4	1
	月极小值	−26.80	−25.00	−20.70	−13.00	−2.70	7.20	10.00	8.90	−1.40	−10.50	−20.20	−20.30
	极小值日期	12	1	11	4	9	14	22	28	28	20	21	4
2006	月平均值	−13.13	−8.31	1.97	9.81	21.53	26.34	29.26	28.68	19.33	11.52	−3.07	−11.84
	月平均最大值	−2.87	2.44	16.24	25.16	41.20	45.08	50.08	50.27	40.31	32.44	13.78	2.09
	月平均最小值	−19.80	−15.85	−7.93	−0.55	8.52	14.26	16.94	16.40	6.94	−1.51	−12.59	−19.35
	月极大值	2.60	13.90	27.90	45.50	54.10	59.60	60.70	61.40	51.30	48.40	32.00	9.80
	极大值日期	26	20	31	28	29	05	30	3	6	5	3	12
	月极小值	−26.20	−25.50	−14.50	−12.10	0.50	8.00	9.40	7.80	0.10	−12.90	−24.40	−27.20
	极小值日期	17	3	6	16	6	8	24	21	10	26	22	29
2005	月平均值	—	—	—	—	—	25.08	25.08	23.74	19.93	8.59	−2.56	−11.85

（续）

年份	项目	1	2	3	4	5	6	7	8	9	10	11	12
2005	月平均最大值	—	—	—	—	—	41.73	31.05	31.70	32.65	14.21	6.20	−5.17
	月平均最小值	—	—	—	—	—	15.01	20.56	18.05	10.92	0.97	−7.99	−16.00
	月极大值	—	—	—	—	—	55.60	40.30	38.90	38.30	25.30	15.90	−1.00
	极大值日期	—	—	—	—	—	4	30	11	8	5	3	1
	月极小值	—	—	—	—	—	10.00	17.70	12.20	3.30	−8.80	−13.30	−22.90
	极小值日期	—	—	—	—	—	4	7	30	22	22	19	27

4.4.7 辐射

4.4.7.1 总辐射

表 4-134　太阳辐射自动观测记录表——总辐射

单位：MJ/m²

年份	1月	2月	3月	4月	5月	6月	7月	8月	9月	10月	11月	12月
2008	9.353	13.345	15.412	18.533	21.220	20.596	20.913	20.281	18.250	13.484	8.678	7.405
2007	8.709	12.701	15.277	21.180	21.876	24.767	21.764	20.836	17.675	12.574	8.998	7.175
2006	8.683	11.647	16.949	17.524	21.388	21.636	22.240	19.659	16.407	13.525	9.578	7.179
2005	—	—	—	—	—	22.328	21.415	17.647	17.040	12.019	9.590	7.831

4.4.7.2 反射辐射

表 4-135　太阳辐射自动观测记录表——反射辐射

单位：MJ/m²

年份	1月	2月	3月	4月	5月	6月	7月	8月	9月	10月	11月	12月
2008	2.180	2.724	3.250	3.462	3.923	3.599	3.418	3.505	3.062	2.591	1.977	1.885
2007	2.344	3.010	3.884	5.002	4.862	4.968	4.154	4.167	2.974	2.182	1.841	2.508
2006	2.208	3.084	4.004	4.109	5.187	4.731	4.468	3.822	3.160	2.814	2.500	2.016
2005	—	—	—	—	—	5.003	4.974	3.062	3.167	2.389	2.266	2.967

4.4.7.3 紫外辐射

表 4-136　太阳辐射自动观测记录表——紫外辐射

单位：MJ/m²

年份	1月	2月	3月	4月	5月	6月	7月	8月	9月	10月	11月	12月
2008	0.313	0.458	0.567	0.668	0.800	0.858	0.895	0.852	0.738	0.513	0.310	0.253
2007	0.274	0.408	0.519	0.744	0.798	0.939	0.874	0.891	0.710	0.475	0.306	0.260
2006	0.271	0.393	0.569	0.591	0.769	0.864	0.901	0.778	0.618	0.476	0.320	0.232
2005	—	—	—	—	—	0.881	0.871	0.722	0.641	0.425	0.309	0.252

4.4.7.4 净辐射

表4-137 太阳辐射自动观测记录表——净辐射

单位：MJ/m²

年份	1月	2月	3月	4月	5月	6月	7月	8月	9月	10月	11月	12月
2008	1.248	3.479	4.922	6.470	8.702	9.532	10.915	10.261	8.194	3.912	1.103	−0.027
2007	1.101	3.206	4.838	7.541	8.265	11.102	11.548	10.996	8.164	3.789	1.399	0.041
2006	1.129	2.641	5.420	6.313	7.574	9.941	11.436	10.156	7.099	4.031	1.404	0.199
2005	—	—	—	—	—	11.281	11.841	9.440	7.469	3.503	1.557	−0.216

4.4.7.5 光合有效辐射

表4-138 太阳辐射自动观测记录表——光合有效辐射

单位：MJ/m²

年份	1月	2月	3月	4月	5月	6月	7月	8月	9月	10月	11月	12月
2008	15.765	22.855	27.596	33.734	38.655	38.893	39.910	37.329	33.229	24.766	15.491	12.798
2007	14.523	20.847	26.636	37.110	39.912	47.287	42.483	41.967	34.397	23.920	16.307	12.566
2006	14.797	20.226	29.784	31.166	39.113	41.796	43.311	38.256	31.212	24.556	16.543	12.132
2005	—	—	—	—	—	44.923	42.539	34.597	32.152	22.112	16.489	13.426

4.4.7.6 日照时数

表4-139 太阳辐射自动观测记录表——日照时数

单位：MJ/m²

年份	1月	2月	3月	4月	5月	6月	7月	8月	9月	10月	11月	12月
2008	7.43	8.58	7.23	8.03	7.59	7.05	8.05	8.48	9.27	8.35	6.27	5.56
2007	6.34	8.54	7.48	9.40	8.48	10.13	8.52	9.15	8.47	7.30	6.21	5.15
2006	7.19	7.17	9.22	7.28	8.42	8.11	8.37	8.47	8.50	8.45	7.22	5.31
2005	—	—	—	—	—	8.39	8.20	7.23	8.40	7.23	7.45	6.08

第五章

研 究 数 据

5.1 专著

(1) 赵哈林，赵学勇，张铜会，李玉霖主编．恢复生态学通论．北京：科学出版社，2009 年
(2) 赵哈林，赵学勇，张铜会，周瑞莲主编．沙漠化的生物过程及退化植被的恢复机理．北京：科学出版社，2006 年
(3) 赵哈林，赵学勇，张铜会，周海燕主编．沙漠化过程中植物的适应对策及植被的稳定性机理．北京：海洋出版社，2004 年
(4) 赵哈林，赵学勇，张铜会，吴薇主编．科尔沁沙地沙漠化过程及其恢复机理．北京：海洋出版社，2003 年

5.2 发表论文

5.2.1 期刊论文

(1) Halin Zhao, Yuhui He, Ruilian Zhou, Yongzhong Su, Yuqiang Li, Sam Drake. 2009. Effects of desertification on soil organic C and N content in sandy farmland and grassland of Inner Mongolia. Catena, 77: 187 - 191.

(2) Zhao Halin, Toshiya Okuro, Ruilian Zhou, Yulin Li, Xiaoan Zuo, Gang Huang. 2009. Effects of grazing and Climate change on species diversity in sandy grassland, Inner Mongolia, China. Sciences in Cold and Arid regions, 1 (1): 0030 - 0038.

(3) Yulin Li, Jianyuan Cui, Tonghui Zhang, Okuro Toshiya, Drake Sam. 2009. Effectiveness of sand-flxing measures on desert land restoration in Kerqin Sandy Land, northern China. Ecological Engineering, 35: 118 - 127.

(4) Xiaoan Zuo, Halin Zhao, Xueyong Zhao, Yirui Guo. 2009. Vegetation pattern variation, soil degradation and their relationship along a grassland desertification gradient in Horqin Sandy Land, northern China. Environmental Geology, 58: 1227 - 1237.

(5) Xiaoan Zuo, Xueyong Zhao, Halin Zhao, Tonghui Zhang, Yirui Guo, Yuqiang Li, Yingxin Huang. 2009. Spatial heterogeneity of soil properties and vegetation-soil relationships following vegetation restoration of mobile dunes in Horqin Sandy Land, Northern China. Plant Soil, 318: 153 - 167.

(6) Rentao Liu, Halin Zhao, Xueyong Zhao, Xiaoan Zuo, Sam Drake. 2009. Soil macro faunal response to sand dune conversion from mobile dunes to fixed dunes in Horqin sandy land, northern China. European Journal of Soil Biology, 45 (5): 417 - 422.

(7) Rentao Liu, Halin Zhao and Xueyong Zhao. 2009. Effect of vegetation restoration on ant nest-

building activities following mobile dune stabilization in the Horqin sand land, northern China. Land Degradation & Development, 20: 1 - 10.

(8) Liu Rentao, Bi Runcheng, Zhao Halin. 2009. Biomass partitioning and water content relationships at the branch and whole-plant levels and as a function of plant size in Elaeagnus mollis populations in Shanxi, North China. Acta Ecologica Sinica, 29: 139 - 143.

(9) Yingxin Huang, Xueyong Zhao, Hongxuan Zhang, Wisdom Japhet, Xiaoan Zuo, Yayong Luo, Gang Huang. 2009. Allometric Effects of Agriophyllum squarrosum in Response to Soil Nutrients, Water, and Population Density in the Horqin Sandy Land of China. Journal of plant Biology, 52: 210 - 219.

(10) Yingxin Huang, Xueyong Zhao, Hongxuan Zhang, Gang Huang, Yayong Luo, Wisdom Japhet. 2009. A comparison of phenotypic plasticity between two species occupying different positions in a successional sequence. Ecology Research, 24 (6): 1335 - 1344.

(11) YaYong Luo, XueYong Zhao, RuiLian Zhou, YingXin Huang, XiaoAn Zuo. 2009. Photosynthetic performance of Setaria viridis to soil drought and rewatering alternations. Sciences in Cold and Arid Regions. 1 (5): 404 - 411.

(12) Yu-Hui He, Ha-Lin Zhao, Xin-Ping Liu, Xue-Yong Zhao, Tong-Hui Zhang. 2009. Reproduction allocation of Corispermum elongatum in two typical sandy habitats. Pakistan Journal of Botany, 41 (4): 1685 - 1694.

(13) Liu Rentao, Bi Runcheng, Zhao Halin. 2008. Dust removal property of major afforested plants in and around an urban area, North China. 生态环境, 17 (5): 1879 - 1886.

(14) Liu Rentao, Bi Runcheng, Zhao Halin. 2008. Mathematical Simulations of the Relationship between Height and DBH of Juglans mandshurica Population in Taiyue Forest Region. 生物数学学报, 3 (3): 416 - 422.

(15) Li Yulin, Meng Qingtao, Zhao Xueyong, Cui Jianyuan. 2008. Relationship between fresh leaf traits and leaf litter decomposition of 20 plant species in Kerqin sandy land, China. Acta Ecologica Sinica, 28 (6): 2486 - 2492.

(16) Xiaoan Zuo, Halin Zhao, Xueyong Zhao, Yirui Guo, Yulin Li, Yayong Luo. 2008. Plant distribution at the mobile dune scale and its relevance to soil properties and topographic features. Environmental Geology, 54: 1111 - 1120.

(17) Halin zhao, Jianyuan Cui, ruilian zhou, y tonghui Zhang, Xueyong Zhao, Sam Drake. 2007. Soil properties, crop productivity and irrigation effects on five cropland of inner Mongolia. Soil & Tillage Research, 93: 346 - 355.

(18) Halin Zhao, Ruilian Zhou, Sam Drake. 2007. effects of Aeolian deposition on soil properties and crop growth in sandy soils of north china. Geoderma, 142: 342 - 348.

(19) Halin zhao, ruilian zhou, yongzhong Su, Hua Zhang, Liya Zhao, Sam Drake. 2007. shrub facilitation of desert land restoration in the Horqin Sand Land of Inner Mongolia. Ecological Engineering, 31: 1 - 8.

(20) Jian-yuan Cui, Yu-lin Li, Ha-lin Zhao, Yong-zhong Su. 2007. Comparison of Seed Germination of Agriophyllum squarrosum (L.) Moq. and Artemisia halodendron Turcz. Ex Bess, Two Dominant Species of Horqin Desert, China. Arid Land Research and Management, 21: 165 - 179.

(21) Halin Zhao, Ruilian Zhou, Tonghui Zhang, Xueyong Zhao. 2006. Effects of desertification on

soil and crop growth properties in Horqin sandy farmland of Inner Mongolia. Soil & Tillage Research，87：175－185.

（22）Yuqiang Li，Halin Zhao，Xueyong Zhao，et al. 2006. Biomass Energy，Carbon and Nitrogen Stores in Different Habitats along a Desertification Gradient in the Semiarid Horqin Sandy Land. Arid Land Research and Management，20：43－60.

（23）Zhao Halin，Zhao Xueyong，Zhou Ruilian，Zhang Tonghui，S. Drake. 2005. Desertification processes due to heavy grazing in sandy rangeland，Inner Mongolia. Journal of Arid Environments，62：309－319.

（24）Yulin Li，Yongzhong Su，Jianyuan Cui，and Tonghui Zhang. 2005. Specific leaf area and leaf dry matter content of plants growing in sand dunes. BOTANICAL BULLETIN OF ACADEMIA SINICA，46：127－134.

（25）Jiyi Zhang，Halin Zhao，Tonghui Zhang，Xueyong Zhao，S. Drake. 2005. Community succession along a chronosequence of vegetation restoration on sand dunes in Horqin Sandy Land. Journal of Arid Environments，62：555－566.

（26）Jiyi Zhang，Ying Wang，Xia Zhao，Gang Xie，Ting Zhang. 2005. Grassland recovery by protection from grazing in a semi-arid sandy region of northern China. New Zealand Journal of Agricultural Research，48：277－284.

（27）Halin Zhao，Shenggong Li，Tonghui Zhang，Toshiya Ohkuro and Ruilian Zhou. 2004. Sheep Gain and Species Diversity：in Sandy Grassland，Inner Mongolia. Journal of Range Manage，57：187－190 .

（28）Tong-Hui Zhang，Ha-Lin Zhao，Sheng-Gong Li，Feng-Rui Li，Yasuhito Shirato，Toshiya Ohkuro，Ichiro Taniyama. 2004. A comparison of different measures for stabilizing moving sand dunes in the Horqin Sandy Land of Inner Mongolia，China. Journal of Arid environments，58：203－214.

（29）Tong-Hui Zhang，Ha-Lin Zhao，Sheng-Gong Li，Rui-Lian Zhou. 2004. Grassland changes under stress in Horqin Sandy Land in Inner Mongolia，China. New Zealand Journal of Agricultural Research，Vol. 47：307－312.

（30）Yulin Li，Jianyuan Cui，Xueyong Zhao，Halin Zhao. 2004. Floristic Composition of Vegetation and the Soil Seed Bank in Different Types of Dunes of Kerqin Steppe . Arid Land Research and Management，18（3）：283－293.

（31）Yongzhong Su，Halin Zhao，Yulin Li，Jianyuan，Cui. 2004. Carbon mineralization potential in soil of different habitats in the semiarid Horqin Sandy Land：A laboratory experiment. Arid land research and Management，18：1－12.

（32）Yongzhong Su，Halin Zhao，Tonghui Zhang，Xueyong Zhao. 2004. Soil properties following cultivation and non-grazing of a semi-arid sandy grassland in northern China. Soil & Tillage Research，75：27－36.

（33）Yongzhong Su，Halin Zhao，Yulin Li，Jianyuan，Cui. 2004. Influencing meehanisms of aseveral shrubs on soil chemical properties in semiarid Horqin sandy land，China. Arid land Research and management，18：251－263.

（34）Yongzhong Su，Halin Zhao，Wenzhi Zhao，Tonghui Zhang，2004. Fractal features of soil particle size distribution and the implication for indicating desertification. Geoderma，122：43－49.

（35）Yang Jia-Ding，Zhao Ha-Lin，Zhang Tong-Hui，Yun Jian-Fei. 2004. Effects of exogenous nitric oxide on photochemical activity of photosystem Ⅱ in potato leaf tissue under non-stress condition. Acta Botanica Sinica，46：1009 – 1014.

（36）Yang Jia-Ding，Zhao Ha-Lin，Zhang Tong-Hui. 2004. Diurnal patterns of net photosynthetic rate，stomatal conductance，and chlorophyll fluorescence in leaves of field-grown mungbean （Phaseolus radiatus） and millet （Setaria italica）. New Zealand Journal of Crop and Horticultural Science，32：273 – 279.

（37）Yong-Zhong Su，Ha-Lin Zhao. 2003. Soil properties and plant species in an age sequence of Caragana microphylla plantations in the Horqin Sandy Land，north China. Ecological Engineering，20：223 – 235.

（38）Yu-lin Li，Jian-yuan Cui，Tong-hui Zhang，Ha-lin Zhao. 2003. Measurement of evapotranspiration of irrigated spring wheat and maize in a semi-arid region of north China. Agricultural water management，61：1 – 12.

（39）Yongzhong Su，Halin Zhao. 2003. Characteristics of soil degradation as affected by long-term land use and management systems in a semiarid sandy soil in north China. Annals of Arid Zone，41 （2）：109 – 118.

（40）Yong Zhong Su，Ha Lin Zhao，Tong Hui Zhang. 2003. Influences of grazing and exclosure on carbon sequestration in degraded sandy grassland，Inner Mongolia，north China. New Zealand Agricultural Research，46：321 – 328.

（41）Shenggong Li，Yoshinobu Harazono，Halin Zhao，Zongying He，Xueli Chang，Xueyong Zhao，Tonghui Zhang & Takehisa Oikawa. 2002. Micrometeorological changes following establishment of artificially established Artemisia vegetation on desertified sandy land in the Horqin sandy land，China and their implication on regional environmental change. Journal of Arid Environments，52：101 – 119.

（42）Su Yong-Zhong，Zhao Ha-lin. 2003. Losses of Soil Organic Carbon and Nitrogen and Their Mechanisms in the Desertification Process of Sandy Farmlands in Horqin Sandy Land Chinese Agricultural Science，8 （2）：890 – 897.

（43）赵哈林，郭轶瑞，周瑞莲，赵学勇. 2009. 植被覆盖对科尔沁沙地土壤生物结皮及其下层土壤理化特性的影响. 应用生态学报，20 （7）：1657 – 1663.

（44）赵哈林，李玉强，周瑞莲. 2009. 沙漠化对科尔沁沙质草地土壤呼吸速率及碳平衡的影响. 土壤学报，46 （5）：57 – 64.

（45）赵哈林，大黑俊哉，李玉霖，左小安，黄刚，周瑞莲. 2009. 科尔沁沙质草地植物群落的放牧退化及其自然恢复过程. 中国沙漠，29 （2）：229 – 235.

（46）赵学勇，张春民，左小安，等. 科尔沁沙地沙漠化土地恢复面临的挑战. 应用生态学报. 2009，20 （7）：1565 – 1570.

（47）崔建垣，李玉霖，赵哈林，张铜会，赵学勇. 2009. 不同环境条件对沙米种子萌发的影响. 西北植物学报，29 （5）：867 – 873.

（48）崔建垣，李玉霖，赵哈林，赵学勇，张铜会. 2009. 差巴嘎蒿 （Artemisia Halodendron） 种子萌发对土壤温度、水分和埋深的响应. 干旱区资源与环境，23 （9）：151 – 154.

（49）李玉强，赵哈林，李玉霖，崔建垣，左小安. 2009. 科尔沁沙地不同生境土壤氮矿化/硝化作用研究. 中国沙漠，29 （3）：438 – 444.

（50）左小安，赵哈林，赵学勇，郭轶瑞，张铜会，毛伟，苏娜，冯静. 2009. 科尔沁沙地不同恢复年限退化植被的物种多样性. 草业科学, 18 (4)：9 - 16.

(51) 左小安, 赵哈林, 赵学勇, 郭轶瑞, 张铜会, 罗亚勇, 苏娜, 冯静. 2009. 科尔沁沙地不同尺度上沙丘景观格局动态变化分析. 环境科学, 30 (8)：2387 - 2393.

(52) 左小安, 赵哈林, 赵学勇, 常学礼, 郭轶瑞, 张继平, 李健英. 2009. 科尔沁沙地退化植被恢复过程中土壤有机碳和全氮的空间异质性. 中国沙漠, 29 (5)：785 - 795.

(53) 左小安, 赵学勇, 赵哈林, 郭轶瑞, 李玉霖, 刘任涛, 毛伟. 2009. 沙地退化植被恢复过程中灌木发育对草本植物和土壤的影响. 生态环境学报, 18 (2)：643 - 647.

(54) 刘新平, 赵哈林, 何玉惠, 张铜会, 赵学勇, 李玉霖. 2009. 生长季流动沙地水量平衡研究. 中国沙漠, 29 (4)：663 - 667.

(55) 刘新平, 何玉惠, 赵学勇, 李玉霖, 李玉强, 李衍青, 李世民. 2009. 科尔沁沙地不同生境土壤凝结水的试验. 应用生态学报, 20 (8)：1918 - 1924.

(56) 刘新平, 张铜会, 何玉惠, 赵学勇, 赵哈林, 李玉霖. 2009. 科尔沁沙地三种常见乔木根-土界面水分再分配初探. 生态环境学报, 18 (6)：2360 - 2365.

(57) 刘任涛, 赵哈林. 2009. 沙质草地土壤动物的研究进展及建议. 中国沙漠, 29 (4)：656 - 662.

(58) 刘任涛, 赵哈林, 刘继亮. 2009. 黄河兰州段典型人工林大型土壤动物群落结构及其多样性. 土壤学报, 46 (3)：179 - 182.

(59) 刘任涛, 赵哈林, 赵学勇. 2009. 科尔沁沙地流动沙丘掘穴蚁蚁丘分布及影响因素. 应用生态学报, 20 (2)：376 - 380.

(60) 曲浩, 赵学勇, 王少昆等, 科尔沁沙地三种灌木凋落物分解研究及其与气象因子的关系. 2009, 中国沙漠, 29 (4)：668 - 673.

(61) 王少昆, 赵学勇, 左小安, 郭轶瑞, 李玉强, 曲浩. 2009. 科尔沁沙质草甸土壤微生物数量的垂直分布及季节动态. 干旱区地理, 32 (4)：610 - 615.

(62) 罗亚勇, 赵学勇, 黄迎新, 左小安, 王少昆, 张永峰. 2009. 三种藜科一年生沙生植物出苗对沙埋深度和水分条件的响应. 草业学报, 18 (2)：122 - 129.

(63) 罗亚勇, 赵学勇, 黄迎新, 苏娜, 冯静. 2009. 植物水分利用效率及其测定方法研究进展. 中国沙漠. 29 (4)：648 - 655.

(64) 罗亚勇, 赵学勇, 岳广阳, 毛伟, 郭轶瑞, 张春民. 2009. 绿豆和大豆叶片光合作用对科尔沁沙地光照条件的响应. 中国沙漠, 29 (2)：259 - 262.

(65) 毛伟, 李玉霖, 赵学勇, 黄迎新, 王少昆. 2009. 科尔沁沙地灌丛内外草本植物狗尾草叶性状的比较研究. 草业学报, 18 (6)：150 - 156.

(66) 毛伟, 李玉霖, 赵学勇. 2009. 3种藜科植物叶特性因子对土壤养分、水分及种群密度的响应. 中国沙漠, 29 (3)：468 - 473.

(67) 黄刚, 赵学勇, 黄迎新, 李玉霖, 苏延桂. 2009. 两种生境条件下差不嘎蒿细根寿命. 植物生态学报, 33 (4)：755 - 763.

(68) 黄刚, 赵学勇, 苏延桂, 黄迎新, 崔建垣. 2009. 小叶锦鸡儿根系生长对土壤水分和氮肥添加的响应. 北京林业大学学报, 31 (5)：73 - 77.

(69) 黄刚, 赵学勇, 黄迎新, 苏延桂. 2009. 科尔沁沙地不同地形小叶锦鸡儿灌丛土壤水分动态. 应用生态学报. 20 (3)：555 - 561.

(70) 何玉惠, 赵哈林, 刘新平, 赵学勇. 2009. 科尔沁沙地典型生境下芦苇的生长特征分析. 中国沙漠, 29 (2)：288 - 292.

(71) 何玉惠, 赵哈林, 刘新平, 赵学勇, 李玉霖. 2009. 不同类型沙地虫实的繁殖分配及其与个体大小的关系. 干旱区研究, 26 (1)：59 - 64.

(72) 岳广阳，赵哈林，张铜会，赵学勇，赵玮，牛丽，刘新平．2009．小叶锦鸡儿灌丛群落蒸腾耗水量估算方法．植物生态学报，33（3）：508－515.

(73) 岳广阳，赵哈林，张铜会，牛丽．2009．科尔沁沙地杨树苗木生长过程中蒸腾耗水规律研究．中国沙漠，29（4）：674－679.

(74) 郭轶瑞，赵哈林，左小安，李玉霖，黄迎新，王少昆．2008．科尔沁沙地沙丘恢复过程中典型灌丛下结皮发育特征及表层土壤特性．环境科学，29（4）：180－187.

(75) 赵哈林，周瑞莲，苏永中，李玉强．2008．科尔沁沙地沙漠化过程中土壤有机碳和全氮含量变化．生态学报，28（3）：976－983.

(76) 赵哈林，周瑞莲，赵学勇，张铜会．2008．科尔沁沙地正拟过程的地面判别方法．中国沙漠，28（1）：9－17.

(77) 赵哈林，大黑俊哉，李玉霖，左小安，黄刚，周瑞莲．2008．人类活动与气候变化对科尔沁沙质草地植物多样性的影响．草业学报，17（5）：1－8.

(78) 赵哈林，大黑俊哉，周瑞莲，李玉霖，左小安，黄刚．2008．人类活动与气候变化对科尔沁沙质草地植被的影响．地球科学进展，23（4）：408－415.

(79) 张铜会，赵哈林，李玉霖，崔建垣，韩天宝，张华．2008．科尔沁沙地灌溉与施肥对退化草地生产力的影响．草业学报，17（1）：36－42.

(80) 李玉霖，孟庆涛，赵学勇，崔建垣．2008．科尔沁沙地植物成熟叶片性状与叶凋落物分解的关系．生态学报，28：2486－2492.

(81) 李玉强，赵哈林，赵学勇，张铜会，刘新平．2008．科尔沁沙地夏秋（6－9月）不同类型沙丘土壤呼吸对气温变化的响应．中国沙漠，28（2）：249－254.

(82) 李玉强，赵哈林，李玉霖，崔建垣，云建英．2008．沙地土壤呼吸观测与测定方法比较．干旱区地理，31（5）：681－68.

(83) 李玉强，赵哈林，赵玮，云建英，王少昆．2008．生物结皮对土壤呼吸的影响作用初探．水土保持学报，22（3）：106－109.

(84) 刘新平，张铜会，何玉惠，赵哈林，赵学勇，赵玮，栾天新，单丽．2008．不同粒径沙土水分扩散率．干旱区地理，31（2）：249－253.

(85) 黄刚，赵学勇，苏延桂，岳广阳．2008．科尔沁沙地樟子松人工林对微环境改良效果的评价．干旱区研究，25（2）：212－218.

(86) 黄刚，赵学勇，崔建垣，苏延桂．2008．水分胁迫对两种一年生草本光合和水分利用特性的影响．西北植物学报，11：2306－2313.

(87) 何玉惠，赵哈林，赵学勇，刘新平．2008．沙埋对小叶锦鸡儿幼苗生长和生物量分配的影响．干旱区地理，31（5）：701－706.

(88) 何玉惠，赵哈林，刘新平，赵学勇，李玉强．2008．封育对沙质草甸土壤理化性状的影响．水土保持学报，22（2）：159－161.

(89) 何玉惠，赵哈林，张铜会，刘新平，岳广阳．2008．不同类型沙地狗尾草的生长特征及生物量分配研究．生态学杂志，27（4）：504－508.

(90) 何玉惠，赵哈林，刘新平，张铜会．2008．种子大小变异对小叶锦鸡儿萌发和幼苗生长的影响．种子，27（8）：10－13.

(91) 黄迎新，赵学勇，张洪轩，罗亚勇，毛伟．2008．沙米表型可塑性对土壤养分、水分和种群密度变化的响应．应用生态学报，29（12）：2593－2598.

(92) 赵玮，张铜会，刘新平，王少昆，罗亚勇．2008．差巴嘎蒿灌丛土壤和根系含水量对降水的响应．生态学杂志，27（2）：151－156.

(93) 赵玮，张铜会，赵学勇，潘明环. 2008. 近5a来科尔沁沙地典型区域地下水埋深变化分析. 中国沙漠，28（5）：995－1000.

(94) 王少昆，赵学勇，赵哈林，郭轶瑞，云建英. 2008. 不同强度放牧后沙质草场土壤微生物的分布特征. 干旱区资源与环境，22（12）：164－167.

(95) 王少昆，赵学勇，左小安，赵玮，郭轶瑞. 2008. 科尔沁沙地小叶锦鸡儿灌丛下土壤水分对降水响应的空间变异性. 干旱区研究，25（3）：389－393.

(96) 王少昆，赵学勇，左小安，赵玮. 2008. 科尔沁沙地植物萌动期不同类型沙丘土壤微生物区系特征. 中国沙漠，28（4）：696－700.

(97) 罗亚勇，赵学勇，左小安，黄迎新，赵玉萍. 2008. 放牧与封育对沙质草地植被特征及其空间变异性的影响. 干旱区研究，25（1）：118－124.

(98) 孟庆涛，李玉霖，赵学勇，赵玉萍，罗亚勇. 2008. 科尔沁沙地不同环境条件下植物叶凋落物 CO_2 释放研究. 干旱区研究，25（4）：519－524.

(99) 赵哈林，李玉强．周瑞莲. 2007. 沙漠化对科尔沁沙质草地生态系统碳氮储量的影响. 应用生态学报，18（11）：2412－2417.

(100) 赵哈林，苏永中，张华，赵丽亚，周瑞莲. 2007. 灌丛对流动沙地土壤特性和草本植物的影响. 中国沙漠，27（3）：385－390.

(101) 赵哈林，周瑞莲，苏永中，张继义，移小勇. 2007. 我国北方半干旱地区土壤的沙漠化演变过程与机制. 水土保持学报，21（3）：1－5.

(102) 赵学勇. 2007. 中国北方农牧交错带土地沙漠化过程及其逆转. 中国长期生态学研究进展，188－193.

(103) 李玉霖，孟庆涛，赵学勇，张铜会. 2007. 科尔沁沙地流动沙丘植被恢复过程中群落组成及植物多样性演变特征. 草业学报，16（6）：54－61.

(104) 李玉强，赵哈林，赵学勇，云建英，刘新平. 2007. 沙漠化过程对植物凋落物分解的影响. 水土保持学报，21（3）：64－67.

(105) 左小安，赵学勇，赵哈林，李玉强，郭轶瑞，赵玉萍. 2007. 科尔沁沙质草地群落物种多样性和生产力格局与土壤特性的关系. 环境科学，28（5）：945－951.

(106) 郭轶瑞，赵哈林，赵学勇，左小安，罗亚勇. 2007. 科尔沁沙地人工林下结皮发育对表土特性影响的研究. 中国沙漠，26（6）：1000－1004.

(107) 郭轶瑞，赵哈林，赵学勇，左小安，李玉强. 2007. 科尔沁沙地结皮发育对土壤理化性质影响的研究. 水土保持学报，21（1）：135－139.

(108) 郭轶瑞，赵哈林，赵学勇，左小安，云建英. 2007. 科尔沁沙质草地物种多样性与生产力的关系. 干旱区研究，24（2）：198－203.

(109) 岳广阳，赵哈林，张铜会，云建英，牛丽，何玉惠. 2007. 不同天气条件下小叶锦鸡儿茎流及耗水特性. 应用生态学报，18（10）：2173－2178.

(110) 黄迎新，周道玮，岳秀泉，武祎，赵占军. 2007. 黄花苜蓿形态变异研究. 中国草地学报，29（5）：16－21.

(111) 黄迎新，周道玮，岳秀泉，武祎，闫修民. 2007. 不同苜蓿品种再生特性的研究. 草业学报，16（6）：14－22.

(112) 黄刚，赵学勇，苏延桂，等. 2007. 科尔沁沙地3种草本植物根系生长动态. 植物生态学报，31（6）：1161－1167.

(113) 黄刚，赵学勇，张铜会，等. 2007. 科尔沁沙地3种灌木根际土壤 pH 值及其养分状况. 林业科学，43（8）：138－142.

（114）黄刚，赵学勇，赵玉萍，等. 2007. 科尔沁沙地两种典型灌木独生和混交的根系分布规律. 中国沙漠，27（2）：239-243.

（115）赵玉萍，赵学勇，左小安，黄刚，孟庆涛. 2007. 基于能值理论的奈曼旗农业生态经济系统可持续性分析. 中国沙漠，27（4）：563-571.

（116）孟庆涛，李玉霖，赵学勇，李玉强，赵玉萍. 2007. 科尔沁沙地30种植物叶凋落物 CO_2 释放量及释放速率的研究. 中国沙漠，27（6）：1-8.

（117）移小勇，赵哈林，李玉强. 2007. 土壤风蚀控制研究进展. 应用生态学报，18（4）：905-911.

（118）李玉霖，崔建垣，苏永中. 2005. 不同沙丘生境主要植物比叶面积和叶干物含量的比较. 生态学报，25（2）：304-311.

（119）李玉强，赵哈林，陈银萍. 2005. 陆地生态系统碳源与碳汇及其影响机制研究进展. 生态学杂志，24（1）：37-42.

（120）李玉强，赵哈林，赵学勇，张铜会，移小勇，左小安. 2005. 科尔沁沙地沙漠化过程中土壤碳氮特征分析. 水土保持学报，19（5）：73-76，182.

（121）李玉强，赵哈林，赵学勇，张铜会，移小勇，左小安. 2005. 沙漠化过程中沙地植物群落生物量、热值和能量动态研究. 干旱区研究，22（3）：289-294.

（122）刘新平，张桐会，赵哈林，赵学勇，移小勇. 2005. 科尔沁沙地流动沙丘土壤水分和特征常数的空间变化分析. 水土保持学报，19（3）：156-159，164.

（123）刘新平，张铜会，赵哈林，赵学勇，何玉惠. 2005. 干旱半干旱区沙漠化土地水分动态研究进展. 水土保持研究，12（1）：1-6.

（124）杨甲定，云建英，赵哈林. 2005. 一氧化氮（NO）在植物逆境响应中的作用. 植物生理学通讯，41（1）：116-120.

（125）杨甲定，赵哈林，张铜会. 2005. 黄柳与垂柳的耐热性和耐旱性比较研究. 植物生态学报，29（1）：42-47.

（126）杨甲定，钟海文. 2005. 白兰瓜中 ACC 氧化酶基因的克隆与序列分析. 兰州大学学报（自然科学版），41（1）：122-124.

（127）移小勇，赵哈林，张铜会，李玉强，刘新平，卓鸿. 2005. 挟沙风对土壤风蚀的影响研究. 水土保持学报，19（3）：58-61.

（128）左小安，赵学勇，张铜会，赵丽娅，张继义. 2005. 中国北方农牧交错带植被动态研究进展. 水土保持研究，12（1）：162-166.

（129）左小安，赵学勇，赵哈林，李玉霖，移小勇，黄刚. 2005. 科尔沁沙地沙质草场土壤水分对干旱和降水响应的空间变异性. 水土保持学报，19（1）：140-144.

（130）左小安，赵学勇，张铜会，云建英，黄刚. 2005. 科尔沁沙地榆树疏林草地物种多样性及乔木种群空间格局. 干旱区资源与环境，19（4）：63-68.

（131）文海燕，傅华，赵哈林. 2006. 退化沙质草地开垦和围封过程中的土壤颗粒分形特征. 应用生态学报，17（1）：55-59.

（132）张继义，付丹，魏珍珍，赵哈林，张铜会. 2006. 科尔沁沙地几种乔灌木树种耐受极端土壤水分条件与生存能力野外实地测定. 生态学报，26（2）：467-474.

（133）苏永中，赵哈林，李玉霖. 2004. 放牧干扰后自然恢复的退化沙质草地土壤性状的空间分布. 土壤学报，41（3）：369-374.

（134）苏永中，赵哈林，崔建垣. 2004. 农田沙漠化演变中土壤性状特征及其空间变异性分析. 土壤学报，11（2）：210-217.

（135）苏永中，赵哈林．2004．科尔沁沙地农田沙漠化演变中土壤颗粒分形特征．生态学报，24（1）：71－74．

（136）苏永中，赵哈林，张铜会，赵学勇．2004．不同退化沙地土壤碳的矿化潜力．生态学报，24（2）：372－378．

（137）傅华，陈亚明，王彦荣，等．2004．阿拉善主要草地类型土壤有机碳特征及其影响因素．生态学报，24（3）：469－475．

（138）赵哈林，张铜会，赵学勇．周瑞莲．2004．放牧对沙质草地生态系统组分的影响．应用生态学报，15（3）：420－424．

（139）苏永中，赵哈林，张铜会，李玉霖．2004．科尔沁沙地不同年代小叶锦鸡儿人工林植物群落特征及其土壤特性．植物生态学报，28（1）：93－100．

（140）张继义，赵哈林，张铜会，赵学勇．2004．科尔沁沙地草地植被演替过程物种多样性的恢复动态．植物生态学报，28（1）：86－92．

（141）杨甲定，赵哈林，张铜会．2004．从叶片光合作用分析绿豆和谷子对科尔沁沙地光照条件的适应能力．作物学报，1（3）：232－235．

（142）赵哈林，周瑞莲，赵悦．2004．雪生态学研究进展．地球科学进展，19（2）：296－304．

（143）张铜会，杨甲定，赵哈林．2004．科尔沁沙质草地禾本科植物主要功能类型对连续放牧的反应．草业学报，13（1）：89－93．

（144）张继义，赵哈林．2004．科尔沁沙地草地植被恢复进程中群落优势种群空间分布格局研究．生态学杂志，23（2）：1－6．

（145）张继义，赵哈林．2004．河西走廊绿洲农田防护林发展探讨．水土保持通报，24（1）：57－59．

（146）张继义，赵哈林，张铜会，赵学勇．2004．沙地固定过程不同阶段优势植物种生态特性的比较研究．水土保持通报，24（5）：1－4．

（147）杨甲定，赵哈林，张铜会．2004．小叶锦鸡儿离体叶片对温度处理的某些生理响应．中国沙漠．24（5）：634－636．

（148）文海燕，赵哈林．2004．退化沙质草地植被与土壤分布特征及相关分析．干旱区研究，21（1）：76－80．

（149）张继义，赵哈林，崔建垣，李玉霖，杨甲定．2004．科尔沁沙地沙丘植被发育过程及物种组成变化．干旱区研究，21（1）：72－75．

（150）赵哈林，张铜会，周瑞莲．2003．科尔沁沙地沙质农田的土壤环境与生产力形成过程．土壤学报，40（2）：194－199．

（151）苏永中，赵哈林．2003．农田沙漠化过程中土壤有机碳和氮的衰减及其机理研究．中国农业科学，36（8）：928－934．

（152）苏永中，赵哈林．2003．持续放牧和围封对科尔沁沙地退化草地碳截存的影响．环境科学，24（4）：23－28．

（153）赵哈林，赵学勇，张铜会，周瑞莲．2003．放牧胁迫下沙质草地植被的受损过程．生态学报，23（8）：1505－1512．

（154）赵丽娅，李锋瑞，王先之，2003．草地沙化过程地上植被与土壤种子库变化特征，生态学报，23（9）：1745－1756．

（155）李玉霖，崔建垣，张铜会．2003．奈曼地区灌溉麦田蒸散量及作物系数确定．应用生态学报，14（6）：930－934．

（156）张华，李锋瑞，张铜会，赵丽娅，Yasuhito Shirato．2003．科尔沁沙地人工杨树林生态服务效能评价. 应用生态学报, 14 (10): 1591 - 1596.

(157) 苏永中, 赵哈林. 2003. 科尔沁沙地不同土地利用和管理方式对土壤质量性状的影响. 应用生态学报, 14 (10): 1681 - 1686.

(158) 李锋瑞, 张华, 赵丽娅. 2003. 科尔沁沙地人工杨树林 (*Populussimonii*) 生态防风效应研究. 水土保持学报, 17 (2): 62 - 66.

(159) 张继义, 赵哈林, 崔建垣, 李玉霖, 杨甲定. 2003. 科尔沁沙地流动沙丘沙米群落生物量特征及其防风固沙作用. 水土保持学报, 17 (3): 251 - 154.

(160) 李锋瑞, 赵丽娅, 王先之. 2003. 封育对退化沙质草地土壤种子库和地上群落结构的影响. 草业学报, 12 (4): 32 - 40.

(161) 张继义, 赵哈林. 2003. 植被 (植物群落) 稳定性研究评述. 生态学杂志, 22 (4): 42 - 48.

(162) 赵哈林, 周瑞莲, 张铜会, 赵学勇. 2003. 我国北方农牧交错带的草地植被类型、特征及其生态问题. 中国草地, 25 (3): 1 - 8.

(163) 张铜会, 赵哈林, 大黑俊哉, 白户康人. 2003. 沙质草地连续放牧后某些土壤性质的变化. 中国草地, 25 (1): 9 - 12.

(164) 张铜会, 赵哈林, 大黑俊哉, 白户康人. 2003. 连续放牧对沙质草地植被盖度、土壤性质及其空间分布的影响. 干旱区资源与环境, 17 (4): 117 - 121.

(165) 杨甲定, 赵哈林, 张铜会. 2003. 温度对绿豆离体叶片光合作用的影响. 植物生理学通讯, 39 (6): 599 - 600.

(166) 赵丽娅, 李锋瑞. 2003. 沙漠化过程土壤种子库特征的研究. 干旱区研究, 20 (4): 317 - 321.

(167) 周海燕, 赵爱芬. 2002. 科尔沁草原冷蒿和差不嘎蒿的生理生态学特性与竞争机制. 生态学报, 22 (6): 894 - 900.

(168) 周瑞莲, Pasternak, Dov, 赵哈林. 2002. 沙漠地区盐水灌溉对牧草产量及品质的影响. 应用生态学报, 13 (8): 985 - 989.

(169) 苏永中, 赵哈林, 张铜会. 2002. 几种灌木半灌木对沙地土壤肥力的影响. 应用生态学报, 13 (7): 802 - 806.

(170) 赵哈林, 赵学勇, 张铜会, 周瑞莲. 2002. 北方农牧交错带的地理界定及其生态问题. 地球科学进展, 17 (5): 739 - 747.

(171) 苏永中, 赵哈林等. 2002. 科尔沁沙地旱作农田土壤的退化过程和特征. 水土保持学报, 16 (1): 25 - 28.

(172) 苏永中, 赵哈林, 文海燕. 2002. 退化沙质草地开垦和封育对土壤理化性状的影响. 水土保持学报, 16 (4): 5 - 8.

(173) 张华, 李锋瑞, 张铜会, 李玉霖. 2002. 春季裸露沙质农田土壤风蚀量动态与变异特征. 水土保持学报, 16 (1): 29 - 32.

(174) 张华, 李锋瑞, 张铜会, Yasuhito Shirato, 李玉霖. 2002. 科尔沁沙地不同下垫面风沙流结构与变异特征. 水土保持学报, 16 (2): 20 - 24.

(175) 赵哈林, 赵学勇, 张铜会, 等. 2002. 沙漠化过程中沙质旱作农田土壤环境的变化及其对生产力形成的影响. 水土保持学报, 16 (4): 1 - 4.

(176) 苏永中, 赵哈林. 2002. 土壤有机碳储量、影响因素及其生态环境效应的研究进展. 中国沙漠, 22 (3): 220 - 228.

(177) 赵哈林, 赵学勇, 张铜会, 李玉霖, 苏永中. 2002. 北方农牧交错区沙漠化的生物过程研究. 中国沙漠, 22 (4): 309 - 315.

(170) 赵学勇, 贺丽萍. 2002. 科尔沁沙地典型生态系统土壤养分空间分布特征. 中国沙漠, 22

（4）：328－332.

（179）苏永中，赵哈林，张铜会，等. 2002. 不同强度放牧后自然恢复的沙质土壤性状特征. 中国沙漠，22（4）：333－337.

（180）李玉霖，张铜会，崔建垣. 2002. 科尔沁沙地农田玉米耗水规律研究. 中国沙漠，22（4）：354－358.

（181）崔建垣，李玉霖，苏永忠. 2002. 经发酵的酒精废渣用于沙地改良的研究. 中国沙漠，22（4）：368－371.

（182）李玉霖，崔建垣，张铜会. 2002. 参考作物蒸散量计算方法的比较研究. 中国沙漠，22（4）：372－376.

（183）赵哈林，赵学勇，张铜会，等. 2002. 东北西部沙地近 20 年地下水变化动态及其成因分析. 干旱区研究，19（2）：1－6.

（184）赵哈林，张铜会，赵学勇，等. 2002. 内蒙古半干旱地区沙质过牧草地的沙漠化过程. 干旱区研究，19（4）：1－6.

（185）苏永中，赵哈林，张铜会，等. 2002. 农田沙漠化演变中土壤质量的生物学特性变化. 干旱区研究，19（4）：64－68.

（186）张继义，赵哈林. 2002. 栽培条件对苹果梨品质影响的数量分析. 中国生态农业学报，（1）：81－85.

（187）周瑞莲，赵哈林，王海鸥. 2001. 科尔沁沙地植物演替的生理机制. 干旱区研究，18（4）：13－18.

5.2.2　研究生论文

5.2.2.1　博士论文

（1）黄迎新，四种一年生藜科植物表型可塑性研究，2009.

（2）黄刚，科尔沁沙地几种草本植物和灌木根系形态与分布规律研究，2009.

（3）何玉惠，科尔沁沙地生态恢复过程土壤特征及植物生长适应对策，2009.

（4）刘新平，科尔沁沙地水分动态及水资源评价，2008.

（5）左小安，科尔沁沙退化植被恢复过程中的分异规律及其机制，2008.

（6）岳广阳，科尔沁沙地主要植物种蒸腾耗水特性及尺度转换，2008.

（7）郭轶瑞，科尔沁沙地生物结皮的形成过程、机制及其生态效应，2008.

（8）崔建垣，沙米和差蒿对风沙环境的生理生态适应机制比较研究，2007.

（9）李玉强，沙漠化过程对沙地生态系统碳氮储量与平衡及能量现存量的影响，2006.

（10）移小勇，土地沙漠化的风蚀效应研究，2006.

（11）赵学勇，科尔沁沙地土地利用方式变化及其生太系统响应，2005.

（12）李玉霖，植被沙漠化演变过程中植物多样的研究，2005.

（13）杨甲定，植物光合等生理过程对沙区环境因子和外缘 NO 的响应，2005.

（14）张继义，沙漠化过程中沙地植被稳定性研究，2004.

（15）赵丽娅，科尔沁沙地不同退化植被土壤种子库与植物群落关系研究，2004.

（16）张铜会，科尔沁沙地区域水分动态及其合理利用研究，2003.

（17）苏永中，沙漠化过程中土壤有机碳衰减规律及其机理研究，2003.

（18）张华，典型沙地环境不同类型植被生态服务功能评价，2003.

5.2.2.2　硕士论文

（1）毛伟，科尔沁沙地主要植物叶性状的分异及其对环境因子变化的响应，2009.

（2）曲浩，三种沙地灌木凋落物的分解特征及其对土壤微生物和 C、N 的影响，2009.

（3）赵玮，科尔沁沙典型区域地下水时空变异及其驱动因子分析，2008.

（4）王少昆，科尔沁沙地不同生境中土壤微生物群落分布特征研究，2008.

（5）赵玉萍，禁牧政策背景下基于能值理论的奈曼旗农业生态经济系统可持续性分析，2007.

（6）孟庆涛，科尔沁沙质草地植物叶凋落物分解的比较研究，2007.

（7）黄刚，科尔沁沙地植物根土关系研究，2006.

（8）左小安，科尔沁沙地植物多样性和水分空间变异性研究，2005.

（9）刘新平，科尔沁沙地土壤水分运移规律研究，2005.

（10）文海燕，沙漠化及其逆转过程中植被与土壤特征的变化及其相互关系研究，2004.

（11）王先之，不同生境中差不嘎蒿的生长特征及生物量分配模式的研究，2004.

（12）赵丽娅，科尔沁沙地植被的演替及植物多样性的研究，2001.